普通高等教育“十四五”规划教材

机械零件非接触式测量技术

主　编　李茂月
副主编　吕虹毓　吴　博　王　飞
主　审　刘献礼

扫一扫查看
全书数字资源

北　京
冶　金　工　业　出　版　社
2023

内 容 提 要

本书系统地介绍了机械零件非接触式测量技术，全书共分7章，内容包括：表面形貌测量基础、形貌测量仪器概述、被动式视觉测量、主动式测量——光栅投影测量、激光测量、光学探针及扫描显微测量、光学测量仪器的校准与数据处理方法。

本书可供高等院校机械设计制造及自动化、机械电子工程、机器人工程、测控技术与仪器等相关专业师生使用，也可供相关科研和工程技术人员参考。

图书在版编目(CIP)数据

机械零件非接触式测量技术/李茂月主编.—北京：冶金工业出版社，2023.10

普通高等教育“十四五”规划教材

ISBN 978-7-5024-9655-5

Ⅰ.①机…　Ⅱ.①李…　Ⅲ.①机械元件—测量技术—高等学校—教材　Ⅳ.①TG801

中国国家版本馆CIP数据核字（2023）第206369号

机械零件非接触式测量技术

出版发行　冶金工业出版社　　**电　话**　(010)64027926

地　址　北京市东城区嵩祝院北巷39号　　**邮　编**　100009

网　址　www.mip1953.com　　**电子信箱**　service@mip1953.com

责任编辑　王　颖　美术编辑　彭子赫　版式设计　郑小利

责任校对　郑　娟　责任印制　窦　唯

北京捷迅佳彩印刷有限公司印刷

2023年10月第1版，2023年10月第1次印刷

787mm×1092mm　1/16；16.25印张；394千字；250页

定价49.90元

投稿电话　(010)64027932　投稿信箱　tougao@cnmip.com.cn

营销中心电话　(010)64044283

冶金工业出版社天猫旗舰店　yjgycbs.tmall.com

(本书如有印装质量问题，本社营销中心负责退换)

前　　言

近年来，随着航空航天工业以及精密制造领域的迅速发展，使得制造业相关技术不断革新，高性能、高精度曲面制造和数字化检测技术等列入国家重点技术发展方向和工程研究，智能加工与智能制造成为国内外重点研究内容，而在制造业中，以光学测量技术为代表的非接触式测量，也已成为国内外学者的研究热点，光学非接触式测量技术在超精密加工与智能在机检测技术领域，将具有广阔的应用与研究价值。

先进智能加工中的在机检测（On Machine Inspection，OMI）系统将设计、加工、测量功能集成到机床的生产过程中。针对成本高、难加工、易变形且难重复定位工件（如薄壁、特殊复杂曲面工件），大尺寸高精密等级零件（如航空航天类零件）需要较高的合格率，考虑到其复杂的加工动力学特点，利用在机检测技术，使数控系统根据采集的传感信息，为各种驱动元件提供准确的反馈，进行智能监测与加工反馈控制，可以实现加工参数动态优化，显著提高加工精度，并有效节约时间及生产成本。其中，光学三维测量技术综合了视觉传感与图像处理技术，对加工零件进行非接触测量，具有测量迅速、灵敏度高、测量时不损坏工件、测量数据丰富等优点，因此在智能加工制造领域具有可实现在机检测的前景。

目前，国内外有关非接触式测量方面的书籍及参考资料多数仅针对原理层面或仪器的原理及方法进行介绍，而未涉及实际的测量应用场景及测量过程中存在的科学问题等。本书从实际应用出发，例如，在仪器概述章节，对测量仪器进行了分类及原理应用介绍，并系统总结了包括接触式及非接触式测量仪器，在测量对象参数、分辨率、测量范围等方面做了对比，还包括光学理论知识及测量系统硬件构成；在结构光测量章节中，在介绍了各类测量方法原理的基础上，还阐述了现场测量经验、关键技术问题、提高测量精度的实际措施等内容；在仪器精度分析及数据处理章节，根据作者多年的工程经历及科研经验，不仅介绍了仪器误差分析方法及解决措施，还总结了数据格式分类、算法处理过程及软件操作说明等内容。在其他章节内容中，同样围绕相关的光学测量内容，分别对不同测量方法所存在的注意事项及实际科学问题进行了总结，并系统地介绍了光学非接触式测量技术的应用问题，内容翔实，语言精练、准确，通俗易懂。本书可以使读者系统掌握非接触式测量技术的知识，为理解涉及机械、计算机、光学等多学科交叉领域知识提供了很好的途径。

本书编写分工为：第3~5章由哈尔滨理工大学李茂月编写，第2章由哈尔滨理工大学吕虹毓编写，第1章和第6章由哈尔滨理工大学吴博编写，第7章由哈尔滨理工大学王飞编写。作者的研究生刘泽隆、蔡东辰、许圣博、沙佰颖、刘志诚、雷金超分别参与了第3~6章等内容的搜集和整理工作。全书由李茂月统稿，刘献礼主审。

本书在编写过程中，参考了有关文献资料，在此向文献作者表示感谢。

由于编者水平所限，书中不妥之处，恳请广大读者批评指正。

编 者

2023年5月

目　　录

1　表面形貌测量基础 ······ 1

1.1　表面形貌的定义及分析指标 ······ 1

1.1.1　表面形貌特征及其划分 ······ 3

1.1.2　表面形貌的分析指标 ······ 4

1.2　微观形貌及宏观形貌介绍 ······ 4

1.2.1　微观形貌介绍 ······ 5

1.2.2　宏观形貌介绍 ······ 6

1.3　形貌测量技术基础 ······ 8

1.3.1　接触式测量 ······ 8

1.3.2　非接触式测量 ······ 10

1.4　形貌测量的评价指标 ······ 15

1.4.1　二维形貌测量 ······ 15

1.4.2　三维形貌测量 ······ 19

1.5　形貌测量技术的应用与实践 ······ 23

1.5.1　形貌测量技术在航天领域的应用与实践 ······ 23

1.5.2　形貌测量技术在工业生产领域的应用与实践 ······ 25

1.5.3　形貌测量技术在其他生产生活领域的应用与实践 ······ 29

本章小结 ······ 31

习题 ······ 31

2　形貌测量仪器概述 ······ 32

2.1　机械式测量仪器发展趋势 ······ 33

2.2　接触式测量原理及特点 ······ 35

2.2.1　接触式测量原理 ······ 35

2.2.2　机械接触式测量仪器构成 ······ 36

2.2.3　机械接触式测量典型仪器介绍 ······ 39

2.2.4　接触式测量的应用及优缺点 ······ 43

2.3　光学测量仪器发展趋势 ······ 46

2.4　光学测量基础知识 ······ 49

2.4.1　光源 ······ 49

2.4.2　像差 ······ 50

2.4.3　放大倍率和孔径 ······ 51

2.4.4 空间分辨率 …… 52
2.4.5 光斑尺寸 …… 53
2.4.6 视场 …… 53
2.4.7 景深和焦距 …… 53
2.5 光学测量设备及元器件的应用 …… 53
2.5.1 光照系统 …… 53
2.5.2 相机 …… 61
2.5.3 镜头 …… 63
2.5.4 工业相机的数据接口 …… 65
2.5.5 计算机 …… 66
本章小结 …… 67
习题 …… 68

3 被动式视觉测量 …… 69

3.1 被动式测量 …… 69
3.1.1 双目立体视觉 …… 69
3.1.2 光度立体视觉 …… 70
3.2 双目视觉测量原理 …… 71
3.2.1 坐标系的建立 …… 71
3.2.2 坐标系的转换 …… 72
3.2.3 相机非线性模型 …… 74
3.2.4 双目视觉测量模型 …… 77
3.3 双目视觉测量标定 …… 80
3.3.1 直接线性标定法 …… 80
3.3.2 透视变换标定法 …… 81
3.3.3 Tsai 两步标定法 …… 82
3.3.4 张正友标定法 …… 83
3.4 双目立体匹配 …… 84
3.4.1 多特征融合的代价计算 …… 85
3.4.2 基于 HSV 颜色空间的图像匹配代价计算 …… 86
3.5 光度立体测量原理 …… 87
3.5.1 明暗恢复法 …… 88
3.5.2 基于朗伯体的光度立体三维重建 …… 89
3.6 光源方向确定与标定方法 …… 90
3.7 光度立体视觉的表面重建 …… 92
3.8 双目测量应用实例 …… 93
3.8.1 双目视觉标定实验 …… 93
3.8.2 双目视觉三维点云重建实验 …… 95
3.9 被动式测量发展趋势 …… 100

3.9.1　双目视觉发展趋势 …… 100
3.9.2　光度立体发展趋势 …… 101
本章小结 …… 101
习题 …… 102

4　主动式测量——光栅投影测量 …… 103

4.1　光栅投影测量技术发展趋势 …… 103
4.1.1　投影条纹测量技术现状 …… 103
4.1.2　投影测量法相关产品 …… 104
4.2　投影测量技术基础理论 …… 107
4.2.1　光栅投影相位测量原理 …… 107
4.2.2　传统光栅投影测量系统模型 …… 108
4.2.3　新型结构光测量系统模型 …… 110
4.2.4　投影光栅测量关键技术需求 …… 112
4.3　莫尔条纹测量 …… 113
4.3.1　莫尔条纹测量原理 …… 113
4.3.2　莫尔条纹重要性质 …… 115
4.3.3　莫尔条纹测量技术应用问题 …… 116
4.4　光栅相移测量 …… 121
4.4.1　光栅相移测量原理 …… 121
4.4.2　光栅相移测量应用 …… 122
4.5　傅里叶变换测量 …… 132
4.5.1　傅里叶变换测量原理 …… 132
4.5.2　傅里叶变换方法的技术特点 …… 133
4.5.3　傅里叶变换测量应用方法 …… 134
4.6　光栅投影测量实例 …… 135
本章小结 …… 142
习题 …… 142

5　激光测量 …… 143

5.1　激光测量发展趋势及相关产品 …… 143
5.1.1　激光测量技术发展趋势 …… 143
5.1.2　激光干涉测量 …… 144
5.1.3　激光全息测量 …… 148
5.1.4　激光散斑测量 …… 149
5.1.5　激光三角法 …… 150
5.2　激光测量相关物理原理 …… 154
5.2.1　激光的基本物理性质 …… 154
5.2.2　激光的基本技术 …… 155

5.2.3 常用激光器 …… 157
5.3 激光干涉测量 …… 160
5.3.1 激光干涉仪的原理 …… 160
5.3.2 激光干涉测量应用 …… 164
5.3.3 影响测量精度的因素 …… 168
5.4 激光全息测量 …… 169
5.4.1 光学全息干涉测量 …… 169
5.4.2 数字全息测量 …… 172
5.4.3 全息测量技术应用 …… 173
5.5 激光散斑测量 …… 175
5.5.1 激光散斑的基本原理 …… 175
5.5.2 散斑干涉测量原理 …… 177
5.5.3 散斑干涉测量的应用 …… 180
5.6 激光三角法测量 …… 182
5.6.1 激光三角测量法的基本原理 …… 182
5.6.2 激光三角测量中的影响因素 …… 184
5.6.3 用于轮廓测量的三角测量技术 …… 185
5.6.4 激光三角测量技术应用 …… 188
本章小结 …… 190
习题 …… 191

6 光学探针及扫描显微测量 …… 192

6.1 光学探针显微测量发展趋势 …… 192
6.2 物理光学探针法 …… 194
6.2.1 物理光学探针原理 …… 194
6.2.2 物理光学探针应用 …… 195
6.3 几何光学探针法 …… 197
6.3.1 几何光学探针原理 …… 197
6.3.2 共焦测量技术及应用 …… 199
6.3.3 像散法测量技术及应用 …… 202
6.4 扫描电子显微镜的特性及原理 …… 204
6.4.1 扫描电子显微镜的特性 …… 204
6.4.2 扫描电子显微镜工作原理 …… 205
6.4.3 扫描电子显微镜的子系统构成 …… 205
6.5 扫描电子显微镜的分类 …… 207
6.5.1 场发射扫描电镜 …… 207
6.5.2 低能扫描电镜 …… 210
6.5.3 环境扫描电镜 …… 211
6.5.4 扫描声显微镜 …… 213

本章小结…… 213
习题…… 214

7 光学测量仪器的校准与数据处理方法 …… 215

7.1 传感器误差来源及校准方法 …… 215
7.1.1 传感器的概念及原理 …… 215
7.1.2 传感器的误差来源 …… 216
7.1.3 传感器误差的校准方法 …… 218
7.2 精度评价方式 …… 221
7.2.1 精度的定义 …… 221
7.2.2 常用的精度评价参数 …… 221
7.3 点云测量数据格式分类 …… 225
7.3.1 LAS 点云数据格式 …… 225
7.3.2 PLY 点云数据格式 …… 226
7.3.3 PCD 点云数据格式 …… 227
7.3.4 OBJ 点云数据格式 …… 230
7.3.5 OFF 点云数据格式 …… 230
7.3.6 STL 点云数据格式 …… 231
7.4 点云数据处理方法及三维重构软件介绍 …… 231
7.4.1 点云滤波 …… 232
7.4.2 点云配准 …… 235
7.4.3 点云特征提取 …… 235
7.4.4 点云分割 …… 237
7.4.5 点云数据曲面重建 …… 238
7.4.6 常用的点云处理软件介绍 …… 239
7.4.7 Geomagic Wrap 软件的点云处理操作过程…… 241
本章小结…… 248
习题…… 248

参考文献…… 250

1 表面形貌测量基础

当前，我国仍处于工业化、城镇化深入发展的阶段，传统行业所占比重依然较高，战略新兴产业、高技术产业尚未成为经济增长的主要力量。当今时代的科技革命和产业变革的主要趋势是朝着绿色低碳发展。同时，随着工业4.0、物联网和信息通信技术的发展，全球工业领域发生了重大变革。从工业制造和电子科技近些年的发展情况来看，测量技术的发展程度已经逐渐成为一个国家科技水平的象征之一。随着科学技术的高速发展，在生产和生活中对各种零部件的尺寸、精度的要求越来越高，对测量的环境、测量效率的要求也越来越高。鉴于非接触式测量技术具备多项明显优势，各国在制造检测领域都积极推进非接触式测量技术的发展。

1.1 表面形貌的定义及分析指标

在20世纪初，随着汽车、飞机、兵器等制造业技术的进步，人们开始对零件表面质量提出要求，并开始关注其测量和评价。1929年，德国科学家G. Schmaltz研制出了第一台表面接触式轮廓记录仪器。从20世纪30年代开始，人们开始研究表面粗糙度的定量评定参数，如美国的Abott提出使用距表面轮廓峰顶的深度和支承长度率曲线来表征表面粗糙度。随后出现了一些基于机械和光学方法的表面特征记录仪器，用于信号转换。1942年，R. E. Reason研制了系列Talyserf触针式表面轮廓仪，对粗糙度测量史具有重要意义。20世纪50年代以后，随着光学技术的发展，非接触式测量得以实现。例如，1958年，苏联研制了MNN-4型干涉显微镜，之后又出现了双焦轮廓仪、外差干涉仪等技术。随着计算能力、速度、图像分析和数字处理技术的不断提高，推动了三维表面形貌测量仪器的研发，如扫描隧道显微镜和原子力显微镜等工具。

工件表面质量的好坏直接影响其使用寿命和性能，随着科学技术的进步和社会的发展，工件表面质量的要求越来越高，相应的表面形貌测量技术也迅速发展。目前，在表面形貌测量方法中，机械触针式测量、显微干涉测量和扫描探针显微镜技术在科学研究和工业领域的应用最为广泛，这三种方法都能实现较高的测量分辨率和精度。当前，常见的两种微观形貌测量设备如图1-1和图1-2所示。

表面是指物体材料与周围介质（通常为空气）之间的边界。在工程领域中，工程表面一般指金属、塑料等与空气的交界面。这些工程表面会显示出各种加工过程的痕迹，这些痕迹在表面计量学领域被称为表面形貌。表面形貌也被称为表面微观几何形态，它涉及在物体加工过程中，由刀具、磨料与物体表面之间的摩擦、切削分离、塑性变形、金属撕裂以及加工系统中的高频振动等因素所引起的微观几何形态的不同形状和尺寸。通过表面计量学能够量化、评估和描述表面微观几何形态的特征，以更好地理解和控制物体的表面质量和性能。这在工程领域中具有重要的意义，对于确保产品的可靠性、耐久性和功能性起着关键作用。

扫一扫
查看彩图

图 1-1 TRIMOS TR-SCAN 非接触式微观形貌测量仪

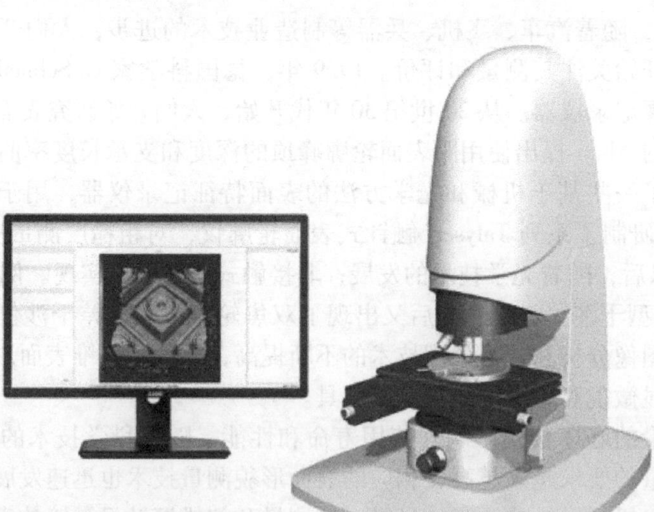

扫一扫
查看彩图

图 1-2 三维表面形貌测量系统

表面形貌与工件的加工方法和工艺参数密切相关，它的纹理特征在很大程度上决定了零部件的使用性能。特别在机械工业中，机械零件的表面形貌不仅对机械系统的摩擦磨损、接触刚度、疲劳强度、配合性质和传动精度等机械性能产生重要影响，还与导热性能、导电性能和抗腐蚀性能等物理性能密切相关。这些因素最终会对机械和仪器的工作精度、可靠性、抗震性和使用寿命产生一定的影响。因此，在工程实践中，对于工件表面形貌的控制和评估至关重要，它对于保证机械系统的正常运行和性能表现具有重要作用。

1.1.1 表面形貌特征及其划分

表面特征是指工件表面的形貌特征。通常情况下，工件经过加工后的实际表面形貌与理想表面形貌会存在一定的偏差。经过具体的测量后发现，表面上存在一系列不同间距和高度的峰谷，它们相互叠加形成复杂的表面结构。为了描述实际表面形貌与理想表面形貌之间的几何形状偏差，一般采用三种结构类别，即几何形状误差、表面波纹度和表面粗糙度。这些参数用于量化和描述工件表面的不规则性和不均匀性，以便评估其质量和性能。通过对表面特征的分析和测量，可以帮助优化加工工艺，改善产品的功能和可靠性。

如图 1-3 所示，根据误差尺寸的不同范围，表面几何形状可以分为三类：误差尺寸 λ 大于 10mm 属于形状误差；λ 介于 1～10mm 之间属于表面波纹度；而 λ 小于 1mm 属于表面粗糙度。

（1）几何形状误差指的是被测实际要素的形状相对于理想形状的变动量。

（2）表面波纹度是指介于表面粗糙度和几何形状误差之间的表面几何不平度，它既包含微观的特征又具备宏观的尺度。

（3）表面粗糙度是指加工表面上具有较小间距和微小峰谷的不平度，它属于微观几何形状误差的一种，表面粗糙度越小，表面越光滑。

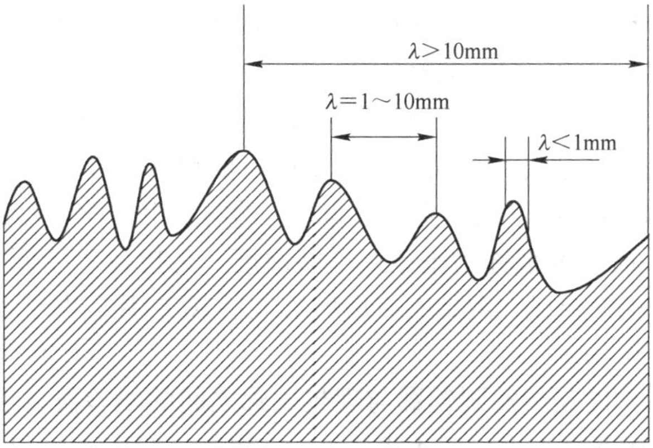

图 1-3　理想表面形貌特征示意图

扫一扫
查看彩图

这三类表面几何形状并非在一个平面上独立存在，它们的产生原因、特性以及与工件功能的关系各不相同。因此，需要对它们进行分析和评定，并引出区分各类偏差的标准。这样的分类和标准有助于理解和评估工件表面的质量特征，进而指导适当的加工控制和优化措施。

目前主流的表面几何形状分类方法大体可分为两种。一种方法将波距小于 1mm、呈现周期性变化的特征归类为表面粗糙度范围；将波距为 1～10mm 且呈现周期性变化的特征归类为表面波纹度范围；将波距大于 10mm 且没有明显周期变化的特征归类为表面形状参数范围。然而，这种分类方法并不严谨，因为不同零件的大小和加工工艺方法各不相同，所以分类方法的界限经常被打破。另一种主流分类方法基于起伏不平的间距和幅度的比值来划分表面几何形状。比值小于 50 被归类为表面粗糙度；比值为 50～1000 的被归类为表面波纹度；比值大于 1000 时则按照形状误差处理。这些分类方法在对表面几何形状进行评定和描述时具有一定的指导意义，但由于零件大小和加工工艺方法的差异，分类方法的界限并非绝对，需要根据具体情况灵活应用。

1.1.2 表面形貌的分析指标

对于零部件而言，从宏观角度来说，形位公差的测量是基础性的。因为其直接影响产品的使用性能。但是，如果想让精密零部件发挥完整或优异的性能，则还需要进一步考虑零部件的表面特性，特别是接触表面的状况。例如工件的表面粗糙度与其配合性质、疲劳强度、耐磨度、接触刚度、振动以及噪声等有着密切的关系。因此，可用以下 7 类指标来对工件的表面形貌进行分析。

(1) 平面度。平面度是指实际平面与标准平面之间的偏差。在使用分析软件进行三维表面形貌测量时，通过最小二乘法等算法，可以得到标准平面。标准平面是与实际平面平行且具有最小距离的两个包容平面之间的距离，这个距离即为平面度误差。平面度误差的测量和计算可以通过分析软件来完成，从而评估实际平面与标准平面之间的偏差程度。

(2) 粗糙度。粗糙度是指加工后的零部件表面上具有的较小间距和微小峰谷所组成的微观几何特征，通常由加工和摩擦等因素形成。粗糙度是表面质量最直接的显示，当粗糙度 R_a 小于 0.8μm 时，表面被称为镜面，即能够倒映出物体影像。

传统的粗糙度表示方式包括 R_a（轮廓算术平均偏差）、R_z（十点高度）等。ISO 25178-71:2017 标准将粗糙度的计算从取样轮廓线扩展到面上，引入了新的参数如 S_a，表示相对于理想平面，各点高度差的绝对值的平均值，用于描述面的粗糙度特征。这样的标准化表示方法可以更全面地描述表面的粗糙度特征，提供更准确的评估和比较。

(3) 翘曲度。翘曲度是实测平面在空间中的弯曲程度，以翘曲量来表示，比如绝对平面的翘曲度为0。计算翘曲平面在高度方向最远的两点距离为最大翘曲变形量。

(4) 共面性。共面性也被称为平整度、共面度，是指各个端面与基准面的偏移量，基准面由定义的三个端面组成。常见的应用场景包括 IC 芯片、电子连接器等电子元器件的针脚共面度评定等。

(5) 轮廓度。轮廓度是指实测轮廓与理想轮廓之间的偏差值，用于描述曲面或曲线形状的准确度，可以带基准，也可以不带基准。在测量分析中通过 2D 截面计算获得。

(6) 波纹度。波纹度与粗糙度类似，指的是表面上的几何不平度，其间距大于表面粗糙度但小于表面几何形状误差，属于微观和宏观之间的几何误差。波纹度描述了表面的周期性变化，它位于粗糙度和几何形状误差之间，具有介于微观和宏观尺度之间的特征。通过对波纹度的测量和评估，可以更全面地了解表面的几何特征，从而为表面质量的控制和改进提供参考。

(7) 腐蚀、磨损的面积与体积。零部件表面由于腐蚀、磨损作用发生变化，在相关的研究中需要计算腐蚀、磨损表面的面积，这些结果可以在三维表面形貌测量数据中得到。

1.2 微观形貌及宏观形貌介绍

零件的表面形貌特征与特征维度（二维还是三维）和尺度（微观还是宏观）密切相关。随着对表面形貌的测量从二维层面扩展到三维层面，相应的表面形貌参数也进行了扩展，如三维粗糙度、三维波纹度等。根据表面形貌特征的维度和尺度的不同，可以将零件表面形貌的评价参数细分为二维微观形貌、二维宏观形貌、三维微观形貌和三维宏观形貌四个类别。这种分类方式能够更准确地描述和评估零件表面的形貌特征，有助于对表面质量进行全面的分析和控制。

1.2.1 微观形貌介绍

近年来，表面微观形貌的测量与分析在精密测量领域得到了广泛的应用，物体表面的微观形貌特征不仅会对接触部分的机械及物理特性产生很大的影响，如物体表面的磨损、摩擦、润滑、疲劳、焊接等，而且还会在一定程度上影响非接触元件的光学及镀膜特性，如反射特性等。

1.2.1.1 二维微观形貌

二维微观形貌指的是基于零件表面二维轮廓测量的微观几何误差，主要包括表面粗糙度和表面波纹度。

表面粗糙度是由多种因素引起的微观几何误差，其中包括刀具对零件表面的切削、摩擦和切屑分离过程中的影响，以及零件表面的塑性变形和工艺系统中的高频振动等因素。在加工过程中，刀具与零件表面的交互作用会导致表面的不规则性和不均匀性，形成微小的凹凸、峰谷等结构。这些微观几何误差会对零件的功能和性能产生重要影响。因此，对表面粗糙度的控制和评估是工艺过程中的重要任务之一，以确保零件的质量和性能达到要求。表面波纹度是由加工系统的强迫振动、回转过程中的质量不均衡以及刀具进给的不规则等原因形成的，是介于微观和宏观之间的几何误差，具有较强的周期性，其表达示意图如图 1-4 所示。

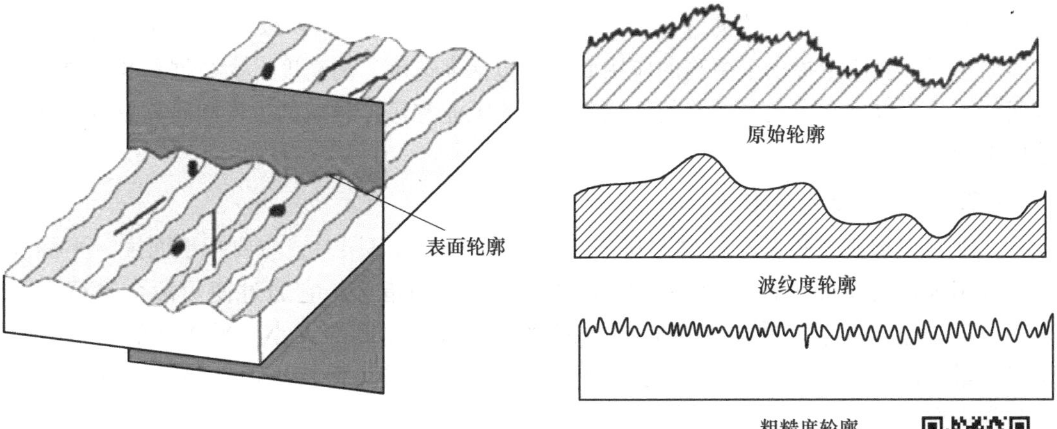

图 1-4 表面粗糙度和波纹度

扫一扫
查看彩图

1.2.1.2 三维微观形貌

随着零件表面加工技术的发展，对零件表面形貌的评价需求逐渐从二维轮廓扩展到了三维区域。一方面，二维微观形貌评价依赖于所测量的轮廓位置，具有局部依赖性，稳定性较差，同一表面不同位置、不同方向的测量结果具有明显差异性。相比二维微观形貌，三维微观形貌能更全面地描述零件的表面形貌，具有全局性和稳定性。另一方面，零件表面的功能是由其表面形貌决定的，而由于某些与零件表面功能密切相关的表面形貌无法用二维微观形貌描述，因此需要研究三维微观形貌以准确地评价零件表面功能。图1-5所示为某金属表面的三维形貌。

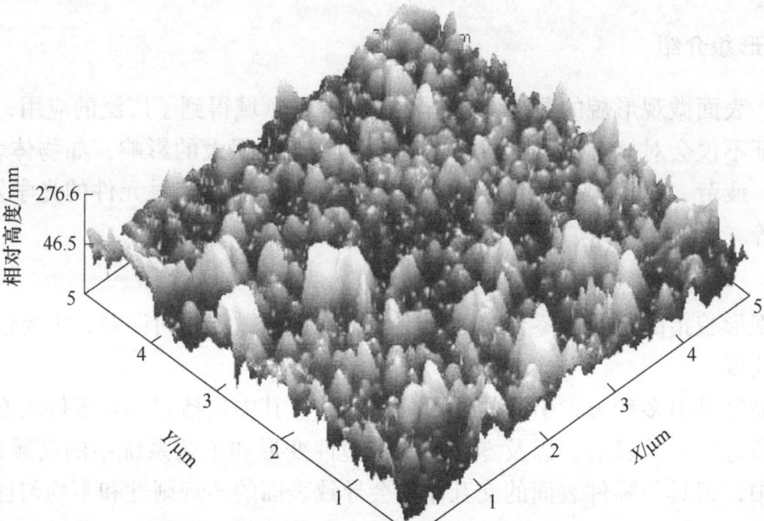

图1-5 金属表面的三维形貌

扫一扫
查看彩图

1.2.2 宏观形貌介绍

宏观形貌测量是指获取物体表面各点的空间坐标，以测量和记录物体的形状信息的过程。随着经济的发展和科技的进步，制造工业（如航空航天等）以及医疗等工业领域对物体的宏观形貌测量提出了更高的应用要求，包括高速度、高精度、大数据量和全自动等方面。这些要求旨在实现更精确的形状测量，为工业和医疗领域的生产和研究提供准确的数据支持。

1.2.2.1 二维宏观形貌

二维宏观形貌是指基于轮廓测量的零件表面宏观几何误差，主要指平面度。平面度是一种用来评价实际平面相对于理想平面的变动量的指标。它通过使用两个平行平面来形成最小包容区域，并通过该区域的宽度来表示平面度的大小。平面度的测量可以用来衡量实际平面与理想平面之间的偏差程度，对于需要保持平面性的工程和制造应用非常重要。

图1-6展示了平面度的定义方式。为了测量平面度，常用的工具是三坐标测量机。三坐标测量机用离散的有限点集来近似地表示无限点集的非理想平面，实现了零件表面的分离和提取。虽然三坐标测量机能够获得零件表面的三维坐标数据，但是测量方式是基于二维轮廓，并且只采集少量的抽样测点，无法获得被测零件整个表面的全部三维信息，因此三坐标测量机测量的平面度属于二维宏观形貌的范畴。

由于三坐标测量机只能采集有限的数据点，而且对平面度的计算会受到测量抽样和评价方法的影响。因此，常用的平面度评价方法包括最小区域法和最小二乘法。最小区域法

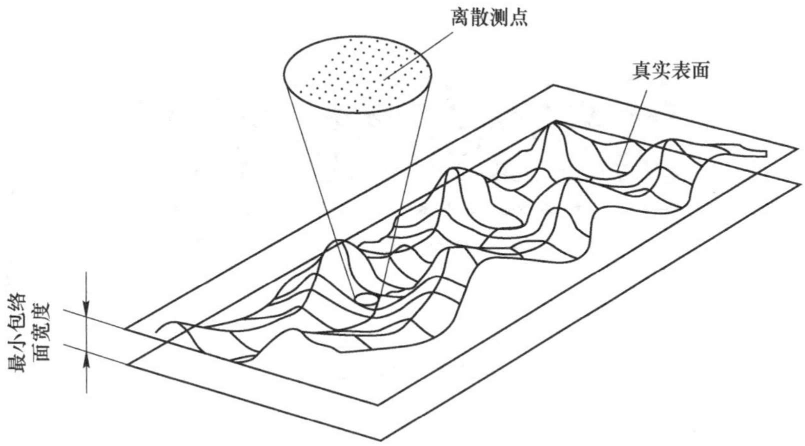

图 1-6 平面度定义

通过选择平面上的最小包容区域来评估平面度，而最小二乘法则通过拟合平面与数据点的最小二乘误差来计算平面度。这两种方法在实际应用中都有各自的优势和适用场景，可以根据具体情况选择合适的评价方法来进行平面度的分析和测量。

1.2.2.2 三维宏观形貌

相对于二维微观形貌与二维宏观形貌的关系，三维微观形貌的蓬勃发展启发了有关三维宏观形貌的研究。考虑到三维微观形貌侧重局部零件表面波长较短的三维形貌，评价区域一般是边长为几毫米的连续区域，分辨率为微米或纳米尺度。因此，对应的三维宏观形貌侧重于整个零件表面的波长较长的三维形貌，评价区域为数百毫米，测量分辨率为几十到几百微米。三维宏观形貌和三维微观形貌的区别还在于评价的表面是否连续。三维微观形貌评价的是连续表面，而三维宏观形貌评价的往往是包含大量孔洞的不连续表面，图 1-7 和图 1-8 所示为缸体顶面、缸盖底面等多孔大尺寸表面。

图 1-7 缸体顶面

扫一扫
查看彩图

图 1-8　缸盖底面

扫一扫
查看彩图

1.3　形貌测量技术基础

三维形貌测量一般用于获取物体表面各点的空间坐标，从而获得物体的全部形状信息。随着经济的发展和科技的进步，制造工业对物体三维形貌的测量提出了高速度、高精度、大数据量、全自动等要求。在这个背景下，各种新技术被应用于物体三维信息的获取，形成了三维数字化技术。此外，物体的三维数字信息还广泛应用于计算机辅助设计与制造、逆向工程、快速原型和虚拟现实等领域。这些技术和应用为实现更精确的形状测量和数据分析提供了重要支持。

零件表面形貌测量技术是保证加工精度的基础，按照表面形貌测量仪器测量时是否与零件表面接触，表面形貌测量技术可分为接触式测量技术和非接触式测量技术两类。三坐标测量机、粗糙度仪等接触式测量仪器测量精度高、柔性好，但是检测速度慢、采样密度小，无法实现零件表面三维形貌的复现。电子显微镜和白光测量仪等非接触式测量仪器具备测量三维微观形貌的能力。然而，这些仪器的测量范围通常较小，无法覆盖整个零件表面。尽管它们可以提供高分辨率和详细的表面信息，但在实际应用中，需要选择适当的测量区域或采取其他测量手段以获取整个零件表面的形貌数据。这些非接触式测量仪器仍然是研究和分析微观形貌的重要工具，但在测量大范围表面形貌时可能需要结合其他测量方法。近年来出现的高清晰测量技术，能够实现数百毫米边长的多孔大尺寸零件表面的三维形貌检测，采样密度达到每平方毫米 44 个采样点，测量精度为 ±1μm。与大测量范围、低采样密度的三坐标测量和小测量范围、高采样密度的电子显微镜测量相比，高清晰测量技术能够同时实现大测量范围和高采样密度，可以反映出整个零件表面的三维形貌信息，即实现零件表面形貌的“高清晰复现”，如图 1-9 所示，为揭示加工精度的形成规律和传统加工控制模式的变革提供了宝贵的新数据基础。

1.3.1　接触式测量

在接触式测量中，三坐标测量机是应用最广泛的工具。它通过测头与被测物体的接触来获取坐标数据。其基本原理是使用探测传感器（探头），与测量空间轴线的运动配合，从而获取被测几何元素离散的空间点位置。然后，通过数学计算对所测点（或点群）进行分析拟合，从而还原出被测的几何元素。在此基础上，计算被测几何元素与理论值之间的偏差，以完成对被测零件的检验。接触式测量的主要特点包括使用测头进行接触、采集离散的空间点、进行数学计算和分析拟合，并通过偏差计算进行零件检验。

（1）测量原理及过程简单、方便。

（2）对被测物体的材质和颜色无特殊要求。

(a)

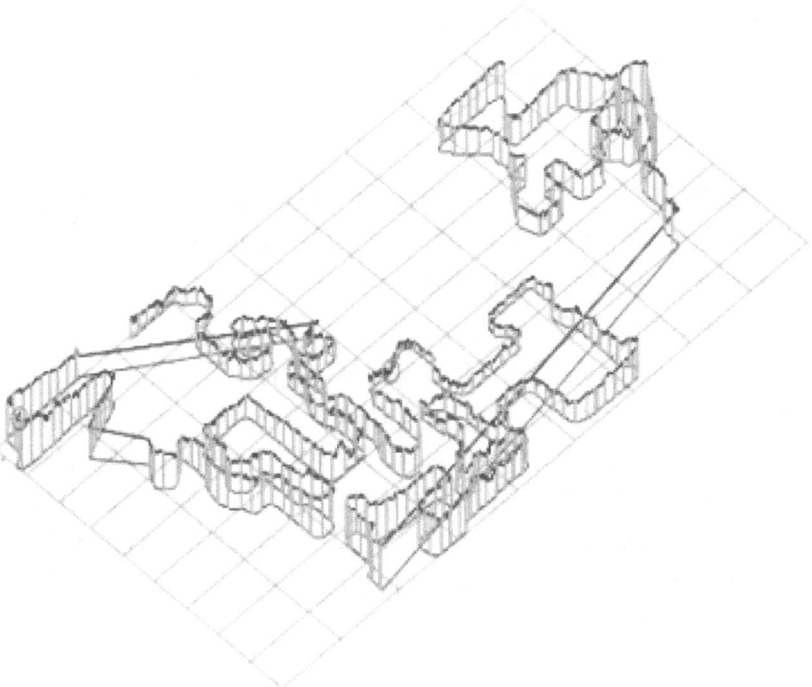

(b)

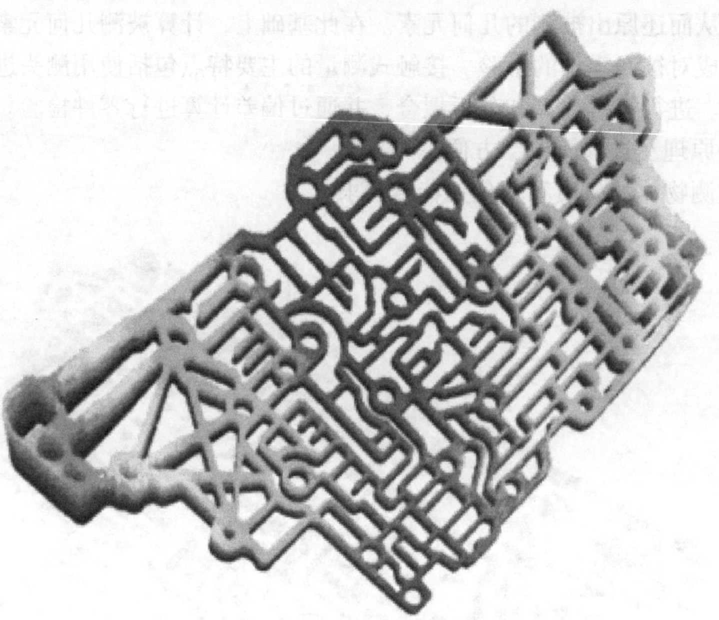

(c)

图 1-9　表面形貌的技术发展

（a）变速箱阀体表面；（b）三坐标测量的表面形貌；（c）高清晰测量的表面形貌

扫一扫
查看彩图

（3）手动三坐标测头与工件之间的接触程度主要靠测量人员的手感来把握，由此带来的测量误差难以避免。

（4）测量速度慢，测量数据密度低。

（5）在测量过程中，需要对测量结果进行测头损伤和测头半径的三维补偿，以获取真实的实物表面数据。然而，接触式测量方法不能适用于软材料或超薄物体的测量。

1.3.2　非接触式测量

非接触式测量是一种基于光电、电磁等技术的测量方法，它不需要与被测物体表面接触，通过测量物体表面的信息参数来获取数据。这种测量方法可以避免对物体造成损伤或变形，同时能够实现对物体表面的精确测量。

1.3.2.1　基于视觉技术的非接触式测量方法

基于视觉技术的非接触式测量方法可以按照测量过程中是否投射光源，来获取被测物体三维形貌信息，并依此分为被动式测量和主动式测量两大类。主动式测量是通过引入外部信号或能量源，如光切法、激光三角法和飞行时间法等，来主动获取物体表面信息的测量方法。这些方法利用光或激光等辐射源与物体相互作用，通过测量辐射的特性变化来获得物体表面的形状和尺寸信息。被动式测量则是基于物体自身的特性进行测量，例如双目立体视觉法和光度立体测量法等。这些方法通过对物体表面反射、散射或透射的光进行分析，从而获得物体的三维信息。

A　激光三角法

激光三角法的测量原理是通过激光发射器发射激光束，当激光束穿过一个物体时，它会反射回激光发射器，测量这个反射的距离，可以得到物体的距离。同时，可以通过测量两个反射点之间的距离来得到两个物体之间的距离。激光三角法可以分为斜射式和直射式两种，图 1-10 所示为斜射式激光三角法的原理图。

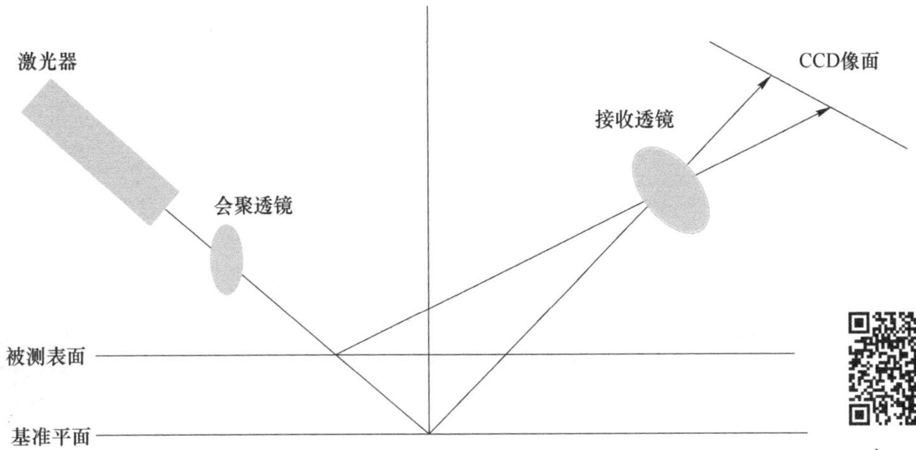

扫一扫
查看彩图

图 1-10　斜射式激光三角法

激光三角法的特点主要有：

(1) 非接触式测量，精度较高；

(2) 测量范围较大，对待测表面要求较低；

(3) 结构简单，性价比高。

B　结构光法（光栅投影法）

结构光法是一种常用的测量方法，通过将周期性的光信号（如光栅等）照射到被测物体的表面，利用摄像头拍摄反射光的图像，借助变形光栅与像平面的对应关系，获取物体表面上各点的实际位置信息。在测量过程中，光栅产生的光信号被反射光所改变，并通过摄像头记录下来形成图像。这些图像经过处理和分析，通过对变形光栅与图像中像平面的对应关系的解读，可以得到被测物体表面各点的真实位置坐标。图 1-11 对测量原理进行了示意图解，清晰展示了结构光法的工作原理及数据获取过程。

结构光法测量的特点主要有：

(1) 适合在光照不足、缺乏纹理的场景使用；

(2) 在一定范围内可以达到较高的测量精度；

(3) 技术成熟，深度图像可以达到较高的分辨率；

(4) 室外环境基本不能使用；

(5) 测量距离较近，容易受到光滑平面反光的影响。

C　双目立体视觉法

双目立体视觉法是一种常用的测量方法，它利用两台相对固定的摄像机或数码相机从不同角度同时获取同一景物的两幅图像。测量原理基于立体视觉的概念，通过比较这两幅图像中同一景物点的像差，计算出其在空间中的三维坐标值。在测量过程中，两台摄像机的位置和角度相对固定，它们以一定的基线距离分布在不同位置。图像中的景物点在两个

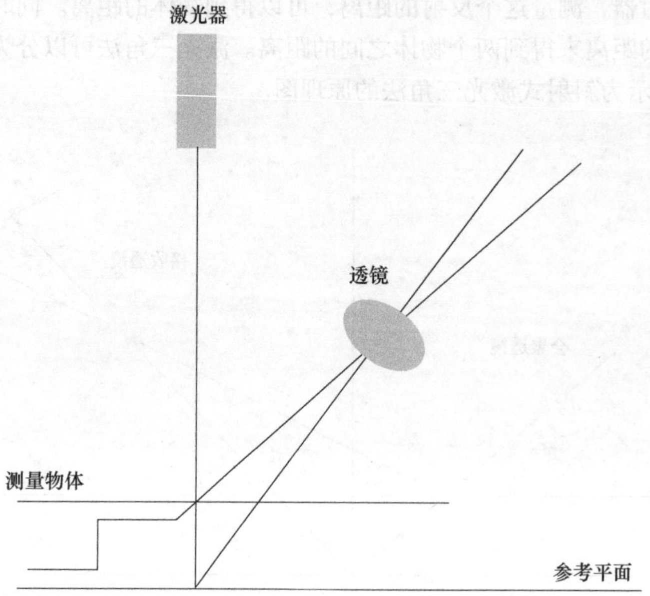

图 1-11 结构光法测量原理

扫一扫
查看彩图

像平面上的位置差异，即像差，反映了其在空间中的深度信息。通过计算像差，并结合摄像机的几何关系和成像原理，可以推导出景物点的三维坐标。图 1-12 为双目立体视觉法测量原理的示意图。

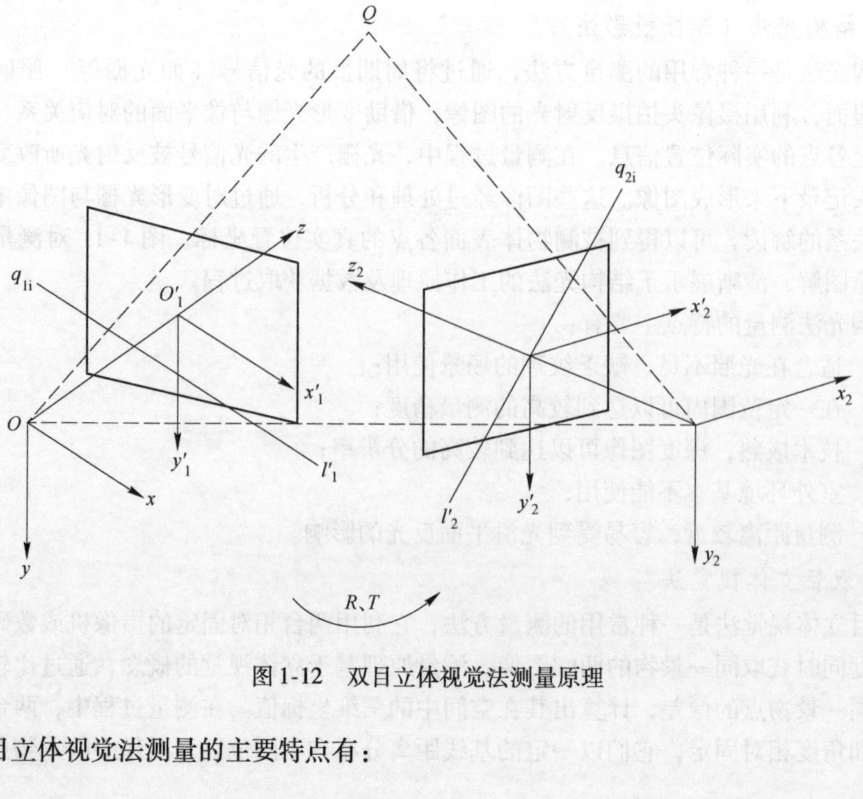

图 1-12 双目立体视觉法测量原理

双目立体视觉法测量的主要特点有：

（1）对相机硬件要求较低、成本低；

（2）室内外均适用；

（3）对环境光照非常敏感；

（4）不适用单调缺乏纹理的场景；

（5）计算复杂度高。

1.3.2.2 其他非接触式测量方法

除了基于视觉技术的测量方法外，非接触式测量还涵盖了多种其他技术，如工业 CT 法、光学相干层析法、超声波法、核磁共振法等。

A 工业 CT 法

工业 CT 成像原理是一种非破坏性检测技术，它通过对物体进行多角度的 X 射线扫描，获取物体内部的三维信息，从而实现对物体的成像和分析，工业 CT 仪器在生产车间的应用如图 1-13 所示。工业 CT 成像原理主要包括 X 射线的产生、传输、探测和图像重建等过程。通过工业 CT 成像技术，可以实现对物体内部的非破坏性检测和分析，具有广泛的应用前景。

图 1-13 工业 CT 检测设备

扫一扫
查看彩图

B 光学相干层析法

光学相干层析法的原理是利用光的干涉现象，将样品中散射光的干涉图像进行处理，得到样品内部的三维结构信息，如图 1-14 所示。在光学相干层析中，光源发出的光经过样品后，被探测器接收到。探测器接收到的光信号包含了样品内部的信息，但是由于光的散射和吸收，信号会被衰减和扭曲。

光学相干层析是一种非侵入性的成像技术，可以用于获取样品内部结构的三维成像。

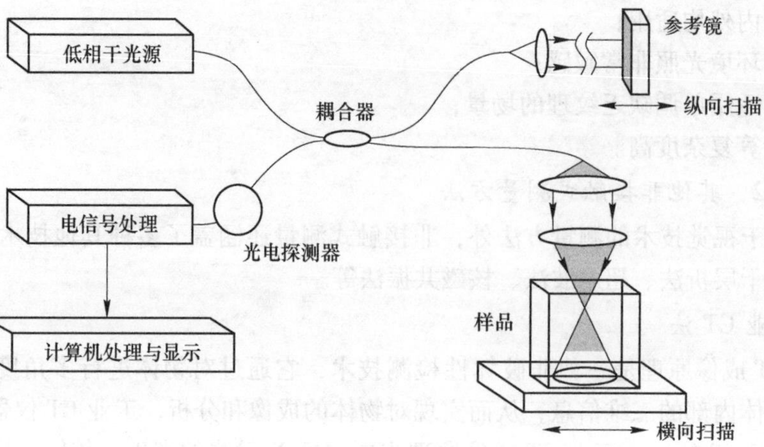

图 1-14 光学相干层析法工作原理

该技术在医学、生物学和材料学等领域得到广泛应用，为科学研究和工程应用提供了强大的工具。

不同测量方法的比较见表 1-1。

表 1-1 不同测量方法的比较

测量方法	测量精度	测量速度	材料及表面限制	成本
三坐标法	0.6 ~ 30μm	慢	不适用于软质材料	高
激光三角法	±5μm	一般	表面不能过于光滑	较高
结构光法	±(1 ~ 3)μm	快	无	一般
双目视觉法	0.5mm	快	无	低
工业 CT 法	1mm	较慢	无	高
层析法	±25μm	较慢	无	高

接触式与非接触式测量的比较见表 1-2。

表 1-2 接触式与非接触式测量的比较

测量方式	非接触式测量	接触式测量
测量精度/μm	1 ~ 100	0.1 ~ 1
传感器	模拟光电器件	触发式开关器件
测量速度/点 · 秒$^{-1}$	1000 ~ 20000	低于 10
前置作业	需进行表面处理	不需要处理
基准	不需要建立基准坐标系	需要建立基准坐标系
工件材料	不限定	大于一定硬度
测量死角	光学阴影处	工件内部及其小尺寸孔、槽
误差	曲率变化大则误差大	测头长则误差大

续表 1-2

测量方式	非接触式测量	接触式测量
优点	（1）测量速度快； （2）不需要进行测头半径补偿； （3）可测量柔软、易碎、不可接触等工件； （4）不会损伤工件表面精度	（1）精度高； （2）对测量零件的粗糙度，反射性能要求不高； （3）可以直接测量工件几何特征
缺点	（1）测量精度差，特别是工件与测头不垂直时误差较大； （2）无法测量特定几何特征； （3）无法测量陡峭面； （4）工件表面质量对测量精度影响较大	（1）速度慢； （2）需要进行测头半径补偿； （3）测头测量各向异性影响测量精度； （4）测头易磨损、损伤工件表面； （5）无法测量深孔、小孔、窄缝； （6）曲面测量会引入测头补偿误差

1.4　形貌测量的评价指标

在对零件表面进行测量后，为了准确评价零件表面形貌，需要从测量数据中提取有代表性的形貌特征对零件表面形貌进行评价。

零件表面形貌不仅仅是零件表面加工几何形状的直接体现，还在很大程度上影响着零件的使用功能。在现代工业生产中，零件表面被加工成不同的形貌以实现不同的功能，如装配性、密封性、耐磨性、抗疲劳、导电性、导热性、反射性，流体在壁面上的流动性以及抗腐蚀性等。这些表面性能往往难以直接评价，需要通过评价零件表面形貌来实现。针对不同工件的表面要求，需要设定恰当的表面形貌参数，以便准确合理地评定表面形貌，进而判断加工是否合格。

表面形貌评价的研究历程经历了定性评价、定量参数评价和高精密检测评价三个阶段。根据特征维度的不同，形貌测量可以分为二维形貌测量和三维形貌测量两种方法。

1.4.1　二维形貌测量

对于表面微观形貌的评价，国际上已有成熟的评价标准，见表 1-3。

表 1-3　二维微观形貌评价

表面形貌	评价参数	评价标准
二维微观形貌	粗糙度、波纹度	ISO 4287　GB/T 1031—2009
	2D-Motif	ISO 12085—1996
	材料支撑率曲线	ISO 13565-2—1997
二维宏观形貌	平面度	ISO 12781-1—2011

1.4.1.1　二维几何参数

为了便于对表面形貌测量有一定的了解，下面介绍一些评定微观表面的二维几何参数。

A　取样长度 L

在判别和测量表面粗糙度时，需要规定一段基准长度作为参考。这个基准长度被称为取样长度，它用来确定在表面上选择多大的区域进行粗糙度的评估。一般取样长度应包含五个以上的轮廓峰谷，以充分反映表面的特征。取样长度的选择与表面的粗糙程度有关，通常来说，表面越粗糙，取样长度就越大，以确保能够准确地捕捉到表面的粗糙度特征。

B　评定长度 L_n

由于加工表面具有不同程度的不均匀性，为了充分且合理地描述某一表面的粗糙度特性，我们规定了评定长度（L_n），它是评定表面粗糙度所必需的一段表面长度。评定长度包括一个或多个取样长度，这些取样长度用来对表面进行采样和分析。评定长度的选择是为了确保充分捕捉到表面的粗糙度特征，以提供准确的粗糙度评估。图 1-15 展示了评定长度。

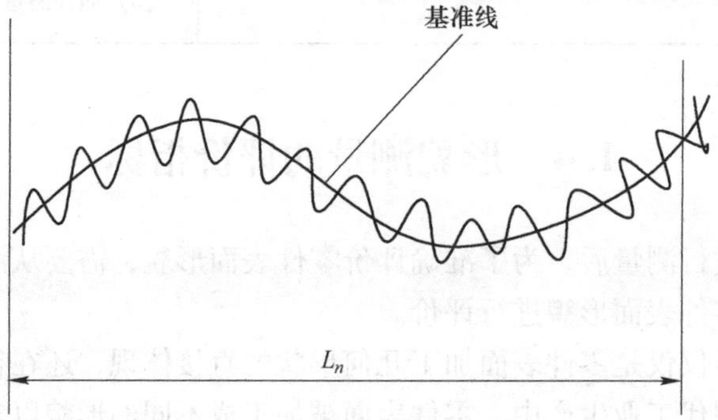

扫一扫
查看彩图

图 1-15　取样长度和评定长度

C　轮廓中线 m

轮廓中线 m 是用于评定表面粗糙度数值的基准线，有多种定义方式。

（1）最小二乘中线的计算方法是通过对轮廓线上各点的轮廓偏距 y 进行平方和最小化来得到最佳拟合的中线。图 1-16 展示了最小二乘中线。

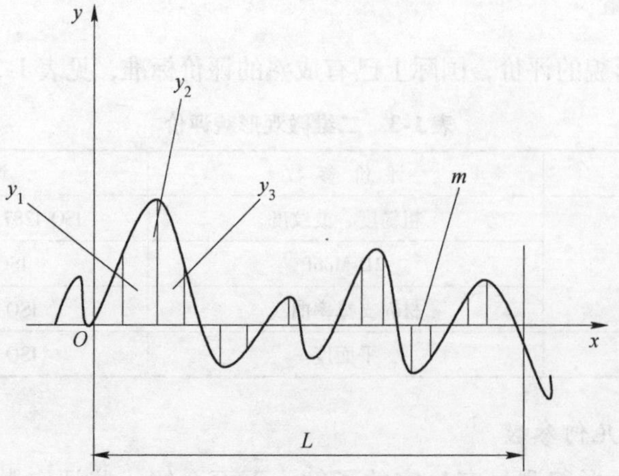

扫一扫
查看彩图

图 1-16　轮廓的最小二乘中线

(2) 轮廓的算术平均中线是一种常见的基准线，用于评定表面粗精度数值。在取样长度范围内，实际轮廓被划分为上下两部分，且使得这两部分的面积相等的线即为算术平均中线。图 1-17 展示了算术平均中线。并可由式（1-1）表示：

$$F_1 + F_3 + \cdots + F_{2n-1} = F_2 + F_4 + \cdots + F_{2n} \tag{1-1}$$

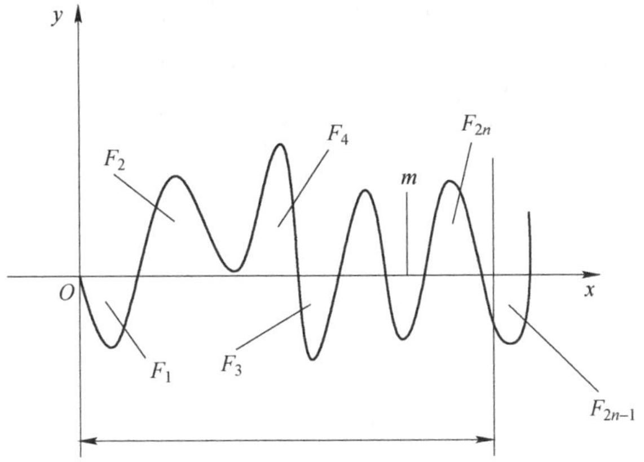

扫一扫
查看彩图

图 1-17 轮廓的算术平均中线

1.4.1.2 评定参数及数值

在二维参数评价方法方面，用于评估表面粗糙度的评价体系参数可以分为四大类，每类参数具有不同的特点和代表性参数。这些参数的主要特点和代表性参数见表 1-4。

表 1-4 评定参数及特点

参数类别	代表性参数	特　点
纵向评定参数	轮廓算术平均偏差 R_a 轮廓微观不平度十点高度 R_z 轮廓均方根偏差 R_q	使用广泛，但是其数值大小与使用性能没有直接联系
横向评定参数	轮廓微观不平度平均间距 S_m 轮廓单峰平均间距 S 轮廓峰密度 D	研究以及使用较少，某些参数能和零件的某些性能相联系
形状评定参数	幅度分布 轮廓偏斜度 S_k 驼峰度 K_u	较为直观地描述了轮廓的形状，但是使用不广泛
综合评定参数	功率谱函数 $P(w)$ 轮廓峰数 HSC	反映信息较多，但是不够直观，需对其进行进一步分析

A 轮廓算术平均偏差 R_a

在取样长度 L 内，轮廓偏距绝对值的算术平均值，如图 1-18 所示。

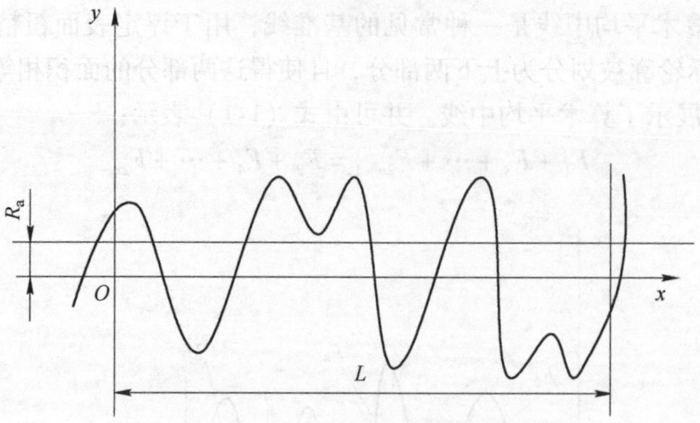

扫一扫
查看彩图

图 1-18 轮廓算术平均偏差

用公式表示为：

$$R_a = \frac{1}{L}\int_0^L |y(x)| \mathrm{d}x \tag{1-2}$$

B 微观不平度 R_z

在取样长度内，5 个最大的轮廓峰高的平均值与 5 个最大的轮廓谷深的平均值之和。用公式表示为：

$$R_z = \frac{1}{5}\left(\sum_{i=1}^{5} y_{pi} + \sum_{i=1}^{5} y_{vi}\right) \tag{1-3}$$

C 轮廓最大高度 R_s

在取样长度内，轮廓峰顶线和轮廓谷底线之间的距离。即：

$$R_s = y_{pmax} + y_{vmax} \tag{1-4}$$

D 轮廓微观不平度的平均间距 S_m

含有一个轮廓峰和相邻轮廓谷的一段中线长度 S_{mi}，称为微观不平度平均间距。在取样间距内，微观不平度间距的平均值就是轮廓微观不平度的平均间距，如图 1-19 所示。

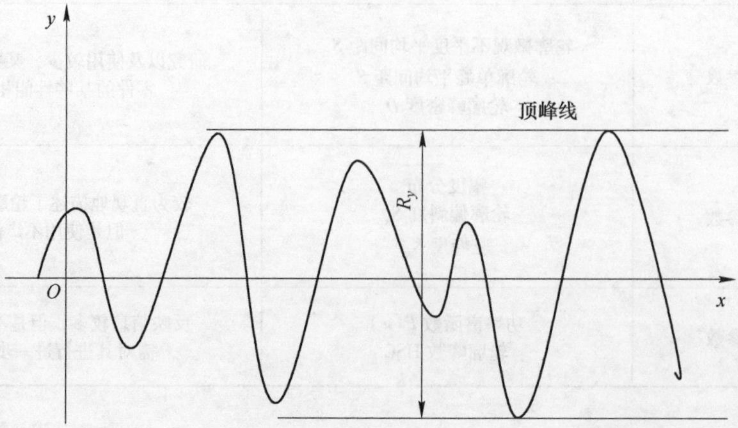

扫一扫
查看彩图

图 1-19 微观不平度和最大高度

用公式表示为：

$$S_m = \frac{1}{n}\sum_{i=1}^{n} S_{mi} \tag{1-5}$$

E 轮廓单峰平均间距 S

两相邻轮廓单峰的最高点在中线上的投影长度 S_i 称为轮廓单峰间距，在取样长度内，轮廓单峰间距的平均值，就是轮廓单峰平均间距，如图 1-20 所示。

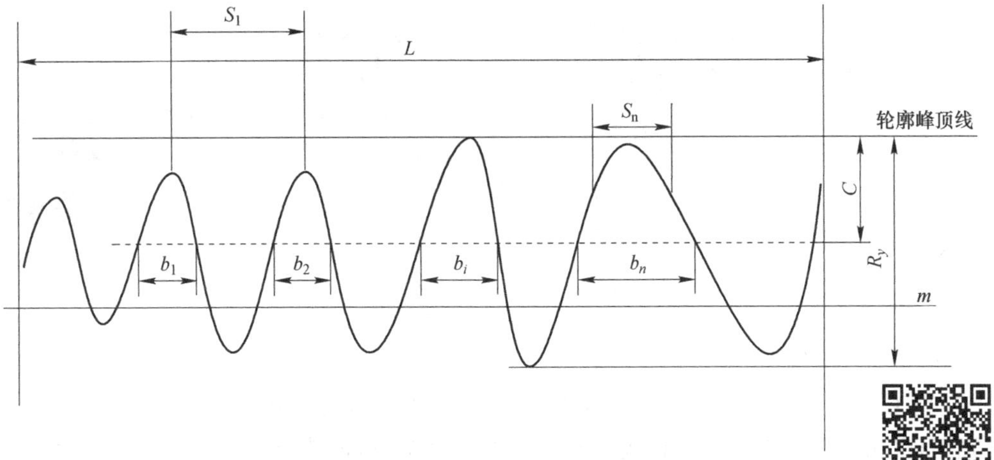

图 1-20 轮廓单峰平均间距和支撑长度率

扫一扫
查看彩图

用公式表示为：

$$S = \frac{1}{n}\sum_{i=1}^{n} S_i \tag{1-6}$$

F 轮廓支撑长度率

如图 1-20 所示，一根平行于中线且与轮廓峰顶线相距为 C 的线与轮廓相截所得到的各段截线 b_i 之和，称为轮廓支撑长度 η_p，即：

$$\eta_p = \sum_{i=1}^{n} b_i \tag{1-7}$$

轮廓支撑长度 η_p 与取样长度 L 之比，就是轮廓支撑长度率，即：

$$t_p = \frac{\eta_p}{L} \times 100\% \tag{1-8}$$

1.4.2 三维形貌测量

目前，针对三维微观形貌的分析，已经发展出了一些比较成熟的方法。如三维中线法、三维 Motif 法、分形法等，这些方法可以提供对物体表面的三维形态和纹理的详细描述，有助于深入了解物体的形貌特征和表面特性。

1.4.2.1 三维中线法

三维中线法是二维形貌评价的中线法在三维方向的扩展，该方法将基本线的概念扩展到了基准面，通过三维滤波器来确定粗糙度基准面和波纹度基准面，并计算不同尺度区间的三维形貌参数。常用的三维滤波器有三维高斯滤波器、三维样条滤波器、三维小波滤波器。三维高斯滤波器如图 1-21 所示。

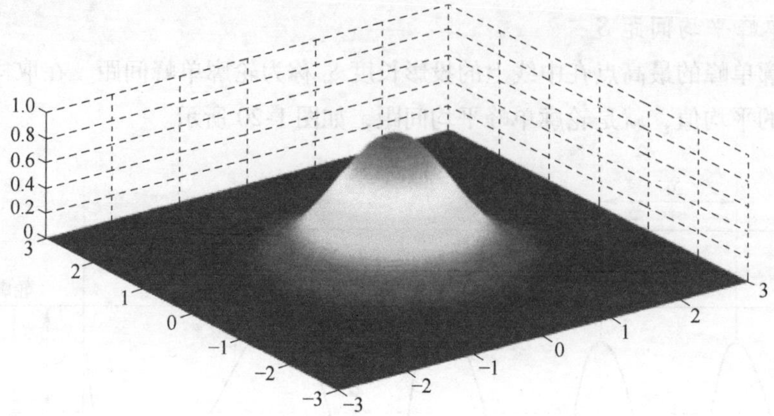

图 1-21　三维高斯滤波器

扫一扫
查看彩图

1.4.2.2　三维 Motif 法

三维 Motif 法是一种源自地貌学研究的方法，用于直接描述表面形貌中峰、谷、沟、脉等特征的分布和走向。它可以提供对三维物体表面的局部特征和结构的详细描述，类似于地貌中的地形特征。

在三维 Motif 法中，存在多种定义方式，其中 Frédérique Barré 和 Jacques Lopez 提出的定义与二维 Motif 的定义最为接近。根据这一定义，一个三维 Motif 被定义为被分水线包围的集水盆。为了实现 Motif 的形态分割，可以采用分水岭算法，该算法可以将 Motif 从周围的表面分割出来，以便进一步分析和描述。

通过应用三维 Motif 法，可以获得表面形貌中特定特征的空间分布和几何特性，例如峰的高度、谷的深度、沟的长度和脉的走向。这种方法在地质学、地貌学、材料科学等领域具有广泛的应用。通过对三维 Motif 的分析，可以深入研究物体表面的微观结构和形态特征，为相关领域的研究和应用提供重要的数据支持。

1.4.2.3　分形法

分形法是一种基于分形几何理论的分析方法，它认为机械加工表面具有随机性、多尺度性和自相似性特征。当采用分辨率更高的测量设备时，可以看到放大的表面形貌，放大后的表面形貌和原始表面形貌的分布非常相似，即零件表面的形貌特征与尺度无关，具有自仿射性。零件表面的自仿射性，如图 1-22 所示。

分形法通过分形维度来描述表面形貌的不规则程度。分形维度不随测量区域大小和测量仪器分辨率的大小变化，能够反映零件表面形貌的固有特性。分形维度越大，则表面形貌中随机的结构越多、越精细，具备填充空间的能力越强。尽管分形法在描述表面形貌时假设其具有分形特征，但实际上许多工程表面并不满足这种假设，因此用分形维数来描述它们变得困难。此外，关于分形维数的计算方法存在多种选择，没有一种方法能够准确确定分形维数。因此，对于那些不具备明显分形特征的工程表面，我们需要寻找其他适合的方法来描述其形貌特征，并意识到分形维数并非适用于所有情况。在使用分形法进行形貌

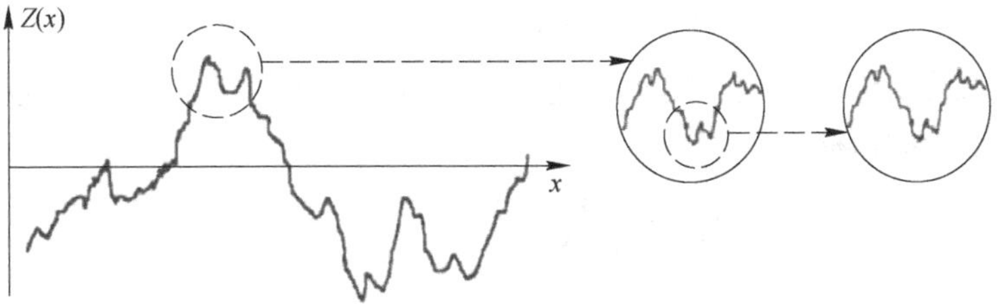

图 1-22 零件表面的自仿射性

分析时，需要综合考虑表面的实际特征以及计算方法的选择，以确保结果的准确性和可靠性。

1.4.2.4 国际标准 ISO 25178-1—2016

根据国际标准 ISO 25178-1—2016《几何产品规格(GPS) - 表面纹理：面积 - 第 1 部分：表面纹理指示》，将所有的三维微观形貌参数分为幅度参数、空间参数、混合参数和功能参数。具体参数见表 1-5。

表 1-5 三维微观形貌评价参数

幅 度 参 数	空 间 参 数	混 合 参 数	功 能 参 数
三维轮廓算术平均偏差 S_a 三维轮廓均方根偏差 S_q 三维轮廓十点高度 S_z 三维轮廓的偏斜度 S_{sk} 表面高度分布的陡度 S_{ku}	三维轮廓单元的平均宽度 S_{sm} 表面峰顶密度 S_{ds}	表面均方根斜率 $S_{\Delta q}$ 表面接触面积比 S_{dr}	表面支承指数 S_{bi} 核心区液体滞留指数 S_{ci} 谷区液体滞留指数 S_{vi}

A 幅度参数

(1) 三维轮廓算术平均偏差是指被测表面上各点到基准表面的偏距平均值。

$$S_a = \frac{1}{S}\iint |l(x,y,z)|\mathrm{d}x\mathrm{d}y \tag{1-9}$$

(2) 三维轮廓均方根偏差是一种评估轮廓偏离基准平面程度的参数，类似于统计学中的标准偏差 σ。它可以被视为一种较理想的评估指标。

$$S_q = \left[\frac{1}{S}\iint_s l^2(x,y,z)\mathrm{d}x\mathrm{d}y\right]^{\frac{1}{2}} \tag{1-10}$$

(3) 三维轮廓十点高度是对被测表面在评定区域内的 5 个最高峰和 5 个最低谷的高度值进行平均得出的指标。

$$S_z = \frac{1}{5}\left[\sum_{i=1}^{5} l_i(x,y,z)_{\max} - \sum_{j=1}^{5} l_j(x,y,z)_{\min}\right] \tag{1-11}$$

显而易见，在三维评估中，定点的定义对于十点高度指标产生重要影响。通常有三种定点方式：使用四个相邻点；使用八个相邻点；使用自相关区域。

(4) 三维轮廓的偏斜度：用于衡量轮廓凹凸幅值分布曲线的形状，与二维轮廓偏斜度具有相同的功能。

$$S_{sk} = \frac{1}{S \cdot S_{q^3}} \iint_s l^3(x,y,z)\,dxdy \tag{1-12}$$

（5）表面高度分布的陡度：用于描述形貌高度分布的形状，是对形貌高度分布的峰度和斜度进行度量的指标。

$$S_{ku} = \frac{1}{S \cdot S_{q^4}} \iint_s l^4(x,y,z)\,dxdy \tag{1-13}$$

B　空间参数

（1）三维轮廓单元的平均宽度（也称为三维轮廓微观不平度的平均间距）是指在给定的评定区域内，测量得到的内轮廓单元宽度 X_s 的平均值。

$$S_{sm} = \frac{1}{M}\sum_{i=1}^{M}\left(\frac{1}{N_i}\sum_{j=1}^{N_i} X_{s_{ij}}\right) \tag{1-14}$$

（2）表面峰顶密度是指单位采样面 y 积内所包含的峰顶点数量，用于描述表面上峰状结构的分布密度。

$$S_{ds} = \frac{N}{(M-1)(N-1)\Delta x \Delta y} \tag{1-15}$$

C　混合参数

（1）三维轮廓的均方根斜率是指在评定区域内，X-Z 面上纵坐标斜率 dz/dx 的均方根值。它用于量化轮廓在水平和垂直方向上的斜率变化率，反映了轮廓表面的坡度和曲率特征。由于轮廓仪测量时只在 X 方向连续扫描，所以用轮廓沿 X 方向纵坐标的变化率来代表轮廓的均方根斜率。

$$S_{\Delta q} = \frac{1}{M}\sum_{i=1}^{M}\left[\frac{1}{L_i}\int_0^{L_i}\left(\frac{dz}{dx}\right)^2 dx\right]^{\frac{1}{2}} \tag{1-16}$$

（2）表面接触面积比是指在采样面积内，表面接触界面面积的增量比率。假设总的展开面积为 A，则：

$$S_{dr} = \frac{A-(M-1)(N-1)\Delta x \Delta y}{(M-1)(N-1)\Delta x \Delta y} \tag{1-17}$$

D　功能参数

（1）表面支承指数是指三维轮廓的均方根偏差与5%支承面积处的表面轮廓高度之间的比值。

$$S_{bi} = \frac{S_q}{\eta_{0.05}} = \frac{1}{h_{0.05}} \tag{1-18}$$

S_{bi}值越大，表明该表面的支承性能越好。

（2）核心区液体滞留指数是指在核心区域单位面积上的空隙体积与均方根偏差之间的比值。该指标用于评估材料表面的液体滞留情况。

$$S_{ci} = \frac{1}{S_q}\frac{Av(h_{0.05}) - Av(h_{0.98})}{Sq(M-1)(N-1)\Delta x \Delta y} \tag{1-19}$$

S_{ci}值越大，表示表面中心区的液体滞留性能越好。

（3）谷区液体滞留指数是用于评估表面在低谷区域的液体滞留性能的指标。它表示在谷区单位面积上的空隙体积与均方根偏差之间的比率。该指数可用于研究材料表面的液体滞留特性。

$$S_{vi}=\frac{1}{S_q}\frac{Av(h_{0.8})}{(M-1)(N-1)\Delta x\Delta y} \tag{1-20}$$

随着对零件表面加工精度和功能要求的不断提高，对零件表面局部区域的三维宏观形貌评估变得越来越关键。新型的高清晰测量技术的引入，使得在评估过程中可以同时获得大范围的测量数据和高采样密度，为三维宏观形貌评估提供了可靠的数据基础。

然而，现有的形貌评价方法不适用于三维宏观形貌的评价。二维宏观形貌中的平面度虽然能够评定零件整体表面宏观几何误差，但是其评定方法过于注重表面形貌垂直方向的信息，忽视了表面形貌空间分布的信息，无法全面评价整体表面的三维宏观形貌。

三维微观形貌评定方法能够评价零件局部区域的三维微观形貌，但是难以用于评定整个零件表面的三维宏观形貌。原因是三维微观形貌中的三维高斯滤波、三维样条滤波等需要一定区域的连续数据，以消除滤波后的边界混叠效应，而评价三维宏观形貌的零件表面往往是多孔大尺寸表面，使得测量数据不连续，不满足评价要求的连续区域，会容易引起边界扭曲。

在工程和科学领域中，对三维形貌的分析评价扮演着关键的角色，涵盖了超精密加工、材料科学、电磁波散射、表面接触和磨损等多个应用领域。随着机械加工技术的不断进步以及对工件功能要求的提高，对三维形貌评价的需求变得更为突出。因此，发展和完善三维形貌评价技术具有重要的意义，它们能够为我们提供全面而准确的信息，帮助我们更好地理解和掌握工件的形貌特征，并指导我们在工程实践中作出更优化的决策。

1.5 形貌测量技术的应用与实践

形貌测量是一项集光学、机械、电子和计算机技术于一体的高新技术。它主要用于对物体的空间外形和结构进行扫描，以获取物体表面点的三维空间坐标。形貌测量实质上是一种立体测量技术。相比传统技术，它能够完成复杂形体的三维点、面和形状测量，并实现非接触式测量。在某些技术领域，形貌测量具有不可替代性，例如对复杂表面进行快速的三维彩色数字化，以及对柔软物体进行测量等。光学三维测量技术具有精度高、速度快、性能强等优点，可以大幅降低生产成本，节约时间，并且非常便于使用。三维形状测量技术的应用范围非常广泛，从传统的制造业到新兴的三维动画产业和虚拟现实领域等都有所涉及。一般情况下，把基于三维形状测量技术的仪器称为三维扫描仪或三维数字化仪。下面对其在各个领域的应用进行简单介绍。

1.5.1 形貌测量技术在航天领域的应用与实践

航天检测技术的不断进步，为新型航天器的研制生产提供了有效的技术支撑，成就了一系列先进的科技创新成果，使航天检测事业拥有了雄厚的核心技术储备。

1.5.1.1 三坐标精密测量

由于具备高精度测量和适用于复杂零件等特点，三坐标测量机已广泛应用于航天产品中大、中、小型零部件的几何量测。目前各型号使用的工艺装备和零部组件机加工后产品的线性尺寸、角度尺寸以及形位尺寸等参数主要靠三坐标测量机进行精密测量，如各种规格的壳体类产品、仪器舱、栅格翼等。

1.5.1.2 复杂曲面结构三维扫描测量

三维扫描测量技术具有速度快、精度高等优点，为航空航天产品表面轮廓的快速测量提供了有效手段。三维扫描测量技术以其快速和高精度的特点，为航空航天产品的表面轮廓提供了一种有效的快速测量方法。通过扫描来获得产品的点云数据，重构产品的三维形貌，通过与理论数模比对，可以快速得到产品的外形偏差。扫描测量示例如图1-23所示。

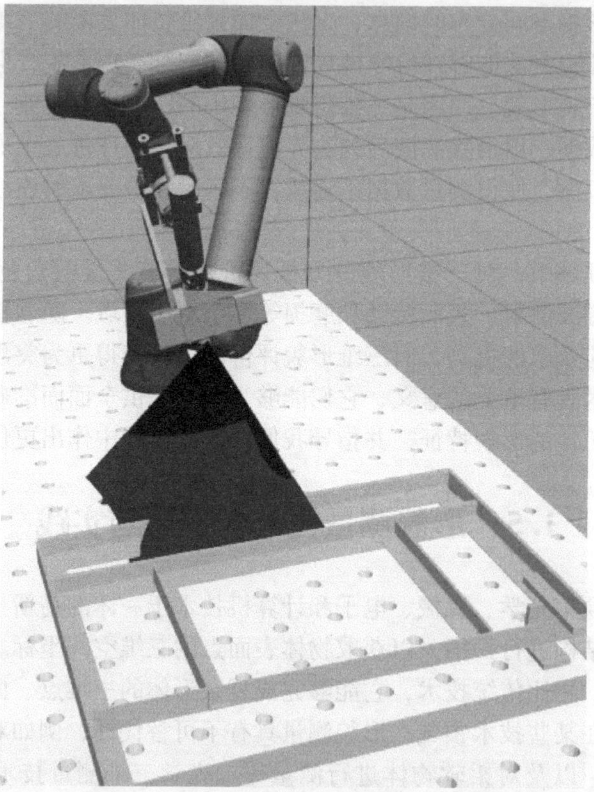

扫一扫
查看彩图

图1-23 机器人结合双目视觉扫描技术实现复杂面型零件的自动扫描测量

目前，航天产品的测量应用中广泛采用了三维扫描技术，其应用形式多种多样，如以下几种：

（1）通过高精度单反相机结合蓝光扫描技术，实现大型壳段产品的快速扫描测量，快速获取网格壁厚尺寸；

（2）通过激光跟踪测量系统结合激光扫描技术，实现异形曲面产品的快速扫描测量，获取外形轮廓偏差；

（3）通过机器人系统结合双目视觉扫描技术，实现异形曲面产品的自动扫描测量，获取外形轮廓偏差；

（4）三坐标测量机配备高精度激光扫描测头，可实现发动机类异形曲面产品的自动扫描测量，获取外形轮廓偏差。

1.5.1.3 粗糙度非接触光学干涉测量

非金属密封面的表面粗糙度无法采用接触式方法测量，只能采用首、末件剖切，并通过接触式测量以验证整批产品的加工质量。利用光学干涉非接触式测量技术，可以实现阀座密封面非金属表面粗糙度的快速测量，有效地解决了产品不可测难题。

1.5.1.4 复合式影像测量

复合式影像测量仪配有光学、触发、TTL激光及白光等多种传感器，测量功能强大，可切换传感器实现工件几何参数的接触与非接触复合测量。例如，通过开展接触与非接触的复合测量技术研究，有效解决了发动机阀门壳体阀座密封面处形位尺寸无法测量的技术难题，如图1-24所示。

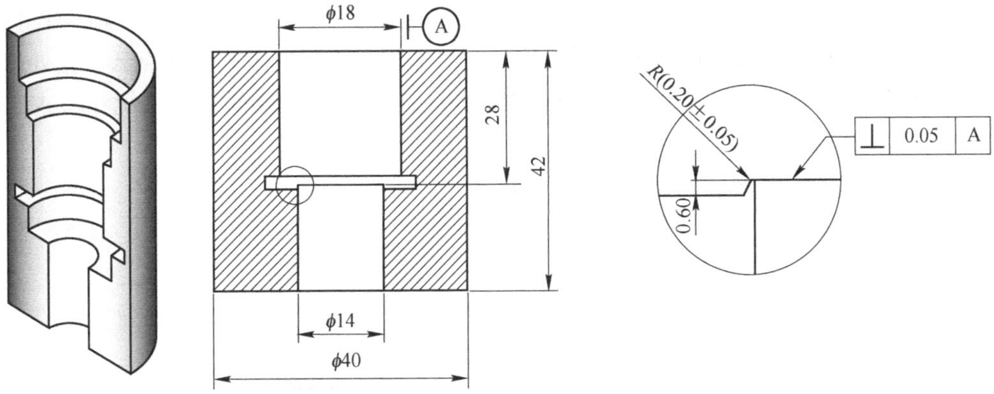

图1-24 复合式影像测量发动机阀座密封面

1.5.1.5 面向批产零件的几何量高效检测

针对发动机泵阀产品中小型量产零件手工检测无法满足大批量产品快速检测的问题，通过开展自动化检测技术研究，目前已经具备了六自由度快速测量和三坐标自动检测能力，实现了基于模型的自动检测程序仿真与编译、数据采集与分析以及氢氧发动机诱导轮、阀体、涡轮端弹性支承、壳体等产品的自动化检测，可覆盖泵阀产品中小型零件70%以上线性尺寸与形位公差等几何参数的批量检测，进一步提高了检测效率。

针对回转体类产品，引进了光学轴类自动扫描检测设备，可实现发动机泵轴和活门轴类中小型零件外形尺寸的批量自动扫描测量，范围可覆盖直径0.3～60mm，长度不大于300mm的回转体类产品。

1.5.2 形貌测量技术在工业生产领域的应用与实践

1.5.2.1 三维扫描仪

作为一种高速立体测量设备，三维扫描仪可用于对样品和模型进行扫描，以获取其立体尺寸数据。这些数据可以直接通过CAD/CAM软件接口传输到CAD系统中进行调整和修复，然后发送到加工中心或快速成型设备进行制造，从而大大缩短产品的制造周期。

在工业生产中，测量零件和产品的尺寸是不可或缺的任务。除了常见的长度、直径等参数外，在许多情况下，对于不规则物体的外形或多个点的高精度三维测量也是必需的。过去这项工作主要依赖于昂贵且操作复杂的三坐标测量机，尤其是在物体形状复杂的情况下，测量速度较慢，无法实现实时在线检测。而现代的光学三维扫描仪可以快速测量物体表面每个点的三维坐标，从而获取物体的立体尺寸，实现了三维形貌的快速在线测量。

20 世纪 80 年代，美国率先在流水线上采用基于结构光技术的三维扫描设备进行零件检测。这些设备能够实时测量零件的三维尺寸，然后与计算机中的标准数据进行比对，其精度可达到 0.02mm。进入 20 世纪 90 年代后，许多欧美的大型汽车公司、机械加工生产厂和装配厂纷纷配备了三维扫描仪，用于产品外形和零件的测量。日本的电子公司则将小型的三维扫描仪应用于集成电路板的测量，而美国国家航空航天局则将三维扫描技术用于仿真实验和其他研究领域。相比之下，国内在三维扫描技术方面的硬件和软件研究起步较晚。然而，近年来，该技术得到了迅速发展，并广泛应用于测绘工程、考古学、3D 打印等行业，从而打破了国外生产商的垄断地位。同时，国内也研发了相应的点云数据处理软件，如 HD PtCloud StreetView、HD PtCloud Modeling、天远三维数据管理系统和考古工地数字化管理系统软件等。

SJ5701 粗糙度轮廓测量仪如图 1-25 所示。

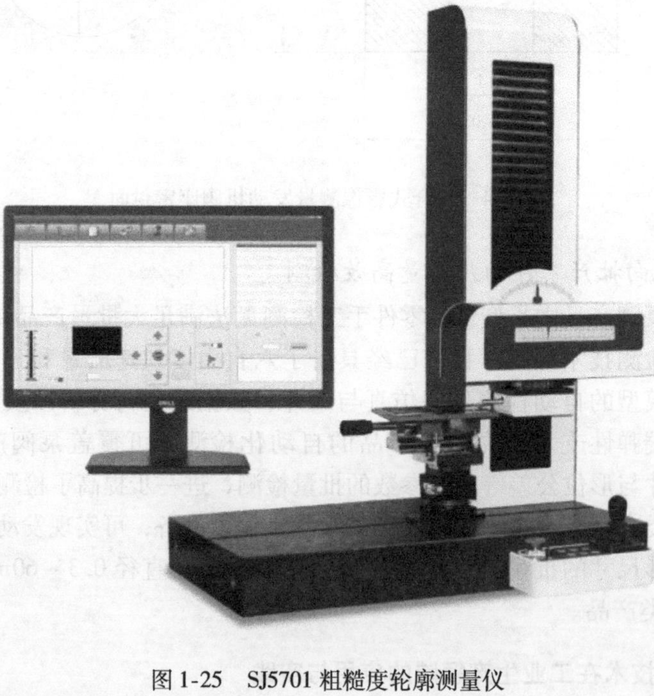

扫一扫
查看彩图

图 1-25　SJ5701 粗糙度轮廓测量仪

1.5.2.2　3D 机器视觉技术

3D 机器视觉技术的应用可以划分为两个主要类别：定性检测和定量测量。前者包括识别和缺陷检测，如图像识别、生物识别，焊接缺陷、印制电路板（Printed Circuit Board, PCB）缺陷、钢板表面缺陷等检测，无须给出定量信息。采用定量测量时，必须明确测量对象的特征尺寸，如高度、长度、半径、轮廓度等，同时有一定的精度要求。下面列举了多个 3D 机器视觉典型的应用场景。

A PCB 焊锡膏检测

PCB 的元件焊接是电子制造产业中的一个重要环节。在印制过程中可能会出现缺失、桥接、塌陷等问题，这些问题会导致元器件在焊接过程中出现开焊、短路、虚焊等缺陷，从而降低 PCB 表面贴装的质量。因此，检查元器件焊盘上焊膏的印制质量是保证 PCB 元器件生产质量必不可少的一步，如图 1-26 所示。

图 1-26 PCB 焊锡膏检测

扫一扫
查看彩图

B 轮胎质量检测

轮胎出厂使用前需要进行严格的外观检测，包括在轮胎转动时检测其径向跳动、凹凸不平度等其他不一致性，为此可以根据多种需求使用无损的 3D 视觉传感器进行在线质量检测，如图 1-27 所示。

C 道路质量巡检

机器视觉技术能够实现桥路质量的无损检测，如图 1-28 所示。目前，道路质量巡检需要在高速行驶条件下测量三维数据，包括车道细微结构损伤，如裂纹和过低的粗糙度等。

D 高速铁轨质量监控

为确保轨道的安全性和运输能力，轨道运营商必须定期对铁轨质量进行检查。该维护作业包括检查轨道、铁道枕木、碎石床或紧固件等部件质量。为此，将 3D 机器视觉传感器安装在巡检车辆上，实时地提供精确的铁轨横截面三维轮廓，并借助轮廓信息计算出铁路上多种部件的几何形状，从而实现铁轨的状态监控，如图 1-29 所示。

E 机械零件加工质量检测

三维扫描零件加工质量检测，是通过对零件结构和外形轮廓进行扫描，来获得扫描目标外形表面的三维坐标。扫描时通过三维扫描仪快速地获得扫描零件表面的三维坐标云数据，然后对获得的云数据用建模软件进行处理，重新构建物体的三维模型。三维扫描应用在大到制造领域的主体框架检测以及自动化流水线的分类挑选，小到一个零件的识别分类

扫一扫
查看彩图

图 1-27　轮胎质量检测

扫一扫
查看彩图

图 1-28　道路质量巡检

等，都发挥着不可替代的作用。三维扫描系统凭借其高效率及高品质的数据获取能力，被越来越广泛地应用。

对于精密加工领域，三维扫描技术主要应用于生产线质量控制和产品元件的形状检测、逆向工程(RE)/快速成型（RP)、逆向工程实训、扫描实物建立 CAD 数据等。加工

扫一扫
查看彩图

图 1-29　高速铁轨质量监控

零件三维扫描检测应用示例如图 1-30 所示。利用手持式三维扫描仪对铸件进行扫描，三维扫描仪扫描得到的是精确的点云数据，点云数据可形成网格数据，以支持 CAD 模型的创建。可以进行三维尺寸数据对比，也可以进行二维截面尺寸数据的对比分析，且测量过程自动化，减少了人为因素干扰，使检测过程精确高效。

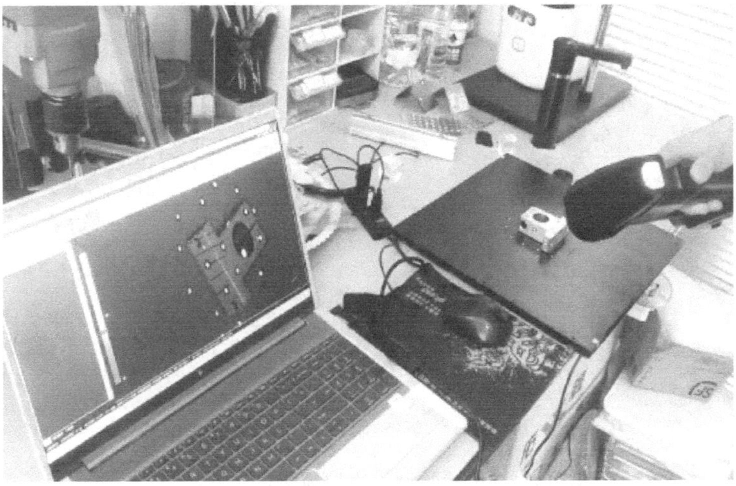

扫一扫
查看彩图

图 1-30　利用手持式三维扫描仪对零件进行扫描

1.5.3　形貌测量技术在其他生产生活领域的应用与实践

1.5.3.1　虚拟现实

在仿真训练系统、虚拟现实、虚拟演播室系统中，需要大量的三维彩色模型，靠人工构造这些模型费时费力，且真实感差。同样，Internet 上的 VRML（Virtual Reality Modeling Language）技术如果没有足够的三维彩色模型，也只能是“无米之炊”，而三维彩色扫描技术可提供这些系统所需要的大量的、与现实世界完全一致的三维彩色模型数据。销售商可以利用三维彩色扫描仪和VRML技术，将商品的三维彩色模型放在网页上。顾客可以通过网络对商品进行直观地、交互式地浏览。光学三维测量技术在虚拟现实中的意义在于：它可以从真实世界中真实、直接、高精度、数字矢量化地采集到三维视景的三维实测数据，进而使虚拟现实技术中的模拟视景跨越到三维精确数字化的仿真视景。

1.5.3.2　文化遗产保护

受到自然灾害、旅游开发等因素的影响，许多珍稀文物遗址已处于濒危的境地，有些甚至正在慢慢消失。因此，抢救性地保护珍贵文物信息已经显得非常迫切。

使用三维彩色扫描技术，可以在不损伤文物的情况下获取其外形尺寸、表面色彩和纹理等信息，并生成三维彩色拷贝。与传统的照片等手段相比，这种技术可以提供更详尽、完整的信息，方便长期保存、复制、再现、传输、查阅和交流。研究者可以通过直观的方式对文物进行研究，而无须直接接触文物，具有传统手段所无法比拟的优势。

这些信息也给文物复制带来了极大的便利。欧洲实施的Archatour项目，其主要目标是通过三维数字技术改进考古、旅游领域中的多媒体系统，而三维扫描是其中的关键一环。英国的自然历史博物馆运用三维扫描仪对文物进行扫描，并将其生成的立体彩色数字模型应用于虚拟现实系统，从而创建了虚拟博物馆。图1-31所示为研究人员利用三维重建技术对古建筑物进行扫描重建的扫描图，为下一步的保护工作奠定了基础。

扫一扫
查看彩图

图1-31　古建筑物三维扫描图

1.5.3.3　生物医学

由于三维扫描技术的快速测量能力，人们在美容、矫形、修复、口腔医学、假肢制作等领域广泛应用该技术来测量人体各个部位的尺寸，包括牙齿、面颌部、肢体等部位。在医疗技术发达的国家中，美容、整形外科、假肢需要根据人或动物的骨骼来恢复其生前的形象，在这一工作中，目前已大量依靠计算机来辅助完成，比如利用三维扫描仪将牙齿的坐标数据输入计算机，并以此作为修复工作的基础数据，如图1-32所示。另外，对于足印等痕迹特征的快速测量和鉴别，三维扫描仪也是有力的辅助工具。

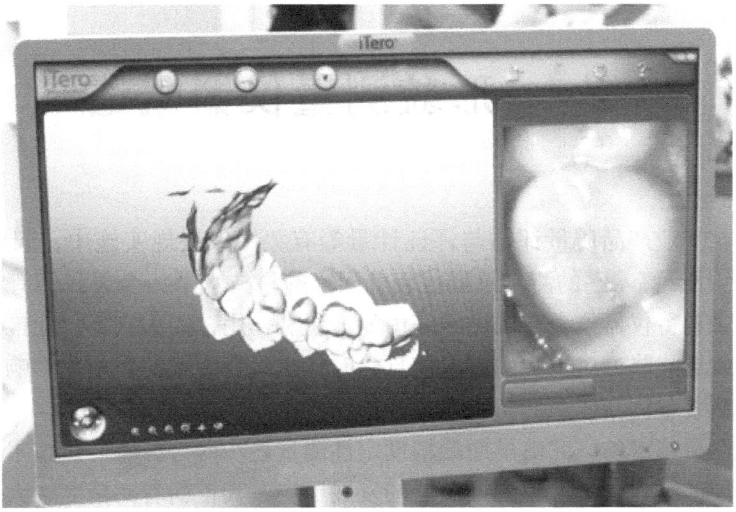

扫一扫
查看彩图

图 1-32　利用三维扫描技术进行牙齿修复

本 章 小 结

本章主要对表面形貌测量的基本概念及发展现状进行了介绍。

1.1 节介绍了表面形貌的定义及分析标准。

1.2 节从微观和宏观两个角度介绍了表面形貌，其中宏观和微观又分别从二维和三维两个方面进行了一定的介绍。

1.3 节介绍了形貌测量的一些基础知识，主要从接触式测量和非接触式测量两个方面进行说明，重点介绍了非接触式测量技术。其中，非接触式测量技术又可以分为基于视觉技术和非基于机器视觉两个角度，最后比较了接触式测量和非接触式测量的优缺点。

1.4 节介绍了形貌测量的技术标准，主要从二维形貌测量和三维形貌测量两个角度进行阐述。主要介绍了形貌测量目前常用的技术标准、方式方法以及公式定义等。

1.5 节主要介绍了当前形貌测量在生产生活各领域中的应用与实践，其中主要介绍了在航空航天以及工业生产等领域的应用，其次也介绍了在文化遗产和生物医学等领域中的一些应用。

习　题

1-1　表面形貌特征主要分为哪几种类型，划分标准是什么？

1-2　评定微观表面的二维几何参数有哪些，各自有何特点？

1-3　简要介绍当前形貌测量技术的发展现状及前景。

2 形貌测量仪器概述

仪器仪表在工业产品质量评估与评证计量等有关国家法规实施中，起着技术监督的“物质法官”作用，高水平的测量仪器代表着国家的科技水平。今天我们有必要从更高更全面的角度，来看待仪器仪表在国民经济中的地位和作用，因为它不仅能推动科教兴国战略和创新驱动发展战略，对于我们进入信息化时代也起着深刻的作用和影响。同时，有利于推动智能检测装备创新体系的初步建成，推动智能制造的深入发展。

三维形貌测量技术的研究由早期低精度定性测量逐步向与智能科学技术相结合的高精度定量测量发展。纵观整个形貌测量仪器的发展历史，其正朝着高精度、大范围、高效率以及在机实时测量方向发展。如图 2-1 所示，早期人们对物体测量以人工手动测量为主，其特点是费时费力且易引入误差，之后随着智能化机械工业的兴起，人们研制出机械接触式测量仪器，而目前受实际加工条件限制及精度需求的提升，智能非接触式光学测量技术应运而生，由于其相比于接触式测量技术而言，具有高效率、密集化数据点、弱场景约束性等较为突出的优点，近年来备受学者及工程师的关注。

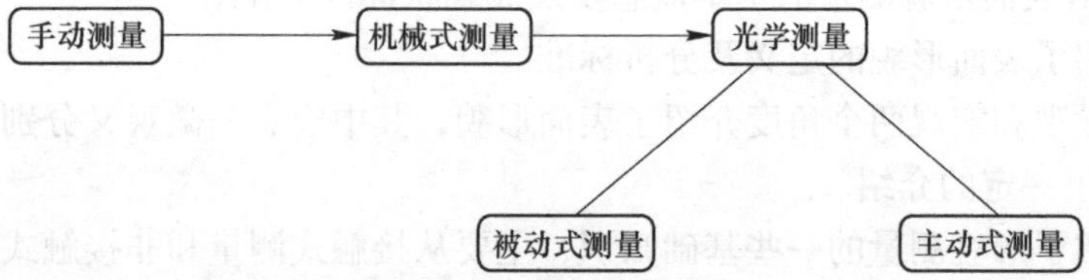

图 2-1　形貌测量发展图

首先，从被测物表面特征上讲，形状误差、表面波纹度、表面粗糙度都属于零件表面三维几何特征的度量，主要区别在于测量尺度的差异。三者分别反映了零件在不同尺度下的几何特征，如形状误差主要用来衡量零件在宏观尺度下的轮廓形状偏差，而表面波纹度、表面粗糙度则是用来评价零件表面微观三维形貌的变化特性。正是由于测量尺度、测量精度、评价方式的差异，很难用统一的测量方式对这三类指标进行测量，因此应根据相关需求研制各种类型的测量仪器，以适应被测对象材料、测量行程、测量精度、测量条件等因素变化对这三类指标参数的测量需求。其中，三坐标测量机、轮廓仪等仪器就是三维形状及表面轮廓测量仪器的典型代表，如图 2-2 所示。

这些仪器类型繁多，可用于不同材料类型、不同测量指标、不同精度要求零件的三维形状和表面轮廓测量。从结构组成上看，这些仪器都是由工作台、*XYZ* 三坐标直线运动机构，以及安装在运动机构上的传感器测头、计算机等构成的测量系统，其中测头安装在 *Z* 轴运动机构上，在计算机控制下测头可以沿工件表面做三维扫描运动，获取零件表面的轮廓信息。计算机对轮廓信息进行处理后，可得到三维形状、表面波纹度、表面粗糙度等三维测量数据。

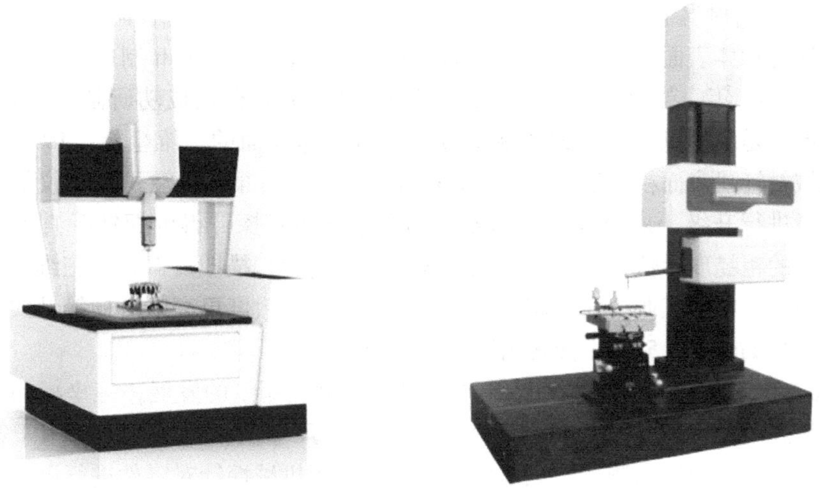

(a)　　　(b)

图 2-2　接触式测量仪器
（a）三坐标测量机；（b）轮廓仪

扫一扫
查看彩图

2.1　机械式测量仪器发展趋势

根据测量时测量仪器与被测物体是否接触，可以将其分为接触式测量和非接触式测量。最早的表面形貌测量方法起源于“比较测量”的思想，即直观的手工测量方法。对于形状比较简单的物体，人们通常采用游标卡尺、千分尺和卡规等接触式手动测量工具测量其尺寸等参数。还有利用靠模法和一些能够现场使用的简单仪器进行手动测量，当测量形貌比较复杂的零件时，这种方法的测量精度通常受到测量器具精度和操作者主观操作的影响，从而产生较大误差。当测量一些比较特殊和复杂的工件时，这些方法效果均不够理想，表 2-1 是所有测量方法原理及精度的汇总。

表 2-1　形貌测量原理及精度汇总

测量方式	测量方法	原理	被测参数	纵向分辨率	横向分辨率	纵向测量范围
接触式	机械接触式测量	金刚石触针	机构位移	0.1nm	0.2μm	800mm
光学非接触式	双目视觉测量	视差	空间坐标	次毫米级	—	—
	光度立体测量	—	—	—	—	—
	莫尔条纹测量	莫尔成像术	相位	10nm	—	1m
	光栅相移测量	相位调制	相位	20～200μm	—	—
	傅里叶变换测量	傅里叶光学	相位	—	—	—
	三角法测量	几何三角	光斑位置	—	—	—
	光切法测量	光切原理	—	50～100μm	—	—
	物理光学探针	共轭成像	机构位移	1nm	1μm	±250μm
	原子力显微镜	纳米探针	力	0.01nm	20nm	10nm
	扫描隧道显微镜	量子力学	机构位移	0.001nm	1nm	75μm

20 世纪初，人们提出了相应的接触式测量方法。1929 年，德国科学家 G. Schmalz 用光杠杆放大原理对物体表面形貌进行了定量测量。1936 年，E. J. Albott 制成了第一台工业用表面轮廓仪。1940 年，英国泰勒－霍普森（Taylor-Hobson）公司成功研制了 Talysurf 表面轮廓仪，其原理是利用机械接触式的探头逐点获取物体表面的三维坐标。1941 年，世界上第一台机械触针式表面粗糙度仪 Talysurf-1 问世，如今大部分接触式轮廓仪依然以该粗糙度仪为参考进行升级，采用跟随表面轮廓的数字化传感探针得到探针垂直方向的位移，来获得轮廓的粗糙度参数，按照规定的步长对工件进行扫描即可得到其三维形貌。在此基础上，英国兰克精密工业公司研制出测量精度更好、灵敏度更高的机械触针式表面轮廓仪，针尖小至 0.1μm×2.5μm，接触力降至毫克数量级。

20 世纪 50 年代末，三坐标测量机的出现促进了接触式测量的发展，三坐标测量机是一种自动化接触式精密测量仪器，可检测工件的形状、尺寸及相互位置，适用于箱体导轨、叶片、齿轮等零件的轮廓测量。三坐标测量机是采用机械探针对零件进行测量，其基本原理是用机械探针直接接触被测工件从而获得被测物体上各测点的坐标位置，根据这些点的空间坐标值，经过数学运算求出被测物体的几何尺寸、形状和位置，它的坐标测量精度可达到微米级，优点是精度高、噪声低，并具有良好的重复性，目前高精度的三坐标测量机精度能够达到约 0.3μm，多数产品精度一般为 2μm 左右。

电子技术、计算机技术和信号处理技术的发展促进了轮廓仪的发展。以 Taylor-Hobson 公司的 Talysurf 系列产品为例，它经历了电子管电路技术（Taly-surf3 型）、晶体管电路技术（Talysurf4 型）和集成电路技术（Talysurf5、PS、Z5L 型）等阶段，目前已处于与数字技术、计算机技术相结合的新阶段。FormTaly Intraz 在量程为 1mm 和 0.2mm 时的测量分辨率分别为 16nm 和 3nm，但实际上这个分辨率是 A/D 转换器的分辨率，测量系统的分辨率受噪声、摩擦、阻尼以及被测量表面等因素的影响。传感器信号的 A/D 转换采用的是 16 位 A/D 转换器，对应于 1mm 和 0.2mm 的量程，A/D 转换器的每一个数字变化对应着 1/65536mm 和 0.2/65536mm（即 16nm 和 3nm）。1984 年推出了 Form-Talysurf 量仪，采用 Michelson 干涉仪代替触针系统中的电感传感器，测量原理如图 2-3 所示。2001 年投放市场的 TalysurfCLI 系列是能测量粗糙度、坡度、形状等参数的三维轮廓系统，带有电感测头和激光探头，实现接触和非接触测量。2011 年推出的 Talyrond 500 系列仪均采用旋转，纵向和横向的测量基准，可重复机床运动（模式），精确的重现工件形状。2020 年生产的 Form Talysurf Inductive 表面粗糙度轮廓仪，可进行 2D 或 3D 测量，并有多种软件选择技术参数。

另外，中图仪器生产的 SJ5700 型轮廓测量仪，是一款集成表面粗糙度和轮廓测量的测量仪器，用拟合法来评定圆弧和直线等，从而可测量圆弧半径、直线度、凸度、沟心距、倾斜度、垂直距离、水平距离、台阶等形状参数。该仪器还可对各种零件表面的粗糙度进行测试，可对平面、斜面、外圆柱面、内孔表面、深槽表面、圆弧面和球面的粗糙度进行测试，实现多种参数测量。

目前，国内研究接触式测量的单位主要有华中科技大学、吉林大学等。华中科技大学 2019 年研发了一种面向复杂曲面叶片的机器人接触式原位测量技术，提出了一种叶片自动化“加工－测量”方案，重点针对叶片原位测量技术开展了研究。2020 年，吉林大学基于接触式在位测量原理，搭建了复杂曲面接触式在位测量硬件系统，实现了 X、Y、Z

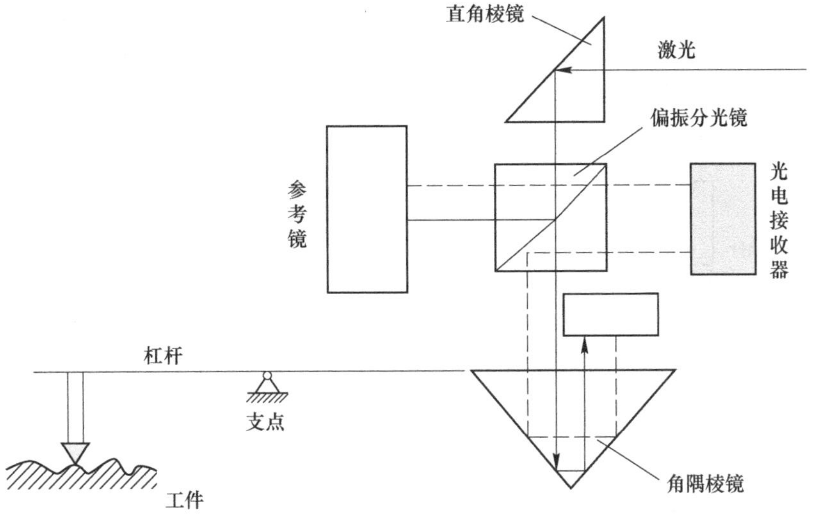

图 2-3 Michelson 干涉式触针传感器

运动平台的三轴联动控制、测头沿零件表面的移动与数据采集控制，以及测量系统运动轴位置信息与测头数据的融合与集成，进而实现复杂曲面的自动测量。合肥工业大学 2021 年研发了基于二维角度的测量水平方向位移的测量传感器和测量竖直方向位移的微型迈克尔逊干涉仪的扫描探头，兼具大量程、高分辨率、高精度等特点。

2.2 接触式测量原理及特点

接触式测量技术实际上就是将探头与被测工件直接接触并进行零件表面轮廓测量，接触式测量仪器的组成主要包括：测头、位移传感器、计算机，其中位移传感器是接触式测量仪器的核心部分。

2.2.1 接触式测量原理

接触式测量技术是开发较早、研究比较成熟的一种表面形貌测量方法。接触式测量方法利用机械式探针与被测零件表面直接接触进行测量，大部分应用场景采用带有微小圆弧半径的金刚石触针与被测表面相接触并且缓慢地移动，当触针沿着被测零件表面移动时，由于被测面的微观凹凸不平使得触针产生上下移动的位移量，之后利用位移传感器采集探针垂直方向的位移量，再将位移量转换为电信号，经信号放大、信号滤波、相位计算后由仪表显示出被测表面的轮廓数值。接触式测量方法的原理如图 2-4 所示。

接触式测量仪器按照其测量的表面形貌评定参数不同，可分为表面粗糙度测量仪和轮廓仪，表面粗糙度轮廓仪只能测量工件的表面粗糙度，轮廓仪还可以显示工件的表面轮廓曲线。这两种测量器具都与计算机相连，可计算出轮廓算术平均偏差、表面不平度、轮廓最大高度和其他多种评定参数等，其测量效率高，适用于测量轮廓算术平均偏差为 0.025 ~ 6.3μm 的表面粗糙度。机械触针式轮廓仪纵向分辨率取决于与触针相连的位移传感器，横向分辨率取决于被测表面的高度、斜率特性及触针针头半径。

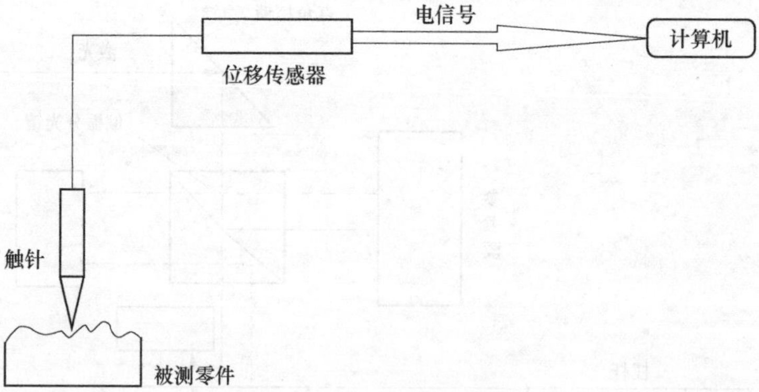

图 2-4 接触式测量原理

2.2.2 机械接触式测量仪器构成

2.2.2.1 测头

测头是接触式测量仪的核心部件，与之相连的位移传感器直接获取其垂直位移量并把数据传给计算机，计算机根据数据计算出工件的表面形貌信息，所以测头直接影响着系统的测量精度、工作性能、柔性程度等。测头的精度和可靠性是衡量仪器技术水平的重要标志，开发具有不同球头直径及形状的测头是扩展三坐标测量机使用范围的关键。当前三坐标测量机高精度球头的直径已能达到 125μm 左右，如图 2-5 所示。测头由测针、更换架、标准球等构成。

（1）测针。测针安装在测头上，用于接触被测量元件，其包括直测针、加长杆、星形测针等不同形状和规格，确保测头对工件所有特征元素进行测量。

（2）测头更换架。由于被测工件的复杂性，在实际测量工作中不可能由一个探针完成所有的测量任务，更换架可对测量机测座上的测头、加长杆、探针组合进行快速、可重复性地更换，在同一测量系统下对不同的工件进行自动化的检测。

（3）标准球。标准球用来标定和校准探测，此装置在平时使用过程中必须注意保护，因为它是影响测量机精度的重要装置之一，也是使用很频繁的一个装置。

三坐标测量仪的测头按形状可以分为点式测头、圆柱形测头、半球形测头、星形测头、盘形测头、球形测头，如图 2-6 所示。

点式测头：一般在对位移和行程测量时不使用点式测头，而多用于测量精度低的螺丝槽标示的点或裂纹划痕等。与具有半径的点式测头相同，在测量前需要进行校正，同时也能用于测量非常小的孔位置等。

圆柱形测头：适用于测量圆柱形工件的侧壁，以及测量薄断面间的尺寸，曲面形貌或加工的孔等。同时只对圆柱形的断面方向的测量有效，在轴方向上进行测量时情况较为复杂（圆柱形工件的底面加工成和圆柱轴心同心的球面时，也可以用圆柱形测头在此球面上测量），使用圆柱形测头测量工件高度时，圆柱形轴和三坐标测量机轴要一致（一般尽量在同一断面内进行测量）。

星形测头：用于多形态的多样工件测量，可以同时校正并使用多个测头进行测量，可

扫一扫
查看彩图

图 2-5　测头

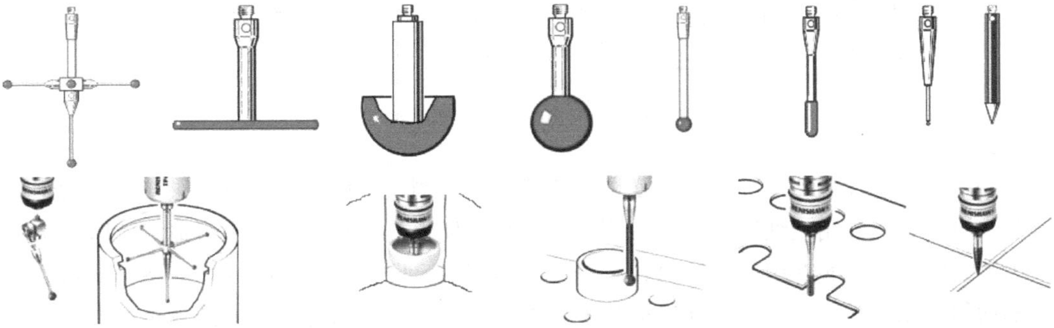

图 2-6　不同形状的测头

扫一扫
查看彩图

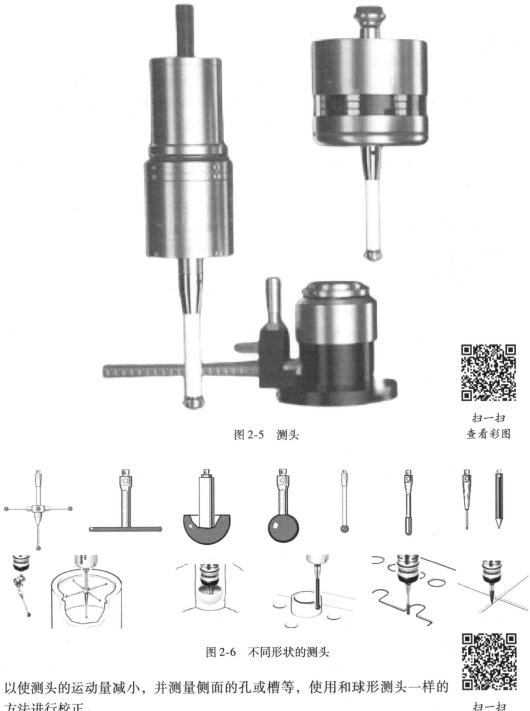

以使测头的运动量减小，并测量侧面的孔或槽等，使用和球形测头一样的方法进行校正。

半球形测头：用于测量深处的特征和孔等，对表面粗糙工件的测量效果较好。

盘形测头：在球的中心附近截断做成的盘样的测头，由于盘形断面的形状是球形，所以校正原理和球形测头相同，利用外侧直径部分或厚度部分进行测量；适用于测量瓶颈面间的尺寸以及槽的宽度或深度等，且校正比较简单。

球形测头：多用于尺寸、坐标测量等，球直径一般为0.3～8.0mm，多种测量都能使用，材料主要使用硬度高、耐磨性强的工业用红宝石。

2.2.2.2 位移传感器

在精密加工中，位移传感器主要用于零部件的尺寸、表面形貌测量及精密运动的位移测量等。高精度位移传感器主要有电感式位移传感器、电容式位移传感器和激光位移传感器三类。这三类传感器适用于不同的测量场合，其中以电感式最为普遍，电容式和激光位移传感器为非接触测量仪器。

（1）电感式位移传感器是一种建立在电磁感应基础上，将位移量转换为电感线圈的自感量或者互感量，实现位移测量的传感器。电感式位移传感器可以实现尺寸（深度、高度、厚度、直径、锥度等）测量、形状（圆度、直线度、平面度、垂直度、轮廓度以及台阶厚度等）测量、振动测量、精密定位系统微位移检测、操作机器人位移检测等功能，因具有分辨率高、使用寿命长、线性度较好、稳定性较高、结构简单、使用方便、对工作环境要求不高等优点，在接触式形貌测量技术中广泛应用。

电感式位移传感器通过将测头接触点与被测物体接触来感知被测物体的位移变化。接触点的压力取决于传感器内部弹簧的弹力。

变压式位移传感器的结构由线圈、弹簧、模芯（铁芯）、线性滚珠轴承、防尘罩、接触点构成。当传感器通入交流激励信号时，线圈内部产生交变磁场，当模芯在线圈中运动时，磁路的总磁阻变化，导致传感器输出信号变化，输出信号的变化与测头接触点位移的变化成正比，如图2-7所示。

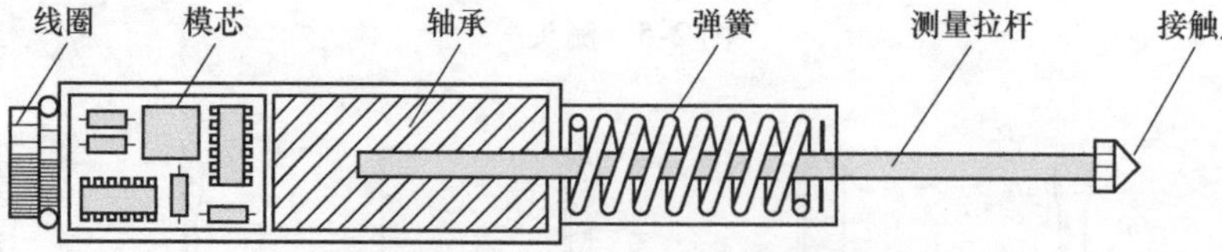

图2-7 变压式位移传感器结构图

变压器式位移传感器的测量精度可达亚微米级，测量时传感器可以记录接触点的绝对位置。测头导向采用线性滚珠轴承，测量力较小，使得具有较长的使用寿命。同时结构中采用了线圈，当模芯在中心位置时，磁场力是恒定的，但在两端边缘区域时磁场通常会变得不均匀，测量精度下降。因此这类传感器通常工作在零点附近，以保证测量精度。

根据应用需求不同，电感式位移传感器可以演化设计成不同类型的结构，传感器与测量电路既可实现一体化设计，也可分体式设计。将磁性模芯设计成套环、套筒样式，使用时一般与被测物体平行安装，也可将传感器与被测对象进行组合设计，以应用于空间受限的场合。不同类型电感式位移传感器的结构与外形如图2-8所示。

（2）电容式位移传感器是一种将被测位移量转换成电容量变化量的传感器，是一种非接触式位移传感器，具有高精度和高稳定性的特点。目前广泛应用于纳米级精密制造与测量等超精密位移测量领域。

（3）激光位移传感器是利用激光技术进行位移距离测量的传感器，属于非接触式传

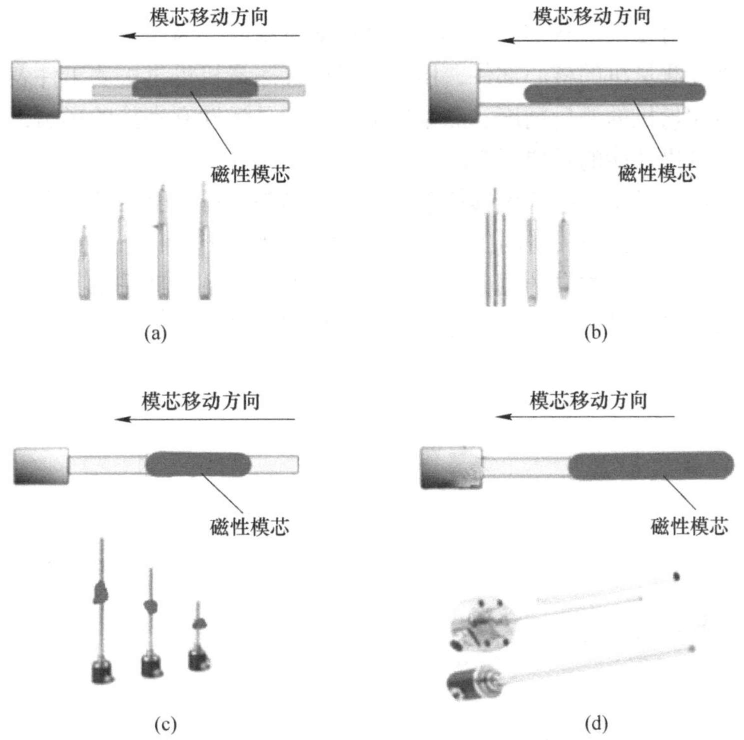

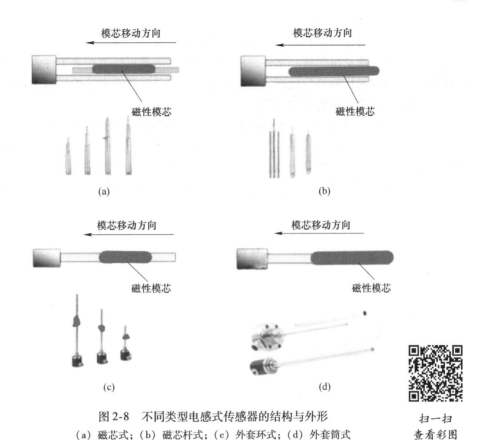

图 2-8　不同类型电感式传感器的结构与外形

（a）磁芯式；（b）磁芯杆式；（c）外套环式；（d）外套筒式

扫一扫
查看彩图

感器，测量精度较高。测量时，采用光学测量原理，当被测物的位置发生变动时，采光元件上的采光位置就会随之移动，通过对光接收位置进行检测，可换算出被测物的位移量。激光位移传感器可进行高速测量，采样频率可达数百千赫，光点直径能到微米量级，既可测量细微形状，也可进行长距离测量。

2.2.2.3　计算机

计算机的作用是控制传感器的移动，辅助测量仪完成测量，同时获得传感器传来的信号，并对其进行处理，从而获得被测工件的三维形貌、表面波纹度、表面粗糙度等测量数据，最后通过显示器进行显示。

2.2.3　机械接触式测量典型仪器介绍

2.2.3.1　三坐标测量机

三坐标测量机（Three-coordinate measuring machine）是基于坐标测量原理设计的，能对复杂零件的形状、尺寸及其相对位置进行高精度测量。其具备 X、Y、Z 三个相互垂直布置的直线运动机构，运动范围构成了测量机的三维测量空间，将传感测头安装于运动机构末端，使其在运动空间内测量。工作时，通过控制运动机构使传感测头沿被测工件表面做扫描运动，得到被测工件表面上各个测点在 X、Y、Z 三个方向上的精确坐标位置数据，获得带有被测物表面形状的点云数据。最后，用测量软件对点云数据进行处理，计算出被测工件表面三维形状、几何尺寸、相对位置等参数。

三坐标测量机对复杂形状零部件具有较高的测量精度，因此在制造过程中得到广泛应用。测头是三坐标测量机的核心部件，用于向三坐标测量机提供被测工件表面空间点位的原始信息，并对测量机的测量精度、测量速度、应用灵活性有直接的影响，其中探头精度是衡量三坐标测量机性能的重要标志。

三坐标测量机通过将电感式位移传感器与线性测头进行组合，从而实现触发和测量功能，如图 2-9 所示。这种测头在与工件表面接触时，既能产生 X、Y、Z 三个方向的触发信号，也能对测头在三个方向的位移变化进行精确测量。由于其采用了高精度电感式位移传感器，测量精度显著提高，目前线性测头的测量精度可达到 0.1μm。

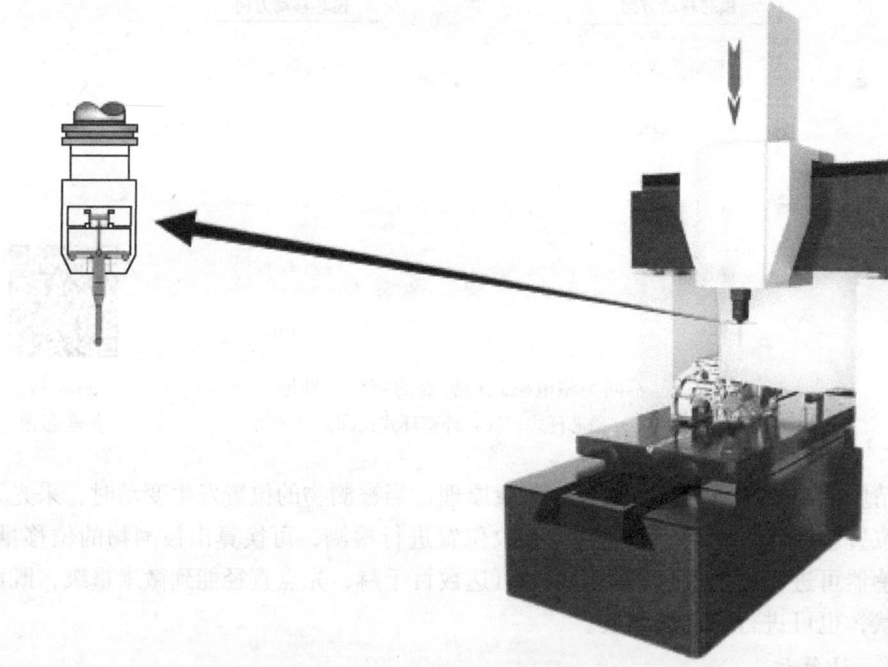

扫一扫
查看彩图

图 2-9　线性电感测头的组成及应用示意图

三坐标测量机的接触式测头在制造系统中的应用最为广泛，安装在传感测头前部的球头与工件表面直接接触，因此是测头的关键部件。球头的直径、圆球度、耐磨性是衡量其技术水平的主要指标。球头直径较大的传感器测头，一般适用于较小曲率形状表面的测量，而球头直径较小的传感器测头，更适合于曲率变化较大的复杂形状表面的测量。当球头的直径达到数十微米时，可以将其看作“触针”，用于更细致的微观轮廓测量。

三坐标测量机有多种分类方式：按结构形式与运动关系可分为移动桥臂式、固定桥臂式、龙门式、水平悬臂式，以及近年来迅速发展的关节臂式等；按测量行程范围可分为小型、中型与大型；按测量精度可分为低精度、中等精度和高精度三类；按应用场合可分为车间型和计量型；按操作方式可分为手动式和自动式。图 2-10 为三坐标测量机实物图。

三坐标测量机由主体机械结构、X 轴、Y 轴、Z 轴运动控制与位移测量单元、传感测头单元、计算机等组成。其组成示意图如图 2-11 所示。

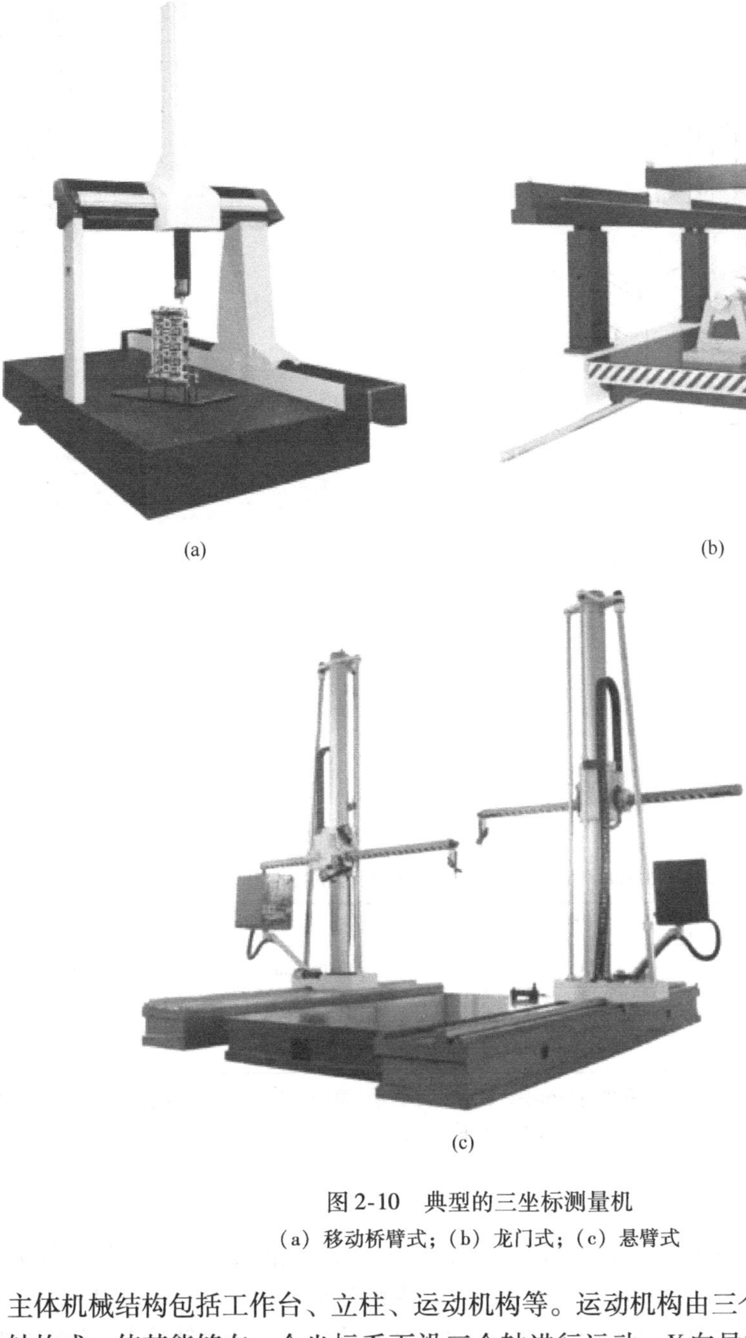

(a) (b) (c)

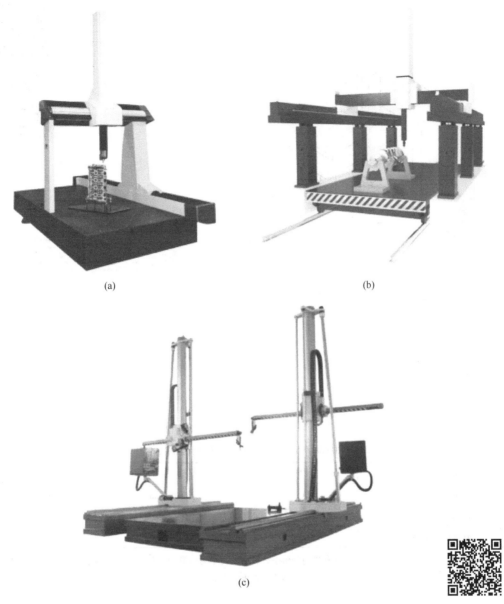

图 2-10 典型的三坐标测量机

(a) 移动桥臂式；(b) 龙门式；(c) 悬臂式

扫一扫
查看彩图

主体机械结构包括工作台、立柱、运动机构等。运动机构由三个相互正交布置的直线运动轴构成，使其能够在一个坐标系下沿三个轴进行运动。*Y* 向导轨系统装在工作台上，移动桥架横梁是 *X* 向导轨系统，*Z* 向导轨系统在中央滑架内。三个方向轴上均装有光栅尺等直线位移传感器，用于对各轴的位移量进行测量。传感单元安装在 *Z* 轴末端，随 *X*、*Y*、*Z* 三个坐标轴运动，在计算机控制下实现三维形状的测量。

接触式三坐标测量机虽然具备精度高等优点，但其具有价格昂贵、测量比较耗时、测头易磨损等缺点。图 2-12 所示是上海精密仪器仪表生产的 MC003-MCMS654S 三坐标测量机，相关性能参数见表 2-2。

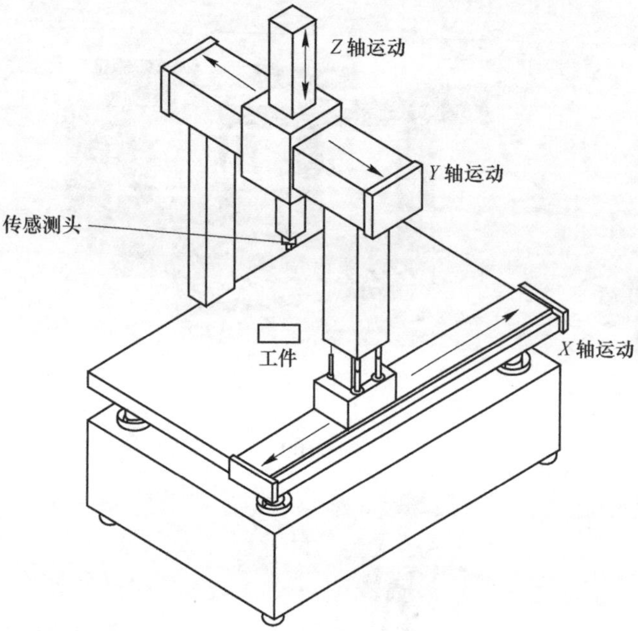

图 2-11 三坐标测量机示意图

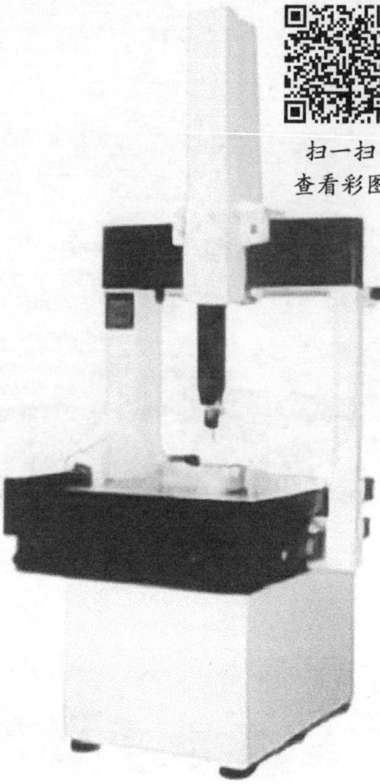

图 2-12 MC003-MCMS654S 三坐标测量机

扫一扫
查看彩图

表 2-2 MC003-MCMS654S 三坐标测量机性能参数

测量参数	性能指标	测量参数	性能指标
测量范围 X/mm	600	分辨率/μm	0.5
测量范围 Y/mm	500	示值误差/μm	3.0 + L/200
测量范围 Z/mm	400	探测误差/μm	4.5

注：表中所列分辨率分为纵向分辨率和横向分辨率，纵向分辨率为所测物体深度方向分辨细节的能力，横向分辨率为所测物体平面方向分辨细节的能力，示值误差里的 L 表示被测长度。

2.2.3.2 触针式轮廓仪

触针式轮廓仪主要应用于平面、球面、非球面等形状表面的波纹度、粗糙度测量。轮廓仪主要由底座、Z 向立柱、X 向运动驱动器、传感测头等构成，如图 2-13 所示。

测量时，测头内部的弹性元件产生弹力并通过杠杆系统传递至触针针尖，计算机控制测头触针在被测表面上横向移动，轮廓几何形状的变化使触针上下运动；通过测量杆和劈尖支点的杠杆作用，使传感器内部铁芯同步运动，从而使铁芯电感线圈的电感量发生变化，经信号调理电路处理后得到样品表面轮廓的标准电压信号，此信号经 A/D 转换和计算机处理，即可得到表面轮廓的波纹度和表面粗糙度参数。

单从构成上看，轮廓仪的组成并不复杂，但对运动机构、传感测头的制造精度要求极高，如高精度轮廓仪的红宝石触针半径可达到 2μm，测头内部传感器的分辨率可达到

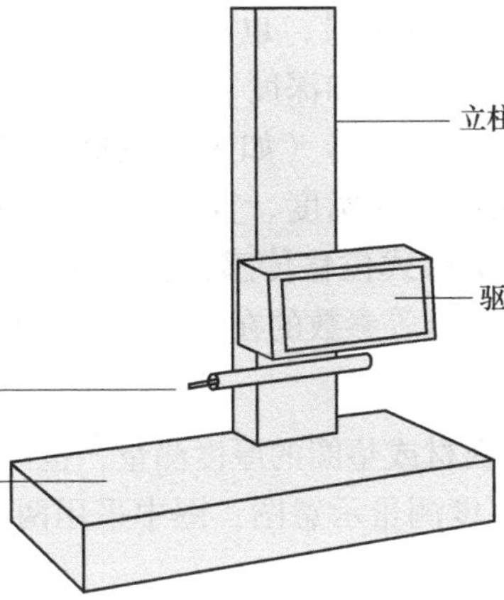

图 2-13 触针式轮廓仪组成

0.2nm。目前，国际上只有少数企业掌握高精度轮廓仪的制造技术。中图仪器 SJ57 系列粗糙度轮廓测量仪如图 2-14 所示，其技术参数见表 2-3。

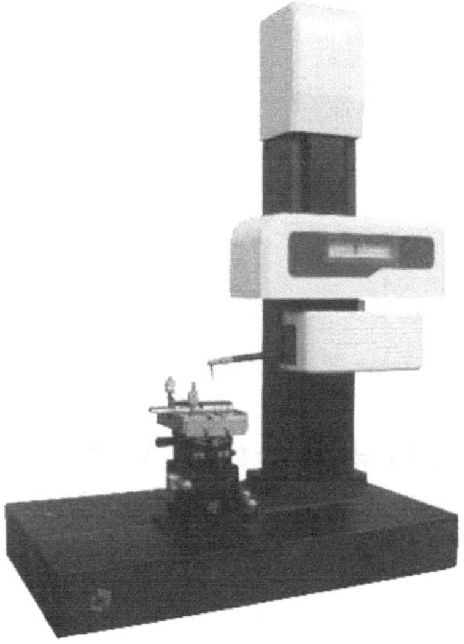

图 2-14 中图仪器 SJ57 测量仪

扫一扫
查看彩图

表 2-3 SJ57 测量仪技术参数

测量参数	性能指标	测量参数	性能指标
测量范围 X/mm	100	最高分辨率 Y/μm	0.0001
测量范围 Y/mm	300	轮廓测量精度/μm	≤1
测量范围 Z/mm	10	测量力/mN	3
最高分辨率 X/Z/μm	0.01	适值误差/nm	≤ ±4

2.2.4 接触式测量的应用及优缺点

接触式测量应用范围广泛，大部分接触式测量仪采用的是电感式传感器。电感式传感器可以采用单个传感器进行测量，也可以将多个传感器进行组合测量，电感式传感器既可测量工件或机床的尺寸（如深度、高度、厚度、直径、锥度等信息）、振动、位移等参数，也可以安装在测试仪器（如表面粗糙度仪、圆度仪、齿轮测量仪等）上用于对被测工件的表面形状误差（圆度、直线度、平面度及台阶厚度等）进行测量。

在加工制造过程中，电感式位移传感器主要应用于金属零件的尺寸、轴直径与轴跳动、管壁厚度、刀具安装偏差等参数的在线或离线检测。

2.2.4.1 厚度测量

接触式测量既可用于板材或垫圈的厚度测量，也可用于晶片、涂层、光学透镜等的厚度测量。图 2-15 为晶圆厚度测量示意图，图中采用两个相对传感器进行差动测量，完成晶圆厚度的测量。

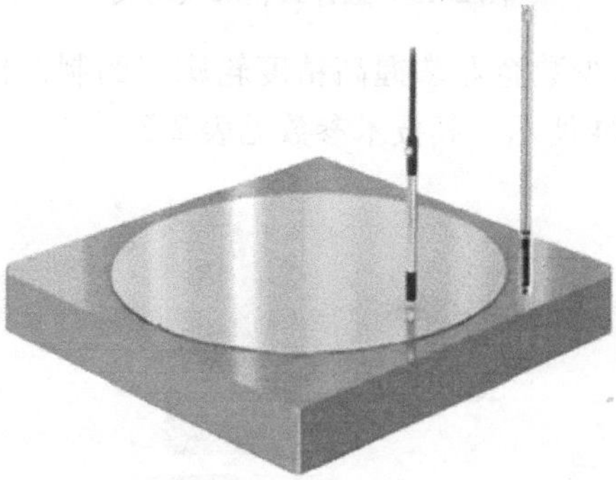

扫一扫
查看彩图

图 2-15 晶圆厚度测量示意图

2.2.4.2 高度测量

在加工过程中，接触式测量可用于检查齿轮、轴承、缸体、垫圈、焊料等零部件的尺寸与高度，或在装配过程中测量零部件安装是否处于标准公差内。图 2-16 为传感器进行零件高度测量的示意图。

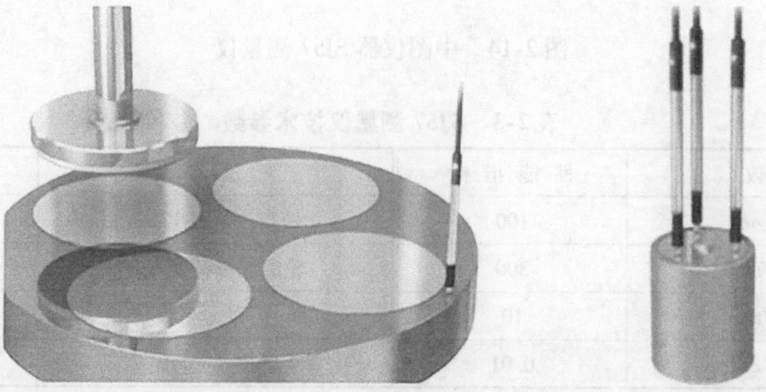

(a) (b)

扫一扫
查看彩图

图 2-16 零件高度测量示意图
(a) 磨床高度测量；(b) 电池高度测量

2.2.4.3 主轴跳动和表面不平度测量

电感式位移传感器既可测量机器回转轴的轴向和径向跳动，也可以测量气缸体、活塞、车轴轴承、齿轮、紧压滚筒等表面的不平度。表面不平度测量示意图，如图 2-17 所示。

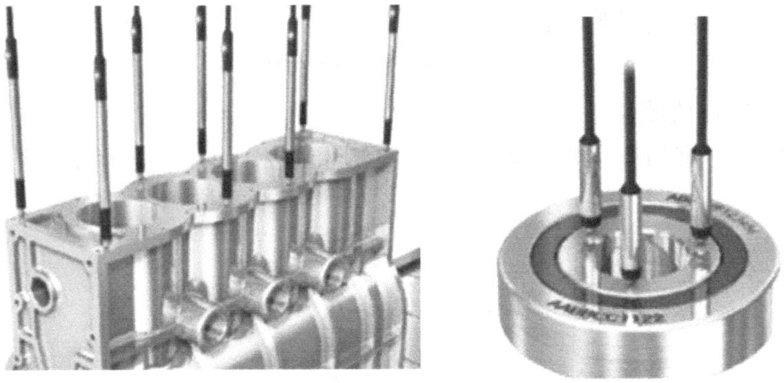

(a) (b)

图 2-17 表面不平度测量示意图

（a）发动机缸体表面不平度测量；（b）轴承装配测量

扫一扫
查看彩图

2.2.4.4 行程距离测量

电感式位移传感器还可以测量各种类型工件的运动行程和变形量，如测量热膨胀位移、测量压力机的行程、测量 *X-Y* 工作台的位置，通过接触工作台上的基准点间接测量位置。位置/行程测量示意图，如图 2-18 所示。

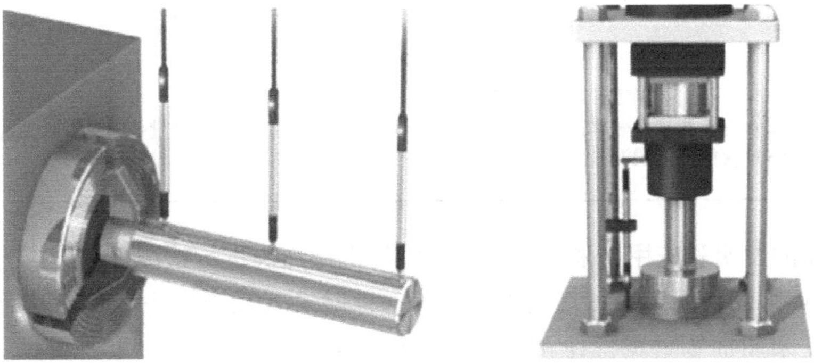

(a) (b)

图 2-18 位置/行程测量示意图

（a）工件的夹头确认；（b）压力机行程检测

扫一扫
查看彩图

接触式测头在测量时，球头与被测工件直接接触，主要基于电感、电容、压电等转换原理获取表面轮廓信息。根据可安装球头的数量，可分为一维、二维、三维测头。接触式测量的主要优点如下：

（1）操作简单；

（2）测量范围较大，相比非接触式测量，其测量分辨率会比较大；

（3）可靠性好，在对形状及表面轮廓测量评价的国际、国内标准中，大都是以接触式测量方法为基础制定的。

机械触针轮廓仪有如下缺点：

（1）探针与被测零件的表面直接接触时，存在测量力，会在被测面上形成划痕，产生较大的测量误差，还会影响零件的表面质量；

（2）测量效率低，当测量比较大的零件时，耗时较长；

（3）无法实现在线测量。

因此，非接触、高精度、实时测量的形貌测量技术，已经成为加工领域急需解决的问题。

2.3 光学测量仪器发展趋势

接触式测量由于机械式探针与被测工件直接进行接触，会对被测物体的表面产生划痕及损伤，在破坏被测零件表面纹理特征的同时还会影响测量精度，针对这一问题国内外专家学者开展了大量非接触式测量的研究，机械接触式测量和光学非接触式测量的优缺点比较，见表2-4。

表2-4 机械接触式和光学非接触式轮廓仪优缺点比较

仪器种类	机械接触式	光学非接触式
优点	（1）有较大的测量范围； （2）成本较低； （3）抗干扰能力强	（1）不损伤被测面； （2）能够实现实时测量，效率高； （3）在亚纳米区域灵敏度最高； （4）可进行面测量
缺点	（1）容易对被测零件表面产生损伤； （2）逐点测量，效率低； （3）仅能进行线测量	（1）成本高； （2）主动式测量测量范围受投影光栅的影响； （3）环境光照对测量精度有影响

随着激光器的发明和应用，采用激光探针代替机械探头进行检测正逐渐成为趋势。20世纪70年代，英国的雷尼绍公司首次研发出了一种触发式激光探头，并将其应用于汽车的车身等一些复杂曲面零件的三维测量，为坐标机行业的发展作出重要贡献。1982年，Binning和Rohrer研制成功了世界上第一台扫描隧道显微镜（Scanning Tunneling Microscope，STM）。STM基于量子隧道效应，通过检测隧道电流来获取表面形貌，可以检测到工件表面排列的单个原子，具有较高的测量分辨率。1986年，Binning、Quate等人在STM的基础上研发了原子力显微镜（Atomic Force Microscope，AFM）。AFM的出现，为观察被测物体表面的原子形态和排布奠定了基础，在科学研究和工业生产上有着重要的意义。STM和AFM统称为扫描探针显微镜，是光学测量仪器的一种。这种激光探针式测量仪器虽然实现了测量过程中对零件表面的零破坏，但是它仍具有机械结构复杂、测量范围受限和测量效率低等问题。

非接触式测量解决了对工件产生表面损伤、效率低等缺点，其主要包括超声波成像法、热成像法和光学视觉成像测量法等。1970 年，Meadows 提出了基于光学条纹图分析原理的测量技术，条纹信息会随着物体表面的形貌发生变化，通过解析条纹图中的相位信息，并转换为物体表面轮廓，从而获得被测零件表面形貌。此后，学者们研究利用光学成像原理测量物体表面形貌的技术引起了各方面的重视，这门技术走向了实用化。

莫尔轮廓术的出现，奠定了光学成像法测量物体表面轮廓的基础，使从图像数据获取被测物体三维信息成为了可能。它具有测量效率高、可重复测量，以及可测量物体的瞬间状态和变形过程等优点。但在测量前必须放上基准光栅，这就导致当测量尺寸比较大的物体时，必须指定大尺寸的基准光栅，技术方面难以实现；另外，为提高测量精度，需要减小光栅栅距，从而降低测量范围。另外，由于莫尔法仅能得到物体面形的等高线，因而无法判断物体的凹凸，更无法做到量化表征。

近年来，在莫尔法的基础上，衍生出了许多基于光学成像原理的表面轮廓测量方法。用正弦光栅取代莫尔法中的光栅，由分析莫尔条纹图转向直接分析投影在物体表面光栅的变形光场，这种方法称为条纹投影法。此外，相移技术、频移技术及光载波技术也被引入变形条纹图的构造中，通过其进行数字图像处理以提取表面轮廓信息。上述方法都是为了不断提高测量空间分辨率、测量精度，扩大测量范围，并实现快速、实时的自动测量。

随着科学技术的发展，非接触式技术分为主动和被动两种方法。主动法就是通过向物体发送可控制信号来获取物体的三维数据信息，如基于光学的发射光（包含可见光和激光）、基于声学的发射声波、基于电磁学的发射电磁波等方式，以下为几种常见的非接触测量方法。

（1）结构光法：结构光法就是主动投射具有一定周期信息的光到物体表面，由于物体表面的梯度变化会引起结构光栅产生畸变，使用图像传感器拍取调制后的图像来确定被测物体的表面参数，从多个角度对物体进行结构光检测获得物体三维点云并进行坐标转换，就能获取到物体完整的三维数据。结构光检测的实现主要是利用三角测量原理，即通过主动光栅投影物体反射点、光感应器三者构成的三角关系来计算空间点的深度信息。

（2）阴影法：阴影法是基于弱结构光的一种可靠的重建物体三维模型的方法，其基本原理是在光源固定的情况下，通过移动物体并使用相机捕获物体移动的阴影，来重构出物体的三维结构模型。这种方法和传统结构光法相比，在硬件方面要求较低，在能耗和成本方面具有较大的优势。其中，阴影法又可以分为微观阴影法、聚焦阴影法、平行光的直接阴影法和点光源发散光的直接阴影法。使用阴影法来重建物体的三维特征过程复杂，难以达到实时重建的效果，所以在实际生产中并没有被大范围应用。

（3）TOF 技术：TOF（Time of Flight）技术全称为飞行时间技术，它的基本原理是测量仪器的发射端发出经过调制的光脉冲，当光脉冲遭遇物体表面后，会被反射回来，此时需要对反射后的脉冲进行收集。根据光脉冲的往返时间计算出测量仪器和物体表面之间的距离，从而得到物体的深度信息。再将其与深度信息和传统相机获取的图像信息组合，即可得到物体的三维信息，依此进行物体的三维模型重建。TOF 技术的优势是快速响应，而劣势是存在多径反射等问题，所以可以考虑 TOF 技术和结构光、双目立体视觉等其他技术的融合使用，将多种方法的优势结合起来，提升点云的致密度、加快模型重建的速度和精度。

(4) 激光扫描法：激光扫描法是一种很成熟的三维数据获取方法，其本质是利用激光测距仪器发射光束到物体表面，并将光束反射入接收仪器，仪器通过发射信息和接收信息的时间差，来计算测距仪和物体表面的距离，以此获取到物体的表面形状。激光扫描法的最大特点是精度高，但仪器价格昂贵，成本较高，所以主要用于工厂的生产检测。工程实践验证表明，三维激光扫描技术很适合应用于复杂结构、复杂环境下的大型工程的精准质量管控。

被动法是依赖自然光源的测量方式，通常是基于图像完成三维重建。被动法根据相机数目，可以分为单目视觉法、双目视觉法和多目视觉法等。

(1) 单目视觉法：它是仅依赖一台相机进行三维重建的方法。单目视觉法主要有两种实现方式，一种方式是通过对物体图像的分析，提取图像中的特征信息，如纹理、轮廓、明暗度等，然后利用算法进行计算和推断，从而得到物体的三维特征。另一种方式是通过调整相机的焦距，利用透镜成像公式计算物体的深度信息。所以，单目视觉法是一种灵活、可靠、易于处理且成本较低的方法，适用于许多应用场景。然而，为了获得更高的精度，可能需要结合其他传感器或采用更复杂的算法来提供额外的信息和改善重建结果的准确性。

(2) 双目视觉法：双目视觉法是一种基于双目交会测量原理的方法。它利用两个位置的相机同时从不同的角度捕捉同一个物体的图像信息。通过分析这两个图像之间的差异，可以推断出物体的深度信息，从而进行三维重建。其本质就是从不同角度获取同一个物体的图像，根据视差来恢复物体的三维信息。双目视觉法的双目特性使其具备了单目视觉法缺失的第三维深度信息，在三维模型重建上更为便捷。但同时双目视觉法也存在一些缺陷，如镜头的畸变、特征点稀疏、特征点匹配耗时长等问题。

(3) 多目视觉法：它是在双目视觉法的基础上进一步发展的方法，通过增加一台或多台相机对同一物体进行测量。多目视觉法与双目视觉法的理论基本相同，但具有一些优势。它能够实现对物体的全覆盖，减小测量盲区，并获得更大的视野范围，从而提高识别精度。多目视觉测量方法被广泛应用于生活小型物件的精密三维模型重建和楼房等大建筑的重建与测量。在实时三维模型重建方面，多目视觉法面临一定的挑战。由于数据量增大和计算复杂度的增加，需要更强的硬件资源和较长的运算时间，对于要求实时性的物体三维模型重建可能带来压力。多目视觉方法的测量精度主要受到相机标定、定向精度、图像匹配精度和优化策略的影响。

(4) 光度立体法：最早是由 MIT 人工智能实验室的 Robert J Woodham 教授提出，这种方法可以重建出物体表面的法向量，以及物体不同表面点的反射率，最关键的是它不像传统的几何重建（例如立体匹配）方法那样需要去考虑图像的匹配问题，因为所需要做的只是采集三张以上，由不同方向的光照射物体的图像。这个过程中，物体和相机都不动，因此图像天然就是对齐的，这使得整个过程非常简洁。光度立体法可以看作是 2.5 维，适用于检测金属物料上面的凹凸特征。

本节仅对光学测量方法进行了简单的介绍，具体的相关内容将在之后章节进行详细介绍。

2.4 光学测量基础知识

2.4.1 光源

光源最基本的参数有光谱、色温、照明等。光谱是复合光经过色散系统（如棱镜）分光后，被色散开的单色光按波长依次排列的图案。对于色彩检测的应用，应选择与日光接近的光源，光谱要宽而且连续。色温是用来描述光源颜色特性的物理量，它表示光源的颜色偏暖或偏冷程度。当一个光源发出的光的颜色与在某一温度下的“黑体”辐射的颜色相匹配时，该温度就被称为该光源的色温，单位为开尔文（K）。色温与光源的颜色呈现一定的关系。较低的色温表示光源偏暖，色调较黄，而较高的色温表示光源偏冷，色调较蓝。这是因为随着“黑体”温度的升高，光谱中蓝色成分相对增加，而红色成分相对减少。举例来说，白炽灯的光色属于暖白色，它的色温大约在2700K左右。日光色荧光灯的色温大约在6400K左右，具有较为中性的白色光。而钠灯的色温大约在2000K左右，呈现出较暖的橙色光。根据测量原理可把测量方式分为两类，光度测量和辐射测量。辐射测量是对波长范围内的电磁辐射进行物理测量，包括紫外线（UV），可见光（VIS）和红外（IR）波段。光度测量是测量人眼所感知光的方法。下面介绍几种光强的测量单位。

（1）坎德拉（Candela，cd）。1cd即1000mcd，是指单色光源（频率540×10^{12}Hz）的光，在给定方向上（该方向上的辐射强度为1/683W/Sr）的单位立体角发出的光通量。

（2）流明（Lumen，lm）。流明是光通量的国际单位制单位，如果光源的发光强度为1cd，则发射到立体角1°的总光通量为1lm。各向同性的1cd光源发出4p lm的总光通量。

（3）照度（Lux，lx）。Lux是照度的国际单位制单位，并根据照度函数测量加权的光强度。

（4）显色指数（CRI）。显色指数是一种衡量名义上白光的不同光谱成分平衡程度的指标。如白炽灯的CRI接近100，而荧光灯管的CRI为50~99。

评价光源性能的参数有对比度、亮度、均匀性、可维护性、寿命等。下面介绍对比度、亮度和均匀性。

（1）对比度。对比度是机器视觉检测技术中比较重要的指标之一，对比度很大程度上取决于光源和光的波长。光源最重要的任务就是使被观察的特征与被忽略的图像特征之间尽可能产生最大对比度，以便处理检测。对于视觉系统而言，整个检测任务就是将被检测的物体数据与标准物体的特征数据进行比对来进行区分，所以合理的光源应该要保证将物体的特征明显地表现出来，易于与其他物体形成对比。根据检测对象的不同，可使用不同类型的光源去照射工件，如果照射的颜色与工件的颜色相同，会使工件成像的颜色变深；如果颜色相反，会使成像颜色变浅。

（2）亮度。亮度是指人看光源时，眼睛感受到的光亮度，光源的亮度取决于光源的色温和光通量。光通量越多，亮度越高。光源的亮度受环境光的影响，当亮度不够时，环境光对系统的影响会非常大。因此，光源的亮度必须远远大于环境光（比如灯光、自然光），这样就能减少环境光对系统的影响，保证系统的稳定性。光源应尽可能选择亮度较高的，如果光源亮度不够，则需采用适当的补偿措施，如增大光圈和调节曝光时间。另外，合理的光源亮度应该做到在实验中和实际中的效果一致，且能较好地适应环境。

（3）均匀性。均匀性是光源重要的技术参数之一。如果光源的均匀性良好，则能保证被检测部分的图像灰度级别与实际基本一致，能够降低后期软件设计的复杂度。光源的均匀性对于保证系统稳定工作至关重要。不均匀的光源会导致光的反射不均匀，进而影响图像的灰度级别。在图像中，暗区缺少反射光，而亮区反射太强，这种不均匀的光源会使得视野范围内的某些区域光线比其他区域更强，导致物体表面的反射不均匀。均匀的光源可以弥补物体表面角度变化的影响。即使物体表面的几何形状不同，均匀的光源可以确保在各个部分反射的光线是均匀的。这有助于提高图像的质量和准确性，减少因光照不均匀而引起的误差。

2.4.2　像差

像差（Optical aberration）指的是实际成像与根据单透镜理论确定的理想成像的偏离。像差会导致成像光学系统所产生的像发生模糊。其是在从一个物体的一个点穿过系统后，不会聚（或不发散）到一个单一的点所产生的现象。多数光学仪器都需要校正其光学元件以补偿像差。

在基于显微镜的仪器中，大多数光学元件的表面都是球形的，这可能会导致许多像差。这些像差是通过使用进一步的光学元件或系统来标定的，其中主要包括复合透镜、具有不同折射率的元件、非球面透镜和管状透镜。要消除所有的异常是不可能的，而且标定期间会产生更多的像差，所以光学设计总是折中，这就产生了大量不同的透镜。

透镜的主要像差简述如下。

（1）色差：是由透镜对不同波长的光进行不同程度的折射引起的，如图 2-19 所示。这就导致了图像的模糊，而且由于每一种波长在距离镜头不同的距离上聚焦，不同颜色的放大倍率也不同。为了补偿色差，可以采用不同色散特性的玻璃制成复合透镜。

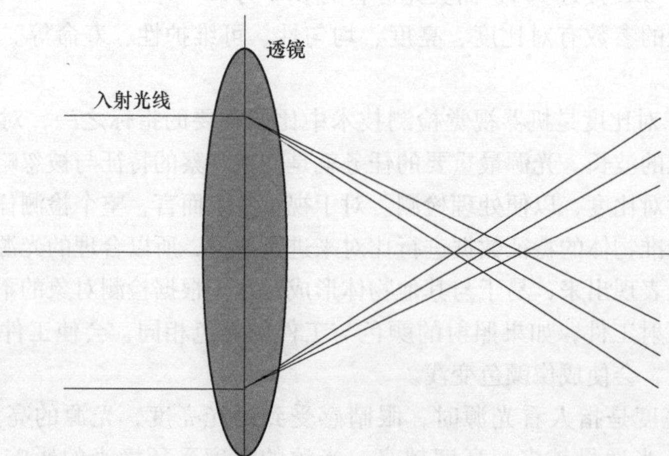

图 2-19　色差效应

扫一扫
查看彩图

(2) 球面像差：这种像差是由于光线照射到靠近镜片边缘的地方（或镜子反射的光线）时，与照射到靠近中心的地方相比，光线的折射会增加。因此，对于点源来说没有一个明确定义的焦点，图像的清晰度受到影响。为了补偿球面像差，可以使用不同厚度的凹凸透镜。

(3) 彗差：彗差是光学设计中的一种畸变现象，它可以由透镜或其他光学元件的固有缺陷或设计缺陷引起。彗差指的是当光学系统接收来自光轴外的点光源时，会在像平面上形成一个不对称的弥散光斑。彗差发生时，光学系统会将光轴外的点光源成束的平行光线，经过系统后在像平面上形成一个特殊形状的光斑。这个光斑形状呈现出类似彗星的特征，从中心到边缘逐渐变粗，形成一个明亮且清晰的首部，尾部则较宽大、暗淡和模糊。通过对彗差的校正，可以提高光学系统的成像质量，使得像平面上的光斑更为均匀和清晰。这对于确保光学系统的性能和精度非常重要，尤其是在需要高质量成像的应用中。

(4) 散光：当光线在两个垂直平面上传播时，会产生不同焦点的像差。如果用有散光的光学系统来形成十字形的像，垂直线和水平线在两个不同的距离上将成为清晰的焦点。和彗差一样，散光是一种离轴像差。

(5) 视场曲率：这种像差发生在成像平面，不是平的，从物镜上看到的通常是凹面、球面的情况下，通过物镜的设计和摄像管或中继透镜来校正视场曲率。

(6) 畸变：这种像差导致光学图像的焦点位置在图像平面上横向移动，随着物体离光轴的位移增加，畸变导致图像从场的中心到外围的非线性放大。对畸变的校正与对视场曲率的校正方法类似。

2.4.3 放大倍率和孔径

图 2-20 所示的透镜系统的放大倍数为：

$$M = b/a \tag{2-1}$$

图 2-20 中透镜的焦距 f 为：

$$\frac{1}{f} = \frac{1}{a} + \frac{1}{b} \tag{2-2}$$

式中 a——物距；

b——图中定义的像距。

复合显微镜的放大率是物镜的放大率与目镜的放大率（将图像聚焦到探测器上的目镜）的乘积。显微镜成像位于 f 和 $2f$ 之间。

图 2-21 为简单透镜的物像关系，用于测量表面纹理的典型仪器的放大率根据应用和被测量表面的类型不同，从 2.5 × 到 150 × 不等。数值孔径（或角孔径）A_N 决定了表面上可测量的最大斜角，并影响光学分辨率。物镜的数值孔径为：

$$A_N = n \cdot \sin\alpha \tag{2-3}$$

式中 n——物镜与表面之间介质的折射率（通常是空气，因此 n 可以用单位近似）；

α——孔径的接受角（见图 2-21，物镜用单透镜近似）。

接受角度将决定表面上能够将光线反射回物镜的斜面，因此接受角可以被测量（注意，在一些仪器中漫反射被用来增加可测量的斜面角度）。

对于基于干涉显微镜的仪器，由于数值孔径的影响，可能需要对干涉图样进行校正。

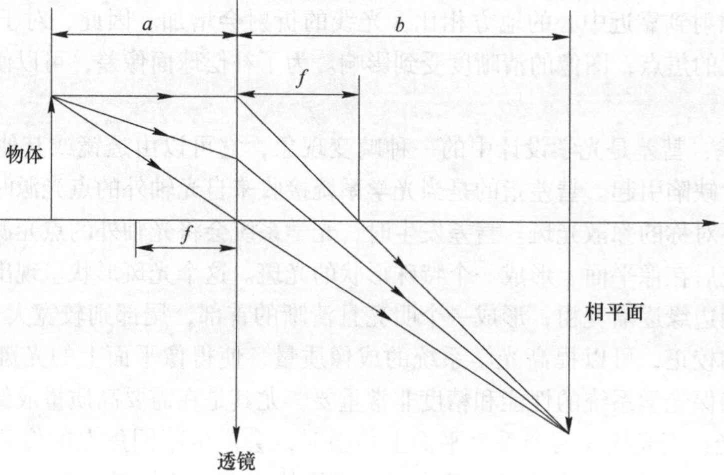

图 2-20　透镜系统

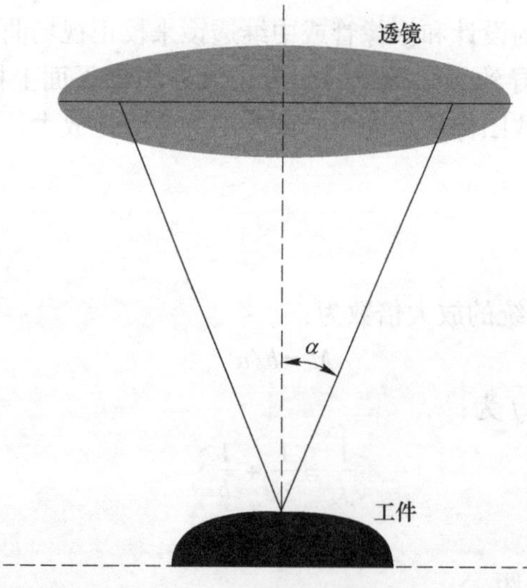

图 2-21　显微镜物镜的数值孔径

扫一扫
查看彩图

确切地说，有限数值孔径意味着条纹距离不等于源辐射波长的一半。这种效应通常称为倾斜效应，这种现象解释了标准块干涉测量法中需要对孔径进行校正，并可能导致测量台阶高度过短的原因。这种校正通常可以通过测量带有校准高度值的阶跃人工制品或使用光栅来确定。

2.4.4　空间分辨率

空间分辨率决定了在一个表面上可以区分的两个横向特征之间的最小距离。对于一个充满物镜的理想光学系统，其分辨率（或分辨能力）由瑞利判据给出。

$$r = 0.61\frac{\lambda}{A_N} \tag{2-4}$$

式中 λ——入射辐射的波长。

另一种测量光学分辨率的方法是史派罗准则（仪器响应下降到零的空间波长），其中式（2-4）中的0.61因子被0.82取代。史派罗和瑞利标准经常被不加区分地使用，因此在使用中要根据给定的具体情况选取对应的准则。式（2-4）为分辨率设置了一个最小值。如果物镜在光学上不是完美的（即不是无像差），或者如果光束的一部分被遮挡，分辨率就会下降。

2.4.5 光斑尺寸

光学仪器放大被测表面的另一个重要因素是光斑的大小。对于扫描型仪器，光斑的大小将决定仪器扫描时测量的表面面积。大致来说，光斑的大小模拟了触控笔的尖端半径，也就是说，它起到了低通滤波器的作用。光斑大小为：

$$d_0 = \frac{f\lambda}{w_0} \tag{2-5}$$

式中 f——物镜的焦距；

w_0——束腰（$1/e^2$ 辐照度轮廓在波前平坦的平面上的半径）。

2.4.6 视场

视场是物体上光照圆的直径。视场越大，放大率越小。在不扫描的情况下测量表面纹理的仪器中，视场决定了被测量的侧面区域。例如，50×10 物镜的测量面积分别为 0.3mm×0.3mm 和 1.2mm×1.2mm。

2.4.7 景深和焦距

光的波动特性和衍射现象导致物体的像是一个有限直径的衍射盘。这种效应也发生在光的传播方向上，会限制衍射盘的厚度。物镜平面内的景深是沿物镜主轴的光学截面的厚度，物镜的焦点在物镜主轴内。景深 Z 为：

$$Z = \frac{n\lambda}{A_{\mathrm{N}}^2} \tag{2-6}$$

式中 n——透镜和物体之间介质的折射率。

景深受所用光学、透镜像差和放大率的影响。请注意，随着景深的增加，分辨率成比例地降低。景深可以通过对倾斜的周期光栅成像来测量。焦距是图像平面的厚度，或者图像平面位置的范围，在这个范围内，对于物体的固定位置，可以看到图像而不会出现失焦。

2.5 光学测量设备及元器件的应用

一个典型的光学测量系统包括光照系统、光学系统、图像捕捉系统、图像数字化模块、数字图像处理模块、智能判断决策模块和机械执行模块等，如图2-22所示。

2.5.1 光照系统

与人眼不同，机器对颜色和亮度的变化非常敏感。机器视觉的成功始于良好的照明且

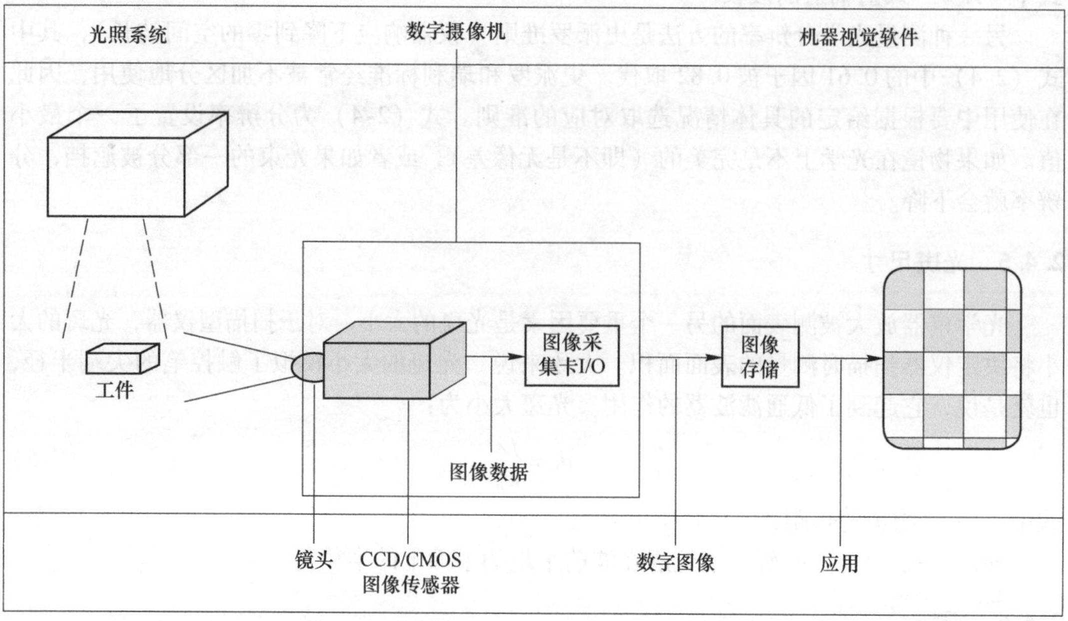

图 2-22 光学测量系统构成

不能依赖环境照明，一个良好的照明子系统可以增强被检查的特征。为了建立一个可靠的机器视觉系统，照明系统必须针对相应的程序进行独立设计。不良的照明系统可能会产生眩光（从而使相机饱和）、阴影（隐藏缺陷或其他重要特征）、低对比度图像等现象，从而导致效率低、成本高的图像处理过程，使整个系统变得不可靠。

2.5.1.1 照明方式

光源在图像处理中扮演着关键的角色。它能够提供适当的照明，改善图像质量，帮助图像处理和分析。同时，光源还能够克服环境光的影响，确保图像的稳定性和可靠性。正确选择和配置光源对于获得高质量的图像非常重要。

在光学中，我们经常会遇到两个重要的概念：镜面反射和漫反射。它们描述了光线在不同表面上的反射行为。镜面反射是指当平行光线照射到一个平滑的表面时，反射光线会以与入射光线相同的角度离开表面，并保持平行的方向。漫反射是指平行光线照射到粗糙平面，反射光线会射向各个方向。发散反射是指表面既有纹理又有平滑面时，对光线进行的反射。

在机器视觉照明系统中，照明方式可分为明场照明和暗场照明。明场是指光线反射进入相机的光场区域，暗场是指光线反射未能进入相机的光场区域，如图 2-23 所示。当光源放置在“W”状的明场区域照明，则为明场照明。通常为了获得良好的明场照明效果，应将光源放置于相机透镜视野的 2 倍处。明场照明的特点是能够形成高的对比度，而反光表面会生成反射，如图 2-24 所示。暗场照明的光源是放置在“W”之外的暗场中，则光线是漫反射光被反射后而进入相机，镜面反射光线被反射离开。

在暗场照明下，漫反射光线会被反射并进入照相机，但镜面反射光线会被反射离开，如图 2-25 所示。在暗场照明中，只有具有纹理的表面或具有凹凸变化的表面上的光线才

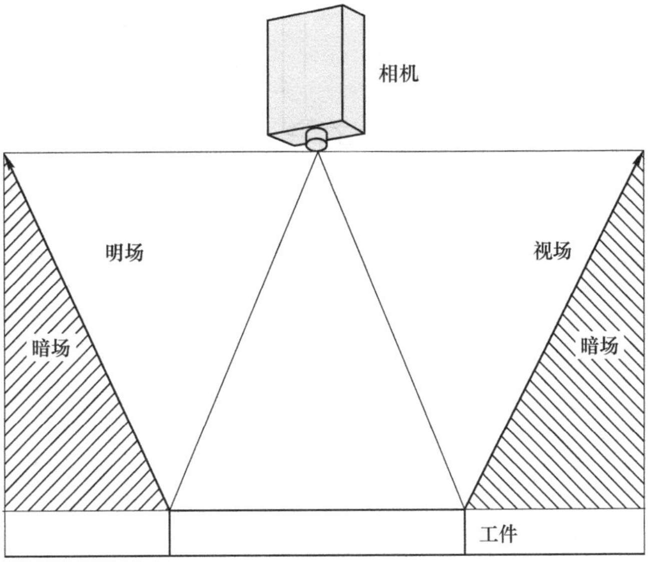

图 2-23 明场和暗场

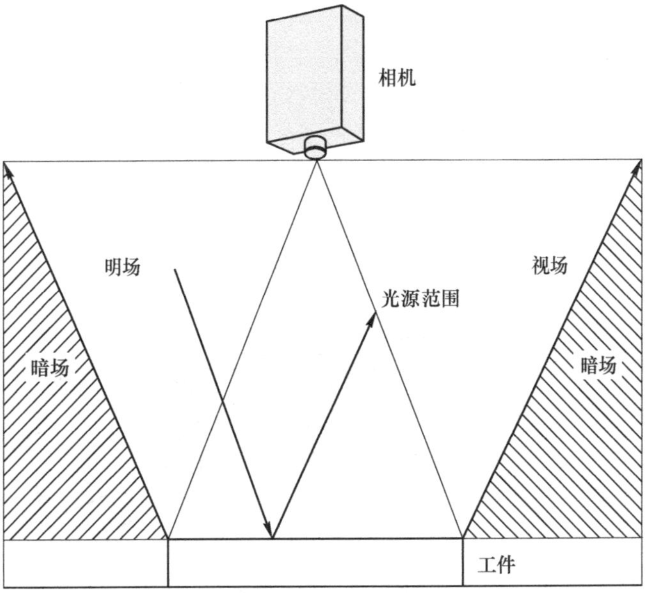

图 2-24 明场照明光源所在范围

会被反射并进入相机。其他平滑的表面会使光线以镜面反射的方式离开，无法进入相机。

A 背向照明

背向照明是被测物放在光源和相机之间，如图 2-26 所示。光源置于物体的后面，可突出不透明物体的阴影或观察透明物体的内部，获得高对比度的图像，还可将被测物的边缘轮廓清晰地勾勒出来。该照射方法多用于精密测量系统，如工件的尺寸测量。

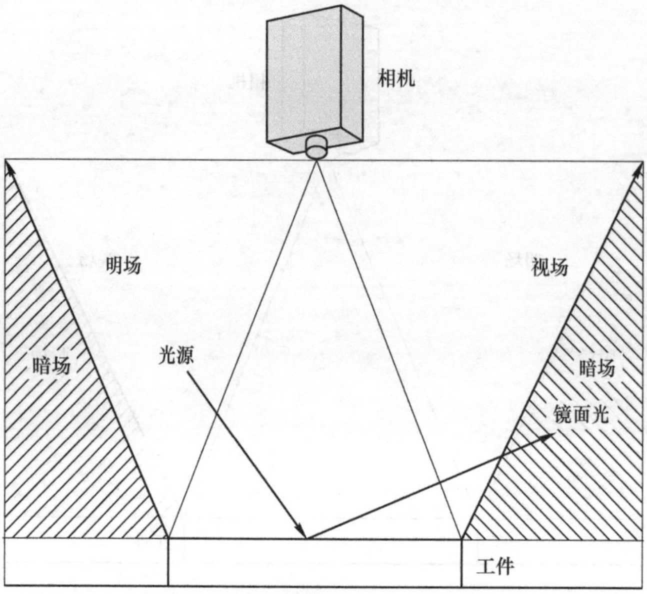

图 2-25 暗场照明光源所在范围

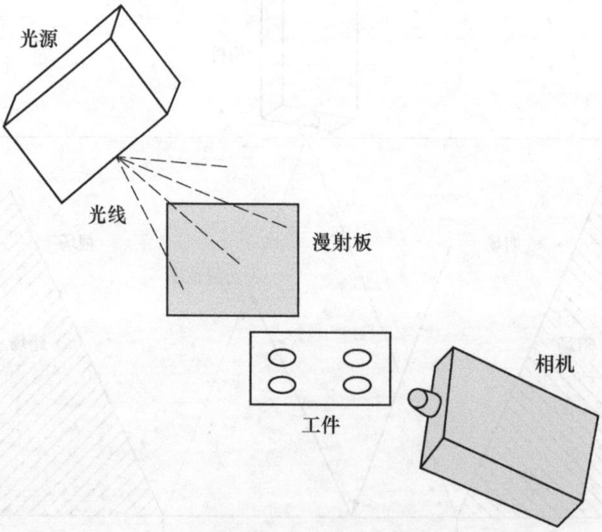

图 2-26 背向照明

B 前向照明

前向照明是光源和相机放置于被测物的同侧，如图 2-27 所示。在实际应用中，常使用条形光源、同轴光源、环形光源、圆顶光源、线光源等前向照明方式。前向照明可以根据光源发射光线与被测物待测表面的夹角的大小来区分为高角度照明（75°以上）和低角度照明（25°以下）两种方式。应根据被测物背景部分机理的不同，而决定使用“高角度”或“低角度”照明。前向照明安装方便，但不易达到很高的对比度。

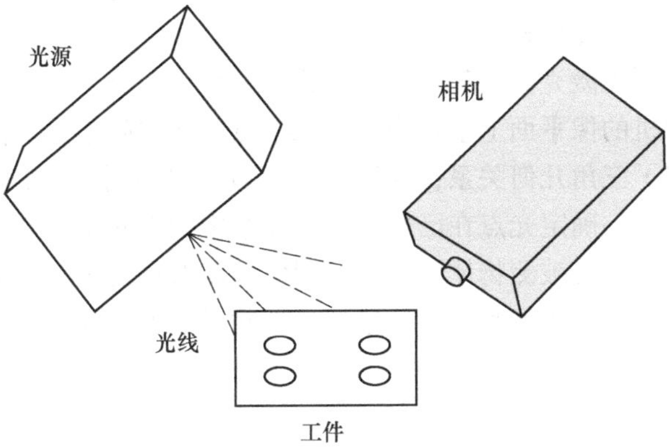

图 2-27　前向照明

C　结构光照明

结构光照明是通过发出具有一定形状或模式的光，使其投射到物体上，照射的光束由于物体的凹凸不平产生相应的变形，利用这些变形信息可以解调出被测物体的三维信息，如图 2-28 所示。实现结构光照明的方法很多，如使用光圈和透镜，或者相干光（激光）。结构光照明的应用比较广泛，在工业制造、机器视觉、虚拟现实、医疗影像等领域有着广泛的应用价值。

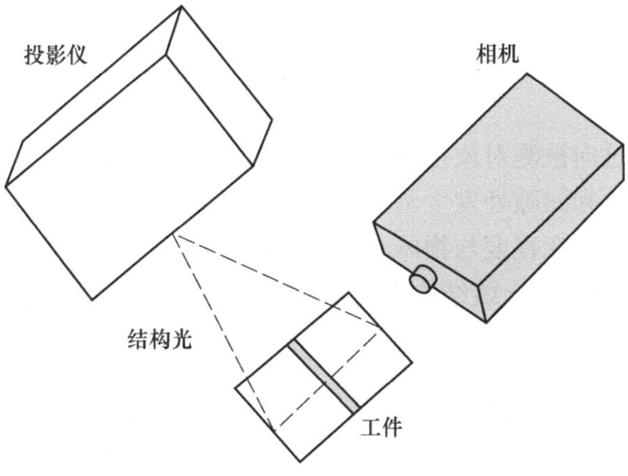

图 2-28　结构光照明

结构光三维视觉系统是由光学投影仪（如激光器或投影仪）、摄像机和计算机系统组成的。该系统通过将特定模式的结构光投射到物体表面上，形成由物体表面形状调制的光条三维图像。摄像机捕捉到这些光条的二维畸变图像，其中光条的畸变程度取决于光学投影器和摄像机之间的相对位置以及物体表面的形貌。在光条图像中，沿着光条显示的位移或偏移与物体的高度成比例，光条的扭结则表示平面的变化，而光条的不连续性则显示了表面的物理间隙。当光学投影仪和摄像机之间的相对位置固定时，通过对畸变的二维光条图像进行坐标重建，就可以还原出物体表面的三维形貌。

根据光学投射器投射的光束模式不同，结构光模式分为点结构光模式、线结构光模式、面结构光模式、相位光模式等。

点结构光模式是利用激光器发射的光束在物体上形成一个光点，然后通过摄像机的镜头成像，光点在摄像机的像平面上呈现为一个二维点。在空间中，摄像机的视线与光束相交于光点位置，形成了三角几何关系，如图 2-29 所示。通过标定可以确定相应的三角几何约束关系，并由此唯一确定光点在已知世界坐标系中的空间位置。点结构光模式通过逐点扫描物体进行测量。随着被测物体的增大，图像的获取和处理时间会急剧增加。每个点的测量需要进行一次投射、成像和计算的过程，因此对于大型物体，需要花费更多的时间来获取和处理所有点的信息。

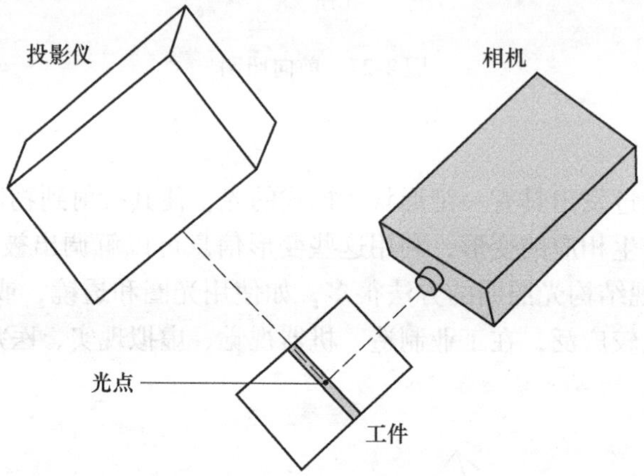

图 2-29 点结构光模式

线结构光模式通过向被测对象投射一条光束线来获取物体表面的深度信息。光束在被测对象表面的深度变化和间隙处发生调制，形成了一条光条，其变化主要表现为光条的畸变和不连续性。光条的畸变程度与物体表面的深度成正比，而不连续性则表示物体表面存在物理间隙，如图 2-30 所示。线结构光测量是通过相机的视线与激光平面在被测物体上

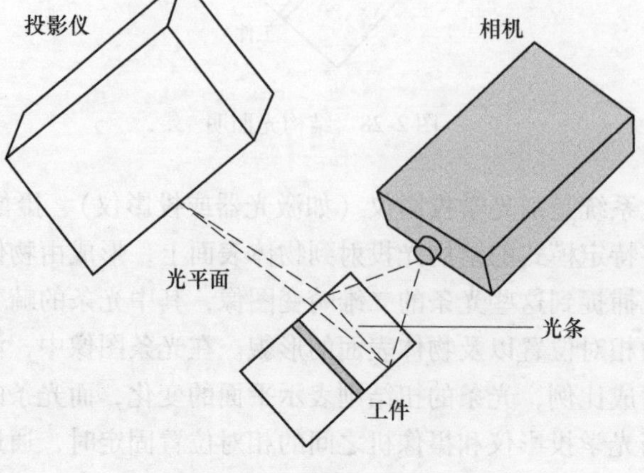

图 2-30 线结构光模式

相交，形成了众多光点。这些光点与点结构光模式中的三角几何约束类似。线结构光模式提供了更多的测量信息，而硬件实现的复杂度并没有增加，因此在实际应用中得到广泛采用。

面结构光模式是一种用于三维轮廓测量的技术，它通过将二维的结构光图案投射到物体表面上来实现测量，如图 2-31 所示。与其他结构光模式相比，面结构光模式具有快速、非接触和高精度等优点，可以实现即时测量。在面结构光模式中，为了确保物体表面点与图像像素点之间的对应关系，通常需要对投射的结构光图案进行编码。这类方法被称为编码结构光测量法。编码可以在空域或时域进行。空域编码只需一次投射即可获得物体的深度图像，适用于动态测量，但其分辨率和处理速度可能无法满足实时三维测量的要求，并且对解码的要求较高。时域编码需要多个不同的投射编码图案进行组合，因此更容易实现解码。常用的编码方法有二进制编码、彩色编码、相位编码及混合编码等。

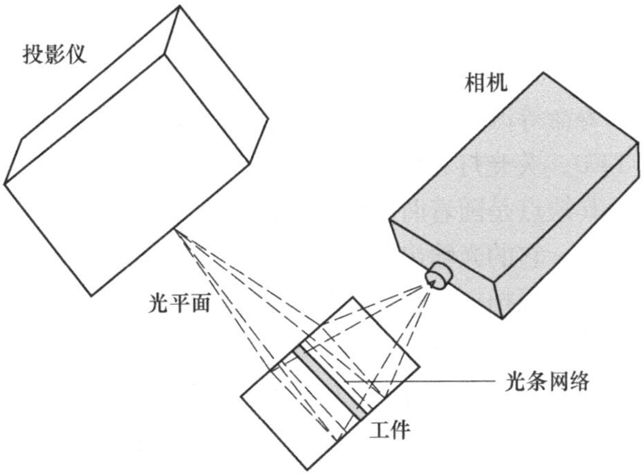

图 2-31　面结构光模式

相位光模式是将光栅图案投射到被测对象表面，受被测对象曲面调制，光栅条纹发生形变，对采集到的变形条纹进行解调便可以得到包含高度信息的相位变换，根据三角法原理计算出高度，如图 2-32 所示。变形条纹可理解为相位和振幅均被调制的空间载波信号。在相位法中，通过投射变形条纹到物体表面并捕捉反射的光线，测量光波的相位差。当光束经过物体表面时，根据物体表面的高度变化，光波的相位会发生变化。通过准确测量光波的相位差，可以间接推断出物体表面的高度信息。

D　频闪光照明

频闪光照明是用高频率的光脉冲照射物体。使用频闪光照明时，要求相机的扫描速度与光源的频闪速度同步。目前频闪照明方式一般都用光源的控制器控制光源达到频闪的功能，频闪的工作方式可以大大提高光源的亮度和寿命，几乎所有的 LED 光源都可以使用频闪照明方式。

2.5.1.2　光源设备及应用

光源按发光机制不同可分为 LED、激光光源、白炽灯和钠光灯等。

白炽灯、荧光灯、水银灯和钠光灯等传统的可见光源在使用过程中存在光能不稳定的

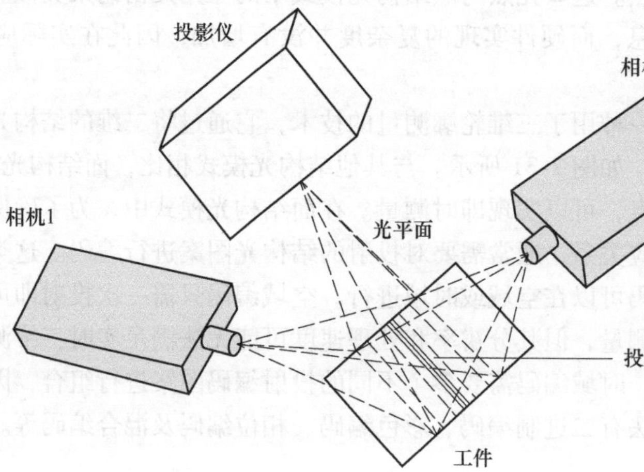

图 2-32　相位光模式

问题，受到环境因素和寿命等因素的影响导致光输出逐渐衰减。为了解决这个问题，在工业应用中广泛采用了 LED、荧光灯和激光等新型光源。白炽灯光源因其性价比最高也在工业中得到广泛应用，其缺点是随着时间增加，光能会不断降低，难以保持稳定。荧光灯通过激发荧光粉产生发光。它的光输出相对稳定，能够提供较为均匀的照明效果。荧光灯在工业照明、室内照明和影视拍摄等领域得到广泛应用。同时，卤素灯克服且解决了白炽灯的使用寿命短、发光效率低的问题。卤素灯通常用于需要集中照射的场合，如用于数控机床、轧机、车床、车削中心和金属加工机械等。LED 光源因其亮度高、稳定性高、使用寿命较长、可调节的色温和颜色选择等特性，是当前应用最广泛的光源。

在机器视觉系统中，选择适合的视觉光源对于数据质量和应用效果至关重要。针对每个特定的应用实例，选择合适的照明装置可以实现最理想的效果。在工业机器视觉系统中，可见光是最常用的光源之一。可见光易于获取，价格相对较低，而且操作方便，因此被广泛应用。然而，在某些对检测要求较高的任务中，如高精度检测和特殊材料的检测，人们常常使用不可见光源，如 X 射线和超声波。对于一般应用而言，LED 光源是首选的机器视觉光源。

合理的机器视觉光源可以使图像的目标特征与背景信息得到最佳的分离，特征更明显突出，这样会极大地降低整个机器视觉系统的处理难度，提高系统的稳定性、可靠性和实时性。

根据需求不同，选择合适的机器视觉光源，首先要了解以下几点。

(1) 检测对象的形态特征（异物、划痕、缺损、标识、形状等）。物体表面的形状越复杂，其表面的光源变化也随之而复杂，如对于一个抛光的镜面表面，光源需要在不同的角度下照射，从不同角度照射可以减小光影。

(2) 光线照射到物体表面时，受到表面状态的影响，包括镜面、糙面、曲面和平面等不同类型。光线可能被物体表面吸收或反射。当光线完全被吸收时，物体表面难以被照亮，缺乏明亮的效果；而当光线部分被吸收时，会导致亮度的变化。

(3) 检测对象的材质及表面颜色（花纹、纯色、纹理）。受物体表面光滑度的影响，物体表面可能高度反射（镜面反射）或者高度漫反射。

选择合适的机器视觉光源能提高整个机器视觉系统的工作效率，因此，选择合适的光源是十分必要的。选择光源依据的原则是：

（1）光源覆盖面积的大小；

（2）光源的亮度指标；

（3）光源的功耗；

（4）光源对周围环境的要求（油污、灰尘、温度、湿度等）。

良好的光场设计应具有对比度明显、目标与背景的边界清晰、背景尽量淡化且均匀、不干扰图像处理、亮度适中等特点，才能满足机器视觉系统的要求。

2.5.2 相机

根据传感器芯片类型不同，工业相机分为电荷耦合元件（Charge-coupled Device，CCD）相机和互补金属氧化物半导体（Complementary Metal Oxide Semiconductor，CMOS）相机。内部结构由 CCD 图像传感器设计的相机称为 CCD 相机，如图 2-33 所示。内部结构由 CMOS 图像传感器原理设计的相机称为 CMOS 相机，如图 2-34 所示。CMOS 相机包括外置镜头/物镜、红外线滤镜、微镜头、色彩滤波器、感光区阵列和 PCB 电路等模块。外置镜头/物镜是由若干个透镜组合而成的透镜组，是重要的光学部件。在 CMOS 图像传感器中的每个像素上都有一个微镜头。色彩滤波器是一个滤光片，将入射光线通过色彩滤波器分成红(R)、绿(G)、蓝(B)光线，该滤光片使得每个像素只感应一种颜色，另外两种颜色分量通过相邻像素插值得到。感光区阵列（又称为 Bayer 阵列、像素阵列）是将光子转换成电子，完成光电转换。PCB 电路包括时序控制、模拟信号处理、模数转换等模块，其中时序控制用于控制电信号的读出和传输，模拟信号处理主要是信号滤波，模数转换实现模拟信号与数字信号的转换。CMOS 相机具有如下特点：体积小、低功耗、可直接访问单个像素、动态范围大、帧率高，具有片上数字化和其他处理功能，缺点是噪声大，光灵敏度差。

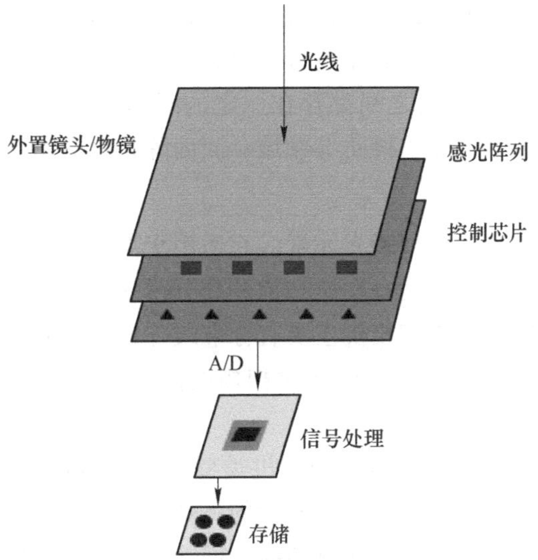

图 2-33　CCD 图像传感器结构

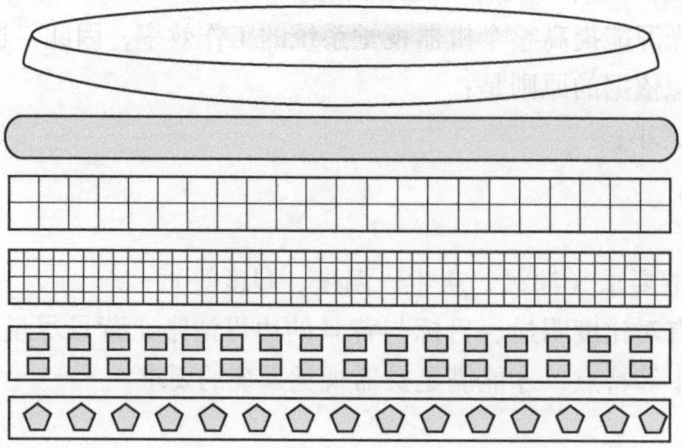

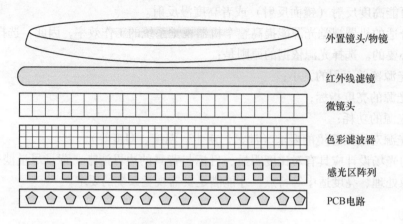

图 2-34　CMOS 图像传感器结构

CCD 相机由物镜、感光阵列、控制芯片、A/D 转换、信号处理等模块组成。其工作原理为：光线从被拍摄的物体反射出来，并通过相机镜头透射到 CCD（电荷耦合元件）上。当光线照射到 CCD 上时，光电二极管被激发并释放出电荷，这产生了感光元件的电信号。CCD 控制芯片利用感光元件中的控制信号线路对光电二极管产生的电流进行控制，并通过电流传输电路输出。CCD 会将一次成像产生的电信号收集起来，并统一输出到放大器。经过放大和滤波处理后的电信号被送到 A/D 转换器，A/D 转换器将模拟信号转换为数字信号。数字信号的数值大小与电信号的强度（即图像的亮度）成正比，这些数值就是图像数据。图像数据经过数字信号处理器（DSP）进行色彩校正、白平衡等处理，生成相机支持的图像格式、分辨率等图像文件。最后，图像文件存储到存储器上。由于 CCD 相机具有图像质量高、灵敏度高、对比度大等优点，因此应用非常广泛。

根据相机视觉处理器不同，分为智能相机（摄像头 + ARM、摄像头 + FPGA）、嵌入式相机（摄像头 + ARM）和基于 PC 相机（摄像头 + 上位机）。

按照输出图像信号格式不同，分为模拟相机（PAL、NTSC）和数字相机。

根据像素排列方式的不同，工业相机可以分为面阵相机和线阵相机。无论是线阵相机还是面阵相机，它们的 CCD 像素之间都存在一定的间隔，因此所获得的图像实际上是离散的。线阵相机用于工业、医疗、科研等领域，而面阵相机应用更为广泛。

2.5.2.1　线阵相机

线阵相机的传感器只包含一行感光元素。它适用于需要沿着一个长界面进行扫描的应用场景，例如扫描仪。线阵相机具有高速扫描和高分辨率的特点，因此在金属加工、塑料制造、纺织等行业广泛应用。线阵相机主要有标准线阵相机和非标线阵相机。利用线阵相机检测的物体通常都是匀速形式的，以便对扫描的图像进行逐一处理。线阵相机有如下特点：

（1）线阵相机是一种具有高分辨率的相机类型，其传感器呈现线状排列的感光元素。尽管它是二维图像的传感器，但由于感光元素的高密度排列，线阵相机能够实现非常高的分辨率。适合于高精度检测和测量，同时还能够用于连续高分辨率成像及连续运动物体的成像，其测量可精确到微米。

（2）线阵相机在工业检测中具有广泛的应用，主要因为它具有动态范围大和高灵敏度的特点。

（3）线阵相机具有更高的数据传输速率。线阵 CCD 相机在处理一维像元方面具有出色的性能，特别适用于对一维动态目标进行测量。然而，线阵 CCD 相机也存在一些限制。首先，由于需要逐行扫描整个图像，图像获取时间较长，从而降低了测量效率。其次，图像的精确度受到扫描精度的限制，进而对测量精度产生影响。此外，为了实现扫描运动和相应位置的反馈，系统复杂度和成本也会增加。在实际应用中，需要综合考虑这些因素，并选择适合特定需求的测量方案。

线阵相机常应用于流水线作业、LCD 面板检测、印刷制品、粮食筛选以及烟草异物剔除等具有宽幅面、高速度、高精度的地方。

2.5.2.2 面阵相机

面阵相机是一种能够以面为单位进行图像采集的相机，它通过感光器件的阵列来捕捉光信号并将其转化为数字图像。与线阵相机相比，面阵相机具有一次性获取完整二维图像的能力，因此可以提供直观且全面的测量图像。数码相机和摄像机是最常见的面阵相机的例子，它们具备高分辨率、高速度和丰富的功能，广泛应用于日常摄影、视频录制和图像采集等领域。面阵相机可以在短时间内使动态的物体成像，拍摄出静态效果。其广泛应用在目标物体的形状、面积、尺寸、位置，甚至温度等测量领域。面阵 CCD 相机的主要缺点是在图像获取速度方面存在一定限制。尽管面阵 CCD 相机拥有大量的像元总数，但由于每行的像元素数量有限，导致相机在一定时间内只能采集到有限数量的像素数据。这限制了相机的帧幅率，即每秒钟能够采集和传输的图像帧数。

2.5.3 镜头

2.5.3.1 镜头接口

镜头与相机的连接方式，常用的包括 C、F、V、T2、M42x1 等。常用的 CCD 相机镜头接口有两种工业标准，即 C-mount 和 CS-mount，它们在螺纹部分相同，但在镜头安装座基准面到感光表面（传感器）的距离上有所区别，这个距离被称为法兰后截距（Flange Back Focal Length），它确保了镜头的像面与相机的底片重合。其中：

C-mount：图像传感器到镜头安装座基准面之间的距离应为 17.526mm。

CS-mount：图像传感器到镜头安装座基准面之间的距离应为 12.526mm。

C-mount 镜头和 CS-mount 镜头之间利用 5mm 的垫圈即可相互转换。

2.5.3.2 镜头分类

根据焦距能否调节，镜头可分为定焦距镜头和变焦距镜头两大类。

（1）定焦距镜头。定焦距镜头是一种只有一个固定焦距的镜头，它提供了一个特定的视野范围。根据焦距的长短，定焦距镜头可以分为鱼眼镜头（6 ~ 16mm）、短焦镜头（17 ~ 35mm）、标准镜头（45 ~ 75mm）、长焦镜头（50 ~ 300mm）四大类。

（2）变焦距镜头。变焦距镜头是一种具有可调节焦距的镜头，它通过变焦环来改变镜头的焦距值。变焦镜头的焦距范围通常由最短焦距值和最长焦距值确定，两者的比值被称为变焦倍率。变焦距镜头因其可连续调节焦距的特点而得到广泛应用，但与定焦距镜头相比，它存在一些缺点。首先，变焦距镜头通常由较多的透镜片组成，结构较为复杂。这使得镜头的最大相对孔径受限，导致图像的亮度相对较低，同时也可能影响图像的质量。相比之下，定焦距镜头通常只有一个透镜组或几个简单的透镜组，因此在透过光线时损耗较小。其次，由于变焦距镜头需要在不同的焦距和调焦距离下进行设计，很难针对每个焦距和调焦距离进行像差校正。因此，与同级别的定焦距镜头相比，变焦距镜头的成像质量可能会稍逊一筹。在视觉系统中，为了某种特殊需求还有一些特殊的镜头。特殊镜头包括微距镜头(Macro)、显微镜头(Micro)、远心镜头(Telecentric)、红外线镜头(Infrared)、紫外线镜头(Ultraviolet)。

(1) 微距镜头。微距镜头通常拍摄十分细微的物体，按德国的工业标准，微距镜头指镜头放大率（像的大小与实物大小比例）大于1：1的特殊设计的镜头。广义上说，放大率在1：4~1：1都属于微距镜头。使用专门的微距镜头，价格较高但成像质量可以得到保证。

(2) 显微镜头。显微镜头是为了近距离拍摄而设计的高分辨率镜头。显微镜头用于摄影比例大于1：10的拍摄系统，而放大率达到10：1~200：1都属于显微镜头，如图2-35所示。

(3) 远心镜头。远心镜头是一种专门设计用于纠正传统镜头视差的特殊镜头，它能够在一定的物距范围内保持图像放大倍率的稳定，即使物距发生变化。远心镜头如图2-36所示。

图2-35 显微镜头

扫一扫
查看彩图

图2-36 远心镜头

扫一扫
查看彩图

光学系统中，孔径光阑在像空间所形成的像被称为系统的出瞳。而孔径光阑在前方光学系统中所形成的像则称为系统的入瞳。出瞳的位置（由出瞳距离表示）和直径（由出瞳直径表示）代表了出射光束的位置和口径。远心是一种光学设计模式，其中系统的出瞳和入瞳的位置被置于无限远处。远心镜头最重要的优点是物体距离变化并不影响图像的放大倍率。远心镜头可从相同的视角来观察和显示整个物体，不会出现使用标准镜头时三维特征出现的透视变形的现象。当所需图像对图像尺寸和形状精确性要求严格时，常用远心镜头。远心镜头的常用领域有：

1）机械零件测量，应用于精细机械零件，如螺丝、螺母和垫圈等；

2）塑料零件测量，应用于测量橡胶密封件、O 型环和塑料盖帽等，因为其极易形变，故这些零件需要完全无接触的光学测量技术才可实现；

3）玻璃制品与医药零件测量，由于玻璃器皿及器具完全密封或防止损伤器皿，常采用远心镜头来测量，如测量玻璃瓶颈的螺纹线；

4）电子元件测量，利用远心镜头检测元器件的完整性、尺寸、规格、位置与插脚的弯度等。

在实际应用中，如有下述情况时，则可采用远心镜头进行测量，如当被检测物体厚度较大且检测不止一个平面时（类似于食品盒、饮料瓶）、当被测物体的摆放位置不确定且可能跟镜头成一定角度时、当被测物体在被检测过程中上下跳动（如生产线上下振动导致工作距离发生变化时）、当被测物体带孔径或是三维立体物体时、当需要低畸变率或图像效果亮度完全一致时、当被检测物体的缺陷只在同一方向平行照明下才能检测到时、当要求检测精度极高时（如容许误差为 1μm）。

2.5.4 工业相机的数据接口

按照接口标准不同，工业相机常用的数字接口有 GigE、Camera Link、USB3.0、CoaXPress 等类型，如图 2-37 所示。

2.5.4.1 Gige 千兆以太网接口

自动成像协会 AIA（Automated Imaging Association）基于此接口创建了 GigE Vision 标准，一种基于千兆以太网通信协议开发的相机接口标准。该标准基于 UDP 协议，应用层协议采用 GVCP（GigE Vision 控制协议）与 GVSP（GigE Vision 流传输协议）。GVCP 定义了如何对相机进行控制和配置，提供了相机和主机之间发送图像和传输数据的通道和机制；GVSP 定义了传输的数据类型，并描述了相机图像如何通过 GigE 进行传输；二者保证了数据传输的完整性和可靠性。

GigE（Gigabit Ethernet）作为工业应用图像接口，主要用于高速、大数据量的图像传输，远距离图像传输及降低远距离传输时电缆线的成本。该接口拓展性好，传输距离最长可至 100m；最大数据率约 125Mbit/s。

2.5.4.2 Camera Link 接口

Camera Link 标准是由 AIA 在 2000 年推出的数字图像信号通信接口协议，是一种串行通信协议。它的接口规范形成得益于 LVDS 技术和 Channel Link 技术，具有小型化和高速率两个优点，适用于对宽带大、稳定性及可靠性要求高的场合。

Camera Link 的接口一般有四种配置 Base（255Mbit/s）、Medium（510Mbit/s）、Full（680Mbit/s）和 80-bit（850Mbit/s），可以根据不同的应用场景为相机提供适合的配置和连接方式。Camera Link 接口还有“标准口”和“迷你口”之分，二者的引脚定义完全相同，只是在体积上不一样。Camera Link 接口不支持热插拔，当相机带电工作时，严禁插拔数据接口，避免损坏相机。

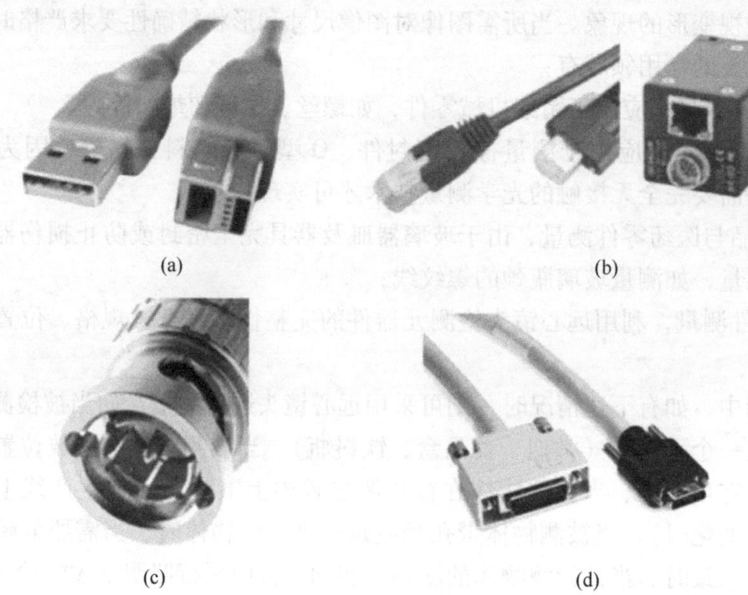

图 2-37　工业相机常用接口

（a）USB3.0；（b）GigE 接口；（c）CoaXPress 接口；（d）Camera Link 接口

扫一扫
查看彩图

2.5.4.3　USB 接口

USB 全称是 Universal Serial Bus（通用串行总线），目前这类接口相机是数字相机，可以直接输出数字图像信号。USB 是串行接口，无须采集卡、连接方便。目前，USB3.0 接口传输速率最高可达 350Mbit/s，很好地弥补了 GigE 和 Camera Link 传输速率之间的空白，支持热插拔，CPU 负载较低，同时，具备可靠的 USB3 Vision 工业标准。

2.5.4.4　CoaXPress 接口

CoaXPress 接口发布于 2008 年，原本是由工业图像处理领域的多家公司共同推出的，目的是开发一种快速的数据接口，用于支持高速成像应用，并实现对大量数据进行更长距离的传输。CXP1.0 在 2011 年以新接口标准的身份正式发布。自此之后，这种标准就在工业图像处理领域中占得一席之地。

CoaXPress 是一种高速率数据传输标准，传输速度高，CXP6 单根线缆可达 6.25Gbit/s，4 根线缆可达 25Gbit/s，传输距离可达 100m。CoaXPress 接口可选择传输距离和传输量，且易于集成（可在一根电缆上实现串口通信控制和供电）。目前，CoaXPress 接口相机非常受市场欢迎，在半导体行业尤为如此。例如，在自动光学检测系统中，必须以高分辨率获得大数据量，而且有着苛刻的延迟要求。

2.5.5　计算机

计算机的种类很多，有台式计算机、笔记本计算机、平板电脑、工控机、微型处理器等，但是其核心部件都是中央处理器、内存、硬盘和显示器，只不过不同计算机核心部件的形状、大小和性能不一样而已。

2.5.5.1　中央处理器

中央处理器 CPU（central processing unit），又被称为计算机的大脑，是计算机系统的核心组件之一。它承担着执行计算机指令和处理软件数据的重要任务。

2.5.5.2 硬盘

硬盘是电脑的主要存储媒介，用于存放文件、程序、数据等。由覆盖有铁磁性材料的一个或者多个铝制或者玻璃制的碟片组成。

硬盘的种类有：固态硬盘（Solid State Drives，SSD）、机械硬盘（Hard Disk Drives，HDD）和混合硬盘（Hybrid Hard Drives，HHD）。SSD 和 HDD 是两种不同的硬盘存储技术，分别采用闪存和磁性碟片来实现数据存储。SSD 具有更高的性能和可靠性，而 HDD 则适用于需要大容量存储的应用场景。

数字化的图像数据与计算机的程序数据相同，被存储在计算机的硬盘中，通过计算机处理后，将图像显示在显示器上或者重新保存在硬盘中以备使用。除了计算机本身配置的硬盘之外，还有通过 USB 连接的移动硬盘，最常用的就是通常说的 U 盘。随着计算机性能的不断提高，硬盘容量也是在不断扩大，现在一般计算机的硬盘容量都是 TB 数量级（1TB = 1024GB）。

2.5.5.3 内存

内存（Memory）也被称为主存或内存储器，是计算机中的关键组件之一。它用于临时存储计算机的运算数据和程序指令，以供 CPU 进行快速访问和处理。当计算机运行时，CPU 会将需要进行运算的数据从外部存储器（如硬盘）调入内存中，并在内存中进行计算操作。例如，将内存中的图像数据拷贝到显示器的存储区而显示出来等。因此，内存的性能对计算机的影响非常大。

目前，数字图像一般都比较大。例如，900 万像素照相机，拍摄的最大图像是 $3456 \times 2592 = 8957952$ 像素，一个像素是红绿蓝（RGB）3 个字节，总共是 $8957952 \times 3 = 26873856$ 字节，也就是 $26873856/1024/1024 \approx 25.63$MB 内存。在进行图像处理时，首先进行解压缩处理，然后再将解压缩后的图像数据读到计算机内存里。因此，图像数据非常占用计算机的内存资源，内存越大越有利于计算机的工作。

2.5.5.4 显示器

显示器（Display）通常也被称为监视器。显示器是电脑的 I/O 设备，即输入输出设备，有不同的大小和种类。根据制造材料的不同，可分为：阴极射线管显示器 CRT（cathode ray tube）、等离子显示器 PDP（plasma display panel）、液晶显示器 LCD（liquid crystal display）等。显示器可以选择多种像素及色彩的显示方式，从 640×480 像素的 256 色到 1600×1200 像素以及更高像素的 32 位的真彩色（true color）。

本 章 小 结

本章主要对形貌测量仪器分类、原理及应用进行了介绍。

2.1 节介绍了机械式测量仪器的发展趋势，最早是由欧洲科学家研制，以泰勒霍普森公司为代表，介绍了同类相关产品的发展趋势及现状。

2.2 节介绍了接触式测量法的基本原理，在测量过程中实际上是由机械探针与工件表面直接进行接触并沿着表面移动，随着探针和位移传感器的移动测得工件的表面轮廓。介绍了接触式测量仪器的结构组成，其主要是由测头、位移传感器和计算机组成，其中位移传感器是仪器的核心部分，本节对传感器部分进行了详细的介绍。最后，介绍了具有代表性的仪器及其应用特点。

2.3 节介绍了光学测量仪器的发展趋势，对接触式测量和光学非接触式测量进行了优缺点比较，介绍了非接触式测量方法和仪器的应用。

2.4 节介绍了与光学测量仪器相关的一些参数的定义和光学理论计算公式。

2.5 节介绍了组成光学测量仪器的一些硬件设备，其主要是由光照系统、图像采集系统和图像处理系统组成，并根据实际使用功能进行了详细分类说明，并对其选用原则与应用特点进行了总结。

习 题

2-1 机械式测量仪器的核心部件是什么，其广泛应用的类型是什么？

2-2 请分别介绍接触式测量和非接触式测量的优缺点。

2-3 图 2-38 中 a、b 和 f 分别代表什么参数，f 的计算公式是什么？

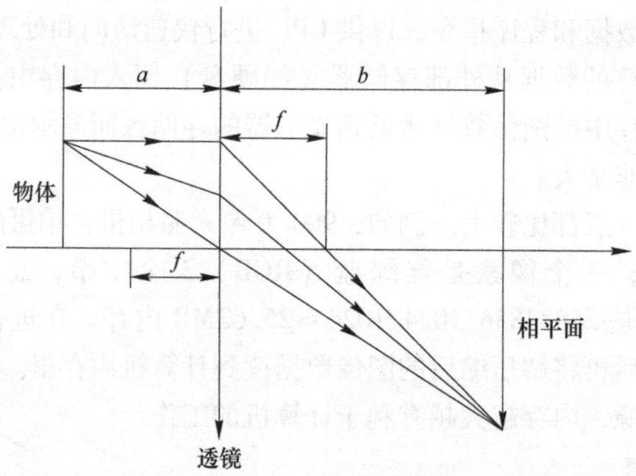

图 2-38 习题 2-3 图

2-4 在实际测量应用时，选择光源需要依据的原则是什么？

3 被动式视觉测量

3.1 被动式测量

随着党的二十大的胜利召开，国家对机械加工与检测提出了新的发展要求，创新精神作为一个国家和民族发展的不竭动力，是机械加工与检测领域不断发展的方向，这是一种区别于常规思维，且需要不断改进或创造的精神。传统的接触式测量由于测量过程较为烦琐，已无法适应时代的发展需求，因此被动式视觉测量得到大力发展。

被动式测量技术是一种不需要主动提供光源，设备简单的测量方式，主要是根据人类双眼被动地接收物体反射的光源，其测量方式主要包括双目视觉立体测量以及光度立体测量。

3.1.1 双目立体视觉

双目立体视觉是计算机视觉的一个典型分支，利用两台摄像机组成的双目视觉系统来模拟人眼的深度感知能力，如图 3-1 所示。双目视觉三维测量技术的基本测量原理为：对两台摄像机组成的双目视觉系统进行标定，由双目视觉系统对待测目标进行图像采集，其后通过对两幅图像进行特征提取和立体匹配，最终利用重建点的三维世界坐标来计算目标物体的尺寸和深度信息。

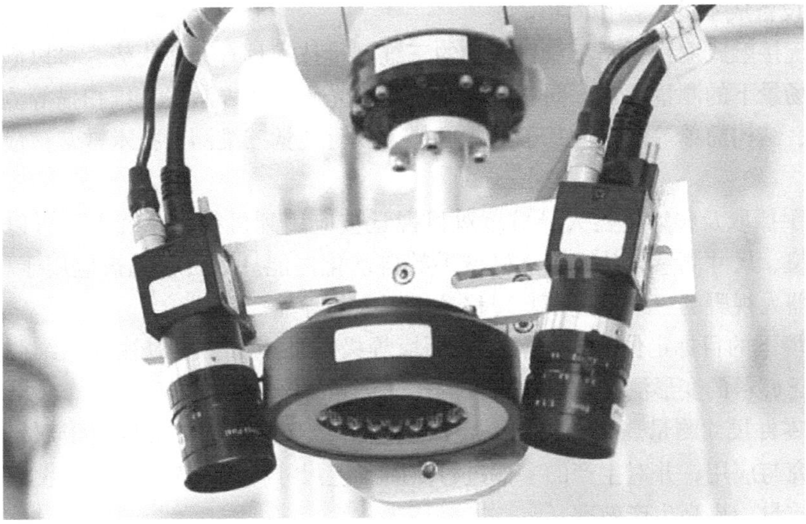

图 3-1 双目立体视觉测量平台

扫一扫
查看彩图

双目立体视觉测量方法主要包括以下几个步骤，相机参数标定、图像采集、图像预处理、特征检测、双目相机匹配、三维形貌重构。

相机标定的目的是求解由三维空间点（单位为 mm）转换为二维图像点（单位为 pixel）的成像模型所涉及的参数。目前，相机标定技术主要分为三大类：相机自标定、相机主动视觉标定和靶标相机标定。自标定方法通过建立图像上对应特征点的多元方程，求解得到相关标定参数，其原理简单，但精度低、鲁棒性差。主动视觉标定方法根据相机运动轨迹进行标定参数的求解，需要明确获取相机的运动轨迹，对实验设备要求较高。靶标相机标定法需要利用制作的特定靶标标识物进行标定，标定物上存在已知尺寸的特征点，其标定精度较高、鲁棒性好，且对测试环境要求不苛刻。

图像采集是相机标定后，左右两侧双目相机同时对被测物进行图像采集，采集图像的过程是利用小孔成像原理，将真实世界中的物体投影到相平面的过程。光线照射至物体表面，经过被测物体的反射穿过相机镜头投影至相平面，再由相机的快门触发相机的感光芯片，最终将采集到的图像信息转化为模拟量信号，送至控制模块进行后续操作。

特征提取在双目视觉立体视觉测量中通常有两大作用：一是在某些测量场景下需要直接利用到图像的边缘特征；二是边缘特征被用来作为获取视觉测量特征的粗定位信息。常用的边缘检测算子主要包括梯度边缘检测算子、LOG 边缘检测算子、Canny 边缘检测算子等方法。

立体匹配是双目视觉立体测量的重要组成步骤，立体匹配算法主要分为三大类：基于区域的立体匹配算法、基于特征的立体匹配算法和基于相位的立体匹配算法。

目前，双目视觉三维测量领域内主要的测量方法包括：一是通过重建被测物体上关键角点的三维坐标实现尺寸测量；二是通过重建目标物体的边缘轮廓实现尺寸测量。

双目立体视觉测量方法具有以下优点：

（1）测量精度较高；

（2）测量速度快、测量效率高；

（3）测量设备成本低，操作简单。

相对于传统接触式测量，基于双目视觉的三维测量技术具有天然优势，可以满足如水下、核环境等场景下的测量需求。同时，相对于结构光测量法、激光三维扫描等测量方法又具有成本低、结构简单等优点。基于这些优势，双目视觉三维测量技术常常被应用于以下领域。

（1）机械手抓取及移动机器人导航。双目视觉被应用到机械手系统上，可以用来对待抓取目标定位、尺寸测量，从而提高机械手的自动化性能。双目视觉被应用于机器人，可以通过对机器人视野的三维重建来实现移动机器人的导航。

（2）核环境下的目标定位与测量。在核环境等极端环境下，双目视觉三维测量技术被广泛应用于乏燃料的变形测量，燃料组件的尺寸测量等领域。

（3）工业零件尺寸测量。在先进工业生产制造中，双目视觉常常被用于双目视觉三维测量技术研究与应用，并对生产的零件进行实时工艺尺寸检测、表面缺陷检测，从而确保出厂产品的质量，提高生产效率。

3.1.2 光度立体视觉

光度立体法来源于阴影恢复法，此种测量方法是在物体表面反射系数已知的情况下，把单张图像各点对应的亮度值代入预先设计的色度模型中，结合表面可微分性、曲率约束和光滑度约束等，求解各点深度信息。光度立体法是属于被动式的单一视角测量方法，不用主动投射激光或者结构光，使用普通光源照明即可，如图 3-2 所示。

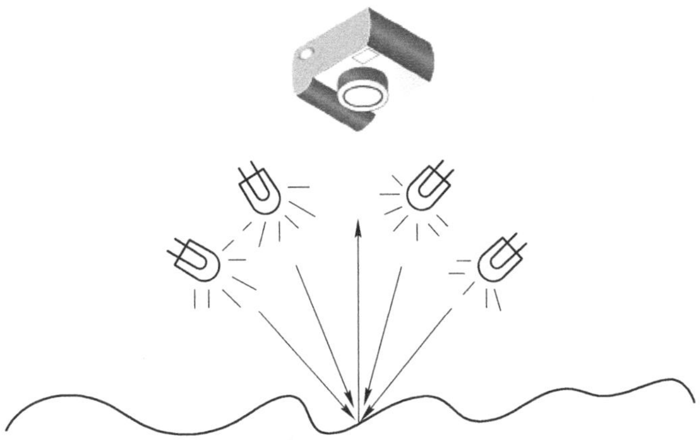

图 3-2　光度立体测量原理

扫一扫
查看彩图

光度立体三维重建的一般步骤是：光源标定、图像采集、法向量与梯度信息求解以及三维重建。光度立体视觉测量方法主要具备以下几个优点：

(1) 利用单幅图像即可恢复表面模型；

(2) 设备简单，操作方便快捷；

(3) 对光源要求不高，设备成本低。

基于光度立体的在线视觉检测技术可被应用于工业生产线中，替代传统的人工目测或者接触式测量，对在线生产的产品进行即时的表面三维重建和缺陷检测，提高检测的效率和准确度。除了工业在线检测之外，光度立体技术在逆向工程领域中，通过光度立体技术迅速构建工件的三维模型，从而迅速地完成从实物到数字模型的变换过程；在生物医疗领域中可以重建如口腔、牙齿、骨骼、皮肤等人体器官模型，进而为医生的诊治提供数据支持；在文物保护领域中，通过历史文物的照片获得文物的三维形貌，保存现有文物的三维模型，从而可以方便快捷地传输、复制、再现文物。

3.2　双目视觉测量原理

双目立体视觉测量方法是利用人类双眼看到物体时存在“视差”的原理，在计算机视觉测量中，通过位于同一基线平面两个不同位置的相机，同时对被测物进行图像采集，这样就可以像人类眼睛一样估计物体的形状、表面状态与位置等信息。

3.2.1　坐标系的建立

相机在进行图像采集时，是利用小孔成像原理，将现实世界中的三维物体投影至相机二维相平面的过程。光线照射至被测物体表面，经过被测物的反射穿过相机镜头，投影至相机的相平面，再由相机的快门触发相机的感光芯片，完成被测物的三维信息到相机二维平面的转化，其转化过程中共涉及四个坐标系，分别为图像坐标系、相机坐标系、像素坐标系以及世界坐标系，如图3-3所示。

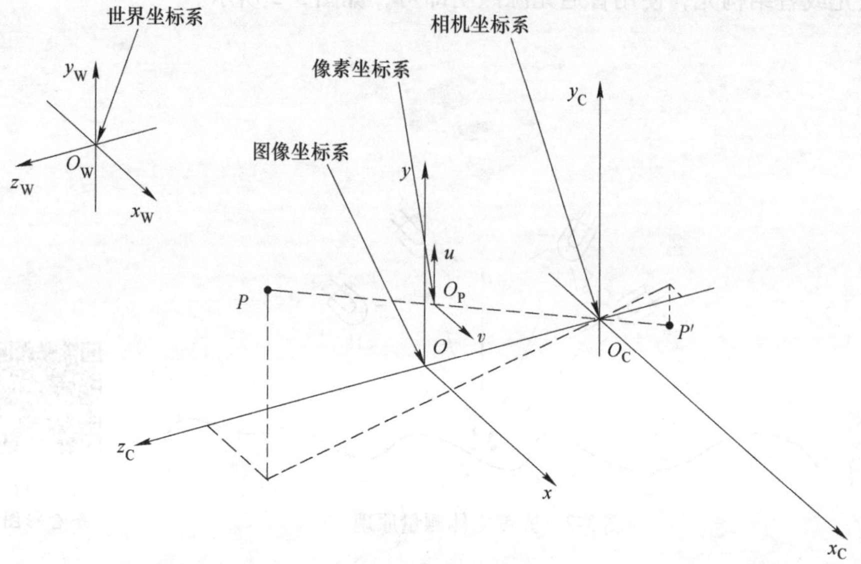

扫一扫
查看彩图

图3-3 坐标系示意图

世界坐标系（O_W-$x_W y_W z_W$）也叫作测量坐标系，是一个标准的三维直角坐标系，世界坐标系一般用于描述物体所处的空间位置，测量过程中可根据实际测量情况，自行确定世界坐标系的原点与正方向。

相机坐标系（O_C-$x_C y_C z_C$）与世界坐标系类似，是一个以相机的光心为坐标原点，x 轴、y 轴与相平面的边界平行，z 轴与相机光轴重合的三维直角坐标系，一般以投影方向为 z 轴正方向。

图像坐标系（O-xy）是一个二维的直角坐标系，其坐标原点为相机光轴穿过像平面的交点，而图像坐标系的 x 轴、y 轴分别与相机坐标系的 x 轴、y 轴平行。

像素坐标系（O_P-uv）与图像坐标系类似，也是一个二维直角坐标系。其坐标轴一般用 u、v 来表示，坐标原点为成像平面的左上角点，图像中任何一个像素点均可以表示为（u，v）。

3.2.2 坐标系的转换

世界坐标系中被测物表面的任意一点 P_W 的坐标可以经过旋转平移的计算，转化至相机坐标系下的 P_C，即：

$$P_C = \boldsymbol{R} P_W + \boldsymbol{T} \tag{3-1}$$

式中 $\boldsymbol{R}$——旋转变换矩阵；

$\boldsymbol{T}$——平移变换矩阵。

$$\boldsymbol{R}(\alpha,\beta,\gamma) = \begin{bmatrix} 1 & 0 & 0 \\ 0 & \cos\alpha & -\sin\alpha \\ 0 & \sin\alpha & \cos\alpha \end{bmatrix} \begin{bmatrix} \cos\beta & 0 & \sin\beta \\ 0 & 1 & 0 \\ -\sin\beta & 0 & \cos\beta \end{bmatrix} \begin{bmatrix} \cos\gamma & -\sin\gamma & 0 \\ \sin\gamma & \cos\gamma & 0 \\ 0 & 0 & 1 \end{bmatrix} \tag{3-2}$$

$$T=(t_x,t_y,t_z) \tag{3-3}$$

式中　α——绕 x 轴的旋转角；

β——绕 y 轴的旋转角；

γ——绕 z 轴的旋转角。

因此，世界坐标系转化为相机坐标系可以写成：

$$\begin{bmatrix} x_C \\ y_C \\ z_C \\ 1 \end{bmatrix} = \begin{bmatrix} \boldsymbol{R} & \boldsymbol{T} \\ 0 & 1 \end{bmatrix} \begin{bmatrix} x_W \\ y_W \\ z_W \\ 1 \end{bmatrix} \tag{3-4}$$

在相机坐标系与图像坐标系的转化过程中，由于相机光轴与成像平面的交点为图像坐标系的原点 O，且其 x 轴与 y 轴分别与相机坐标系的 x 轴、y 轴平行，根据小孔成像模型可以得到：

$$\begin{cases} x=\dfrac{f\times x_C}{z_C} \\ y=\dfrac{f\times y_C}{z_C} \end{cases} \tag{3-5}$$

式中　x，y——图像坐标系下的坐标值；

f——相机的焦距。

通过齐次坐标转换，可以改写成：

$$z_C\begin{bmatrix} x \\ y \\ 1 \end{bmatrix} = \begin{bmatrix} f & 0 & 0 & 0 \\ 0 & f & 0 & 0 \\ 0 & 0 & 1 & 0 \end{bmatrix} \begin{bmatrix} x_C \\ y_C \\ z_C \\ 1 \end{bmatrix} \tag{3-6}$$

像素坐标系（O_P-uv）是以像素为单位建立的平面直角坐标系。如图 3-4 所示，相机平面的矩形区域为相机的成像平面，像素坐标系的中点可以用像平面中的第 u 行第 v 列进行表示。然而，在实际成像过程中，被测物特征的几何信息大多采用物理单位进行表示（如毫米），因此还需建立图像坐标（O-xy）。在理想情况下，图像坐标的原点 O 为相机光轴与相平面的交点，其 x 轴与 y 轴分别与像素坐标系的 u 轴与 v 轴平行。

图像坐标系转化为相机坐标系的过程，就是将（x，y）转化为（u，v）的过程，由于图像坐标系与像素坐标系处于同一平面，故其转换过程为：

$$\begin{cases} u=\dfrac{x}{d_x}+u_0 \\ v=\dfrac{y}{d_y}+v_0 \end{cases} \tag{3-7}$$

式中　d_x——单个像素在 x 轴方向上的实际尺寸；

d_y——单个像素在 y 轴方向上的实际尺寸；

（u_0，v_0）——像平面内的主点位置。

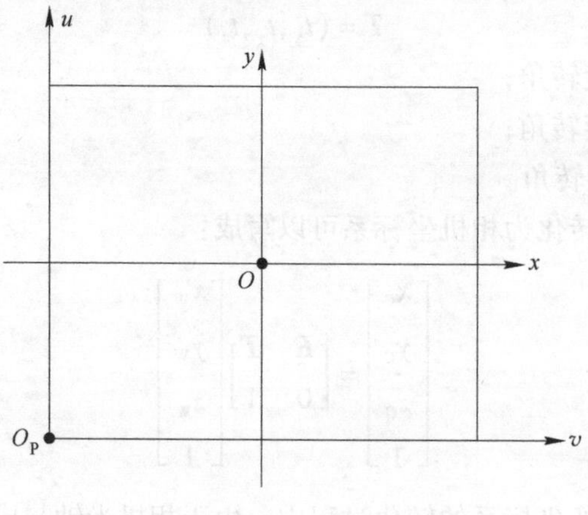

图 3-4 像素坐标系与图像坐标系

式（3-7）改写为齐次表达为：

$$\begin{bmatrix} u \\ v \\ 1 \end{bmatrix} = \begin{bmatrix} \frac{1}{d_x} & 0 & u_0 \\ 0 & \frac{1}{d_y} & v_0 \\ 0 & 0 & 1 \end{bmatrix} \begin{bmatrix} x \\ y \\ 1 \end{bmatrix} \tag{3-8}$$

相机的针孔成像模型又称为相机线性模型，空间中任意一点 P，可以由式（3-1）~式（3-8）推导出相机线性模型的表达式：

$$z_C \begin{bmatrix} u \\ v \\ 1 \end{bmatrix} = \begin{bmatrix} \frac{f}{d_x} & 0 & u_0 & 0 \\ 0 & \frac{f}{d_y} & v_0 & 0 \\ 0 & 0 & 1 & 0 \end{bmatrix} \begin{bmatrix} \boldsymbol{R} & \boldsymbol{T} \\ 0 & 1 \end{bmatrix} \begin{bmatrix} x_W \\ y_W \\ z_W \\ 1 \end{bmatrix} \tag{3-9}$$

3.2.3 相机非线性模型

在实际测量过程中，通常会在相机前方增加相机镜头，从而获得更好的成像效果。但由于机械安装过程中，镜头与相平面并非完全平行，且镜头本身形状的影响，都会对相机的针孔模型产生影响，从而引发畸变。相机针孔模型一般会忽略相机镜头所产生的畸变，因此只能应用于精度较低或视野较小的测量。在一些精度要求较高的场合或相机视野较大的情况下，必须考虑镜头畸变的各种影响。主要的畸变误差分为径向畸变、偏心畸变、薄棱镜畸变三类。第一类畸变为仅产生径向位置的像素偏差，另外两类包括径向与切向像素偏差。如图 3-5 所示，为相机线性模型图像点位置与存在畸变状态下图像位置点间关系。

径向畸变是由于相机镜头曲面本身所产生的影响，使得图像点相对理想位置发生向内或向外的偏移。因此，将向内的偏移称为枕型畸变，向外的偏移称为桶型畸变。如图 3-6 所示，枕形畸变使得外部的点向外偏移，尺寸随之增大。反之，桶形畸变使得外部的点向内偏移，尺寸也随之减小。由于径向畸变关乎相机光轴对称，其数学模型为：

$$\delta_{xr} = x(k_1 r^2 + k_2 r^4 + k_3 r^6 + \cdots + k_n r^{2n}) \tag{3-10}$$

$$\delta_{yr} = y(k_1r^2 + k_2r^4 + k_3r^6 + \cdots + k_nr^{2n}) \tag{3-11}$$

式中　　　x，y——相机未校正畸变前坐标点，$r = \sqrt{x^2 + y^2}$；

k_1，k_2，k_3，…，k_n——各次径向畸变系数。

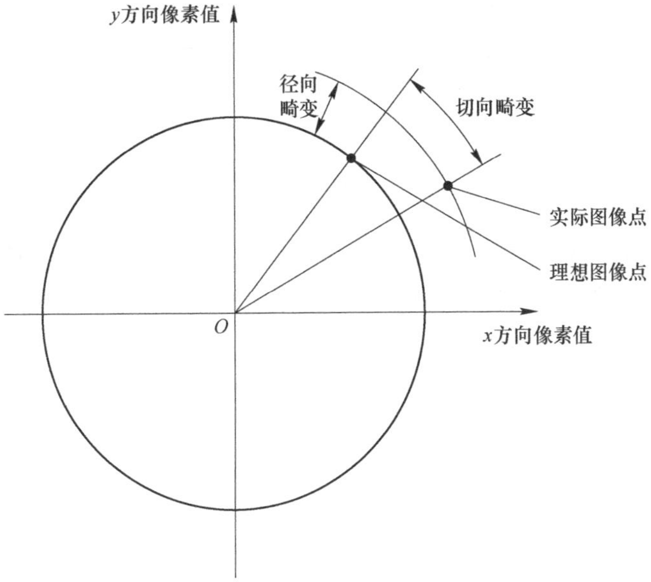

图 3-5　线性图像点与畸变图像点

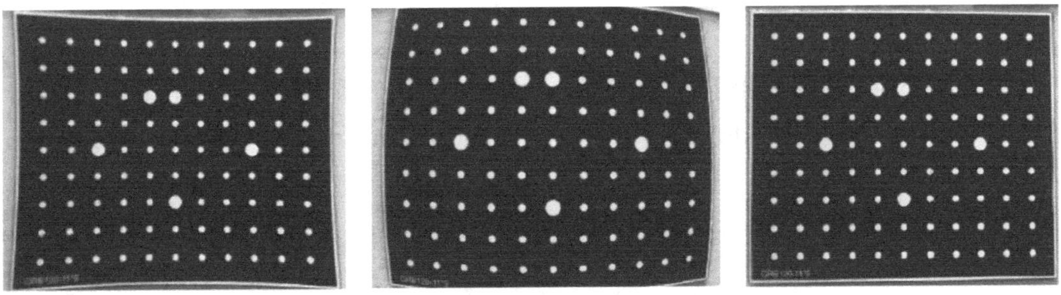

(a)　(b)　(c)

图 3-6　相机非线性畸变图

（a）枕形畸变图；（b）桶形畸变图；（c）无畸变图

偏心畸变主要是由光学系统中心与几何中心具有位置偏差，即镜头的光学中心线与相机的光学中心线不能完全共线，如图 3-7 所示。

偏心畸变包括径向畸变和包括切向畸变，其切向畸变模型为：

$$\delta_{xd} = 3q_1x^2 + q_1y^2 + 2q_2xy \tag{3-12}$$

$$\delta_{xd} = q_2x^2 + 3q_2y^2 + 2q_1xy \tag{3-13}$$

式中　q_1，q_2——切向畸变系数。

切向畸变数值大小与光学中心的位置有关，故可通过修正光学中心位置以减小切向畸变数值。

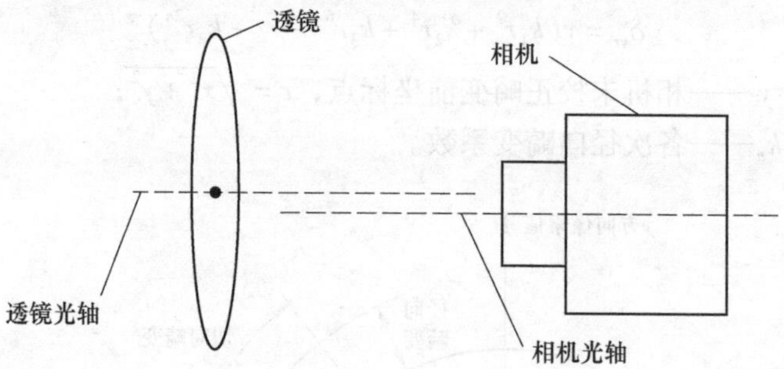

图 3-7 偏心畸变示意图

薄棱镜畸变是由于镜头设计和加工安装等误差，造成成像面的平面位置偏差所引起的成像畸变，如图 3-8 所示，相机镜头光轴与相机光轴间存在夹角误差。

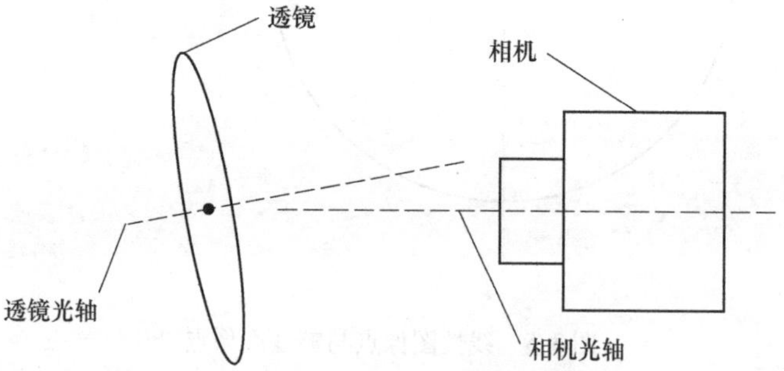

图 3-8 薄棱镜畸变示意图

当镜头光轴与相机光轴间存在误差时，会影响相机图像采集的三角剖分精度，但当相机采用普通镜头和长焦镜头时此类误差较小，而采用广角镜头与短焦镜头时，误差较大。原理上等同于在测量系统中附加了一个薄棱镜，在引起径向偏差的同时，还引起了切向偏差，其畸变的表达模型为：

$$\delta_{xp} = s_1(x^2 + y^2) \tag{3-14}$$

$$\delta_{yp} = s_2(x^2 + y^2) \tag{3-15}$$

此外，除上述原因引起的镜头畸变误差，还有如标定过程中特征点坐标计算偏差，通常情况下由于各种干扰，同一特征点图像模型与特征点定位算法不能完全适用于其他全部的特征点，因而导致特征点定位的误差。在标准曝光条件下，各类光敏元件的输出信号产生差异，这使得在均匀光照条件下，每个像元的相应度有所不同，故会导致图像失真引起误差。

综上所述，实际物点与其图像对应点之间存在着复杂的非线性映射关系。但通常建立的相机模型，难以包含上述所有的畸变因素，对于双目视觉而言，相机的径向畸变、偏心畸变与薄棱镜畸变为主要畸变因素，因此可以忽略其他次要因素。完整的畸变校正模型可表示为：

$$\begin{cases}\delta_x(x,y) = k_1x(x^2+y^2) + k_2x(x^2+y^2)^2 + 3q_1x^2 + q_1y^2 + 2q_2xy + s_1(x^2+y^2) \\ \delta_y(x,y) = k_1x(x^2+y^2) + k_2x(x^2+y^2)^2 + q_2x^2 + 3q_2y^2 + 2q_1xy + s_2(x^2+y^2)\end{cases} \tag{3-16}$$

3.2.4　双目视觉测量模型

双目视觉测量系统可根据相机光轴是否平行，分为平行式立体视觉模型与汇聚式立体视觉模型，如图 3-9 所示。

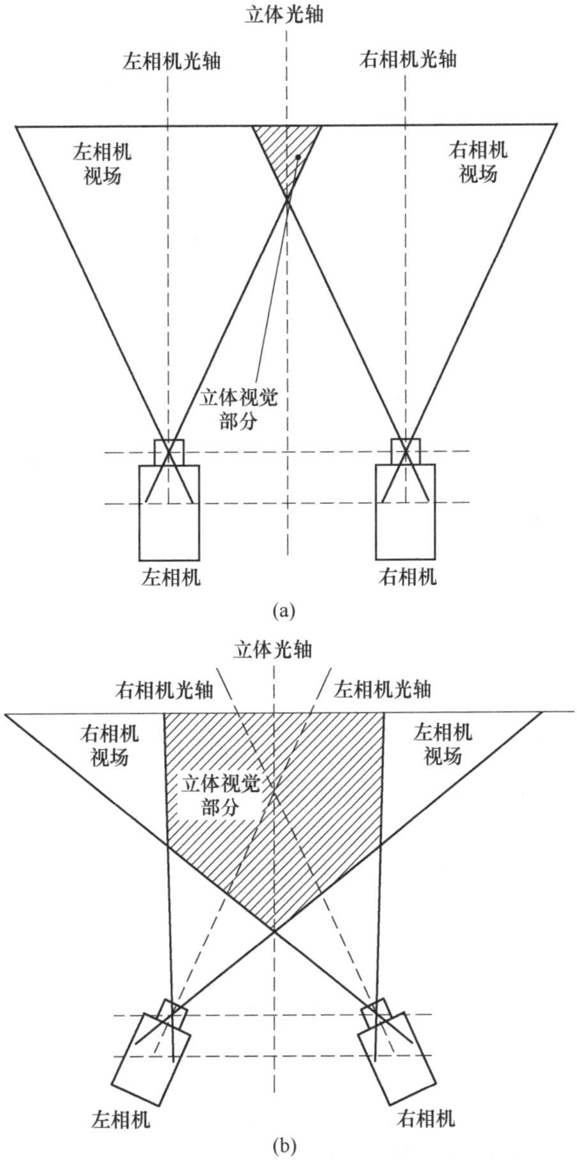

图 3-9　双目视觉测量系统模型
（a）平行式双目视觉模型；（b）汇聚式双目视觉模型

扫一扫
查看彩图

3.2.4.1　平行立体视觉模型

平行立体视觉模型是指双目视觉系统中左右相机的光轴平行放置，使得汇聚距离为无穷远处。最简单的立体成像系统模型就是平行式立体视觉模型，如图 3-9(a) 所示。其原理如图3-10所示，假设左相机 C_1 与右相机 C_2 内参完全相同，两相机的 x 轴重合，y 轴平行。因此，将左相机沿 x 轴向右平移一段距离后，可以与右相机完全重合，$P(x_1, y_1, z_1)$ 为空间中任意一点，经左右相机的光学成像过程，在左右两个成像平面上分别得到成像点 P_1 与 P_2，根据成像原理可知，P_1 与 P_2 的纵坐标相等，横坐标的差值为两个成像坐标系间距离。

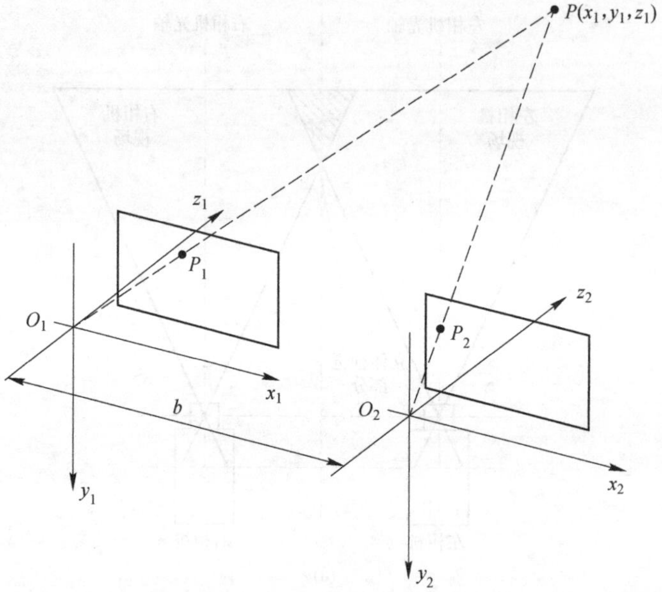

图3-10　平行式立体视觉模型原理图

在平行式立体视觉模型中，假设两个成像系统坐标系原点横坐标的差值为 b，C_1 坐标系为 $O_1\text{-}x_1y_1z_1$，C_2 坐标系为 $O_2\text{-}x_2y_2z_2$，则空间中任意点 P 的坐标在 C_1 坐标系中为（x_1，y_1，z_1），在 C_2 坐标系中为（x_1-b，y_1，z_1），当已知相机内部参数后，可以得到点 P 的三维坐标值，如式（3-17）所示：

$$\begin{cases} x_1 = \dfrac{b(u_1-u_0)}{u_1-u_2} \\ y_1 = \dfrac{ba_x(v_1-v_0)}{a_y(u_1-u_2)} \\ z_1 = \dfrac{ba_x}{u_1-u_2} \end{cases} \tag{3-17}$$

式中　u_0，v_0，a_x，a_y——相机内部参数；

(u_1, v_1)，(u_2, v_2)——P_1 与 P_2 的图像坐标；

b——基线长度；

u_1-u_2——两相机间的视差。

视差是指由于双目视觉系统中两个相机的光心位置不同，导致 P 点在左右图像中的投影点位置产生的距离。由式（3-17）可以看出，P 点距离相机越远，视差越小，当 P 点处于无穷远时，PO_1 与 PO_2 趋近于平行，则视差趋近于零。

3.2.4.2 汇聚式立体视觉模型

汇聚式立体视觉模型与平行式立体视觉模型不同，其左右两个相机的光轴为两条相交线，且光轴汇聚点距离相机距离有限。

平行式立体视觉模型是理想状态下的标准双目视觉系统，其模型简单，但在实际测量过程中很难得到绝对平行的立体视觉系统，因为在实际相机安装过程中，无法准确测得相机光轴，故难以调整理想的坐标系相对位置从而获得平行双目视觉模型。在一般情况下，多是采用图 3-11 所示的任意位置的两个相机坐标系，来组成双目立体视觉系统。

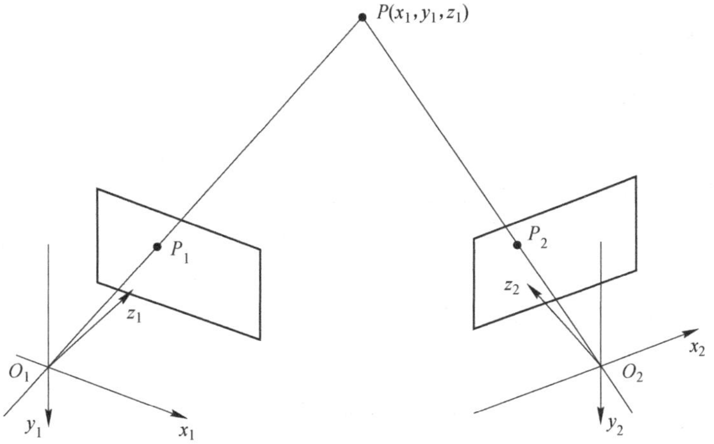

图 3-11 汇聚式立体视觉模型原理图

在汇聚式立体视觉模型中，假定成像点 P_1 与 P_2 为空间中任意点 P 分别在左右相机像平面中的对应点。且左相机 C_1 与右相机 C_2 的标定参数已知，即左右相机的投影矩阵分别为 $\boldsymbol{M}_1$ 与 $\boldsymbol{M}_2$。则在双目立体视觉中，空间点与图像点的关系，见式（3-18）和式（3-19）。

$$z_{C1}\begin{bmatrix}u_1\\v_1\\1\end{bmatrix}=\boldsymbol{M}_1\begin{bmatrix}X\\Y\\Z\\1\end{bmatrix}=\begin{bmatrix}\frac{f}{d_x}&0&u_0&0\\0&\frac{f}{d_y}&v_0&0\\0&0&1&0\end{bmatrix}\begin{bmatrix}\boldsymbol{R}&\boldsymbol{T}\\0&1\end{bmatrix}\begin{bmatrix}X\\Y\\Z\\1\end{bmatrix}=\begin{bmatrix}m_{11}^1&m_{12}^1&m_{13}^1&m_{14}^1\\m_{21}^1&m_{22}^1&m_{23}^1&m_{24}^1\\m_{31}^1&m_{32}^1&m_{33}^1&m_{34}^1\end{bmatrix}\begin{bmatrix}X\\Y\\Z\\1\end{bmatrix}\tag{3-18}$$

$$z_{C2}\begin{bmatrix}u_2\\v_2\\1\end{bmatrix}=\boldsymbol{M}_2\begin{bmatrix}X\\Y\\Z\\1\end{bmatrix}=\begin{bmatrix}\frac{f}{d_x}&0&u_0&0\\0&\frac{f}{d_y}&v_0&0\\0&0&1&0\end{bmatrix}\begin{bmatrix}\boldsymbol{R}&\boldsymbol{T}\\0&1\end{bmatrix}\begin{bmatrix}X\\Y\\Z\\1\end{bmatrix}=\begin{bmatrix}m_{11}^2&m_{12}^2&m_{13}^2&m_{14}^2\\m_{21}^2&m_{22}^2&m_{23}^2&m_{24}^2\\m_{31}^2&m_{32}^2&m_{33}^2&m_{34}^2\end{bmatrix}\begin{bmatrix}X\\Y\\Z\\1\end{bmatrix}\tag{3-19}$$

式中 $(u_1, v_1, 1)$，$(u_2, v_2, 1)$——P_1 与 P_2 在图像坐标系中的齐次坐标；

$(X, Y, Z, 1)$——P 点在世界坐标系的齐次坐标；

m_{ij}^k——$\boldsymbol{M}_k$ 的第 i 行第 j 列元素。

汇聚式立体视觉模型能够通过调整相机光轴的角度，使得双目系统获得更大的视野范围，并且不会对测量精度产生影响，因此在双目立体视觉测量中应用较为广泛。

3.3 双目视觉测量标定

双目视觉测量的标定方法是指建立图像像素位置与实际物体位置间的关系，根据相机模型，由已知特征点的像素坐标和世界坐标求解相机参数的过程，这是双目立体视觉测量的重要环节。其标定精度将直接影响测量系统的测量精度，其标定方法可以分为直接线性标定法与张正友标定法。

3.3.1 直接线性标定法

直接线性标定法是由 Abdl-Aziz 与 Karara 提出的一种直接线性变换 DLT（Direct Linear Transformation）的相机标定方法。此种方法忽略相机畸变所引起的误差，直接利用相机线性模型，通过求解线性方程组得到相机的参数。其优点在于计算速度快、操作简单、标定易于实现。由于此种方法并未将相机的畸变考虑在内，因此不适合畸变系数较大的相机模型。

直接线性标定方法仅通过求解一组基本的线性约束方程就可以获取相机的参数，其变换的模型为：

$$u=\frac{x_{\mathrm{W}}l_{00}+y_{\mathrm{W}}l_{01}+z_{\mathrm{W}}l_{02}+l_{03}}{x_{\mathrm{W}}l_{20}+y_{\mathrm{W}}l_{21}+z_{\mathrm{W}}l_{22}+l_{23}} \tag{3-20}$$

$$v=\frac{x_{\mathrm{W}}l_{10}+y_{\mathrm{W}}l_{11}+z_{\mathrm{W}}l_{12}+l_{13}}{x_{\mathrm{W}}l_{20}+y_{\mathrm{W}}l_{21}+z_{\mathrm{W}}l_{22}+l_{23}} \tag{3-21}$$

式中 $(x_{\mathrm{W}}, y_{\mathrm{W}}, z_{\mathrm{W}})$——标定参照物在世界坐标系下特征点的三维坐标；
(u, v)——该特征点在图像坐标系下的坐标；
l_{ij}——直接线性变换方法的特定参数。

多数情况下，可以让 $l_{23}=1$。如果标定参照物上特征点的世界坐标和对应的图像坐标为已知，那模型中的 11 个参数就可以通过线性最小二乘方法计算。在不考虑摄像机成像过程中镜头的非线性畸变情况下，直接线性变换方法和利用透视变换矩阵的摄像机标定方法是一样的。在考虑非线性畸变时，直接线性变换方法中像点与实际标定物特征点的对应关系为：

$$u_i+\delta_x(u_i,v_i)=u_i'=\frac{x_{\mathrm{W}i}l_{00}+y_{\mathrm{W}i}l_{01}+z_{\mathrm{W}i}l_{02}+l_{03}}{x_{\mathrm{W}i}l_{20}+y_{\mathrm{W}i}l_{21}+z_{\mathrm{W}i}l_{22}+l_{23}} \tag{3-22}$$

$$v_i+\delta_x(u_i,v_i)=v_i'=\frac{x_{\mathrm{W}i}l_{10}+y_{\mathrm{W}i}l_{11}+z_{\mathrm{W}i}l_{12}+l_{13}}{x_{\mathrm{W}i}l_{20}+y_{\mathrm{W}i}l_{21}+z_{\mathrm{W}i}l_{22}+l_{23}} \tag{3-23}$$

式中 $(x_{\mathrm{W}i}, y_{\mathrm{W}i}, z_{\mathrm{W}i})$——标定参照物在世界坐标系上的第 i 个特征点的坐标；
(u_i, v_i)——标定参照物上该特征点对应的实际图像坐标，可通过数字图像处理技术获得；
(u_i', v_i')——校正后的图像点坐标，$\delta_x(u_i, v_i)$ 和 $\delta_y(u_i, v_i)$ 是 (u_i, v_i) 处的镜头畸变校正。可得出，在直接线性变换方法中加入非线性畸变因素是比较方便的。

3.3.2 透视变换标定法

利用透视变换矩阵的摄像机标定方法是 Faugeras 提出的，属于传统摄像机标定方法中比较经典的一种方法，其后许多摄像机标定方法都是以此为基础。利用透视变换矩阵的相机标定方法，采用的是四参数的摄像机模型，在图像坐标系与世界坐标系之间的关系表达上，可以改写为：

$$\boldsymbol{Z}_{\mathrm{C}}\begin{bmatrix} u \\ v \\ 1 \end{bmatrix} = \boldsymbol{K}[R,t]\begin{bmatrix} x_{\mathrm{W}} \\ y_{\mathrm{W}} \\ z_{\mathrm{W}} \\ 1 \end{bmatrix} = \boldsymbol{M}\begin{bmatrix} x_{\mathrm{W}} \\ y_{\mathrm{W}} \\ z_{\mathrm{W}} \\ 1 \end{bmatrix} \tag{3-24}$$

其中：

$$\boldsymbol{M} = \begin{bmatrix} m_{11} & m_{12} & m_{13} & m_{14} \\ m_{21} & m_{22} & m_{23} & m_{24} \\ m_{31} & m_{32} & m_{33} & m_{34} \\ m_{41} & m_{42} & m_{43} & m_{44} \end{bmatrix} \tag{3-25}$$

将式（3-25）代入式（3-24），展开后消掉 Z_{C} 得到：

$$\begin{cases} m_{11}x_{\mathrm{W}} + m_{12}y_{\mathrm{W}} + m_{13}z_{\mathrm{W}} + m_{14} - m_{31}x_{\mathrm{W}}u - m_{32}y_{\mathrm{W}}u - m_{33}z_{\mathrm{W}}u = m_{34}u \\ m_{21}x_{\mathrm{W}} + m_{22}y_{\mathrm{W}} + m_{23}z_{\mathrm{W}} + m_{24} - m_{41}x_{\mathrm{W}}v - m_{42}y_{\mathrm{W}}v - m_{43}z_{\mathrm{W}}v = m_{44}v \end{cases} \tag{3-26}$$

由式（3-26）可知，如果标定物上有 n 个在世界坐标系上已知的特征点，每个特征点都符合式（3-26）的两个方程，即可得到式（3-27）所示的 $2n$ 个方程构成的方程组：

$$\begin{bmatrix} x_{11} & y_{11} & z_{11} & 1 & 0 & 0 & 0 & 0 & -u_1x_{1n} & -u_1x_{1n} & -u_1x_{1n} \\ 0 & 0 & 0 & 0 & x_{11} & y_{11} & z_{11} & 1 & -v_1y_{1n} & -v_1y_{1n} & -v_1y_{1n} \\ \vdots & \vdots & \vdots & \vdots & \vdots & \vdots & \vdots & \vdots & \vdots & \vdots & \vdots \\ x_{\mathrm{W}1} & y_{\mathrm{W}1} & z_{\mathrm{W}1} & 1 & 0 & 0 & 0 & 0 & -u_nx_{\mathrm{W}n} & -u_nx_{\mathrm{W}n} & -u_nx_{\mathrm{W}n} \\ 0 & 0 & 0 & 0 & x_{\mathrm{W}1} & y_{\mathrm{W}1} & z_{\mathrm{W}1} & 1 & -v_nx_{\mathrm{W}n} & -v_nx_{\mathrm{W}n} & -v_nx_{\mathrm{W}n} \end{bmatrix}\begin{bmatrix} m_{11} \\ m_{12} \\ m_{13} \\ m_{14} \\ m_{21} \\ m_{22} \\ m_{23} \\ m_{24} \\ m_{31} \\ m_{32} \\ m_{33} \end{bmatrix} = \begin{bmatrix} u_1m_{34} \\ v_1m_{34} \\ \vdots \\ u_nm_{34} \\ v_nm_{34} \end{bmatrix} \tag{3-27}$$

式中 $(x_{\mathrm{W}i},\ y_{\mathrm{W}i},\ z_{\mathrm{W}i},\ 1)$——标定参照物上第 i 个点的齐次坐标；

(u_i, v_i)——对应的第 i 个图像坐标。

由式（3-27）可见，$\boldsymbol{M}$ 矩阵乘以不为零的常数并不影响两坐标间的关系，因此可令 $m_{34}=1$，从而得到关于 $\boldsymbol{M}$ 矩阵其他元素的 $2n$ 个线性方程，将上述 11 个未知元素记为 11 维向量 $\boldsymbol{m}'$，则将上式简写为：

$$\boldsymbol{A}\boldsymbol{m}'=\boldsymbol{B} \tag{3-28}$$

其中，$\boldsymbol{A}$ 为 $2n\times 11$ 的矩阵；$\boldsymbol{m}'$为未知的 11 维向量，$\boldsymbol{A}$ 与 $\boldsymbol{B}$ 是与特征点空间坐标及其图像点坐标有关的已知常量，当 $2n>11$ 时，用最小二乘法求出上述线性方程的解为：

$$\boldsymbol{m}'=(\boldsymbol{A}^{\mathrm{T}}\boldsymbol{A})^{-1}\boldsymbol{A}^{\mathrm{T}}\boldsymbol{B} \tag{3-29}$$

在实际应用时，一般选取标定块上的数十个特征点进行标定，使方程的个数超过未知数的个数，这样可降低用最小二乘法求解的标定误差。通过上面求出 $\boldsymbol{M}$ 矩阵后，便可以通过分解得到摄像机的内外参数。

3.3.3 Tsai 两步标定法

两步法是由 Tsai 提出的一种介于传统线性法和非线性法之间的灵活标定方法。两步法首先利用最小二乘法解超定线性方程，计算出相机外参，然后将此参数用作非线性优化的初值，对其余的参数进行迭代优化求解。由于该方法计算量较其他方法更合理，标定准确率较高，目前仍被广泛采用。

在 Tsai 的标定方法中，建立图 3-2 所示的摄像机坐标系和世界坐标系，设(x_W, y_W, z_W)为 P 点在世界坐标系下的坐标，(x_C, y_C, z_C)为该点在相机坐标系下的坐标，$P_n(x_n, y_n)$为理想图像点，$P_d(x_d, y_d)$为畸变后的实际图像点。假设摄像机镜头畸变只有径向畸变，无论畸变如何变化，O_1、$P_n(x_n, y_n)$和 $P_d(x_d, y_d)$点始终在一条直线上，且焦距 f 的变化只会影响到 l_1 的长度。图像中心点 O_1 与 $P_n(x_n, y_n)$形成的向量 $\boldsymbol{l}_1$ 始终与向量 $\boldsymbol{l}_2$ 平行，这就是 Tsai 两步法中最重要的径向排列约束。

Tsai 两步法标定过程如下。

(1) 求解旋转矩阵 $\boldsymbol{R}$ 与平移矩阵 t 的 x 轴、y 轴分量。

由径向排列约束可知：

$$\frac{x_C}{y_C}=\frac{x_d}{y_d}=\frac{(u-u_0)d_x}{(v-v_0)d_y}=\frac{r_1x_W+r_2y_W+r_3z_W+t_x}{r_4x_W+r_5y_W+r_6z_W+t_y} \tag{3-30}$$

多数情况下，标定板为平面标定板，因此可采用共面点进行标定，通过对上式进行整理可得：

$$[x_{Wi}y_{di}, y_{Wi}y_{di}, -x_{Wi}x_{di}, -y_{di}x_{di}]\begin{bmatrix} r_1/t_y \\ r_2/t_y \\ r_3/t_y \\ r_4/t_y \\ r_5/t_y \end{bmatrix}=x_{di} \tag{3-31}$$

在相机拍摄所得图像中，提取 N 个特征点的图像坐标，当 $N>5$ 时，可以通过最小二乘法进行求解，得到以下变量：

$$r_1'=r_1/t_y, r_2'=r_2/t_y, r_3'=r_3/t_y, r_4'=r_4/t_y, r_5'=r_5/t_y \tag{3-32}$$

由于旋转矩阵 $\boldsymbol{R}$ 为单位正交矩阵，所以只有三个独立变量，通过其正交性，可以求解出旋转矩阵 $\boldsymbol{R}$ 和平移矩阵 t 的 x 轴、y 轴向量。

(2) 求解焦距 f、畸变系数 k_1、k_2 和平移向量 $\boldsymbol{t}_z$。

对于每个特征点 P_i，存在如下关系：

$$\begin{cases} y_{Ci} = r_4 x_{Wi} + r_5 y_{Wi} + t_y \\ z_{Ci} = r_7 x_{Wi} + r_8 y_{Wi} + t_z \end{cases} \tag{3-33}$$

设 $w_i = r_7 x_{Wi} + r_8 y_{Wi}$，在不考虑透视畸变的情况下，可以让 $k_1 = k_2 = 0$，且 $z_{Ci} = w_i + \boldsymbol{t}_z$，则：

$$[\,y_{Ci} - d(v - v_0)\,]\begin{bmatrix} f \\ \boldsymbol{t}_z \end{bmatrix} = w_i d_y (v - v_0) \tag{3-34}$$

由于式（3-33）及式（3-34）中 y_i 与 $\boldsymbol{t}_y$ 为已知量，因此可以求解出焦距 f 和平移向量 $\boldsymbol{t}_z$，再利用非线性优化算法，即可获得畸变系数 k_1、k_2。

3.3.4 张正友标定法

张正友标定法是由张正友博士提出的一种结合传统标定方法与自标定方法的平面标定方法。其标定方式既避免了传统标定方法对设备成本较高，且过程烦琐的缺点，在相对自标定方法的精度和鲁棒性上有很大提升。

该方法需要相机在不同角度采集多幅标定板图像，并根据平面模板上每个特征点与其图像中像点之间的对应关系（即每幅图像的单一性矩阵）来约束摄像机的内部参数。整个标定过程的基本思想类似于两步法，既需要求解出部分线性参数的初始值，也要考虑径向畸变，通过最大似然准则对计算结果进行非线性优化，并利用单应性矩阵与内参数矩阵求出剩余的外部参数。

由于张氏标定法采用的是平面模板图像作为标定板，所以在不考虑畸变系数的情况下，可将平面模板设立在 $z_W = 0$ 的世界坐标系 x-y 的平面上，这时可将世界坐标与像素坐标的关系改写为：

$$Z_C\begin{bmatrix} u \\ v \\ 1 \end{bmatrix} = \boldsymbol{K}[\,r_1, r_2, r_3, t\,]\begin{bmatrix} x_W \\ y_W \\ 0 \\ 1 \end{bmatrix} = \boldsymbol{K}[\,r_1, r_2, t\,]\begin{bmatrix} x_W \\ y_W \\ 1 \end{bmatrix} \tag{3-35}$$

其中，旋转矩阵 $\boldsymbol{R} = [\,r_1, r_2, r_3\,]$，为方便后续计算，故将 $[\,u \quad v \quad 1\,]^T = \boldsymbol{H}'[\,x_W \quad y_W \quad 1\,]^T$，其中，$\boldsymbol{H}'$ 为一个 3×3 的矩阵，可表示为：

$$\boldsymbol{H}' = [\,h_1 \quad h_2 \quad h_3\,] = \lambda \boldsymbol{K}[\,r_1 \quad r_2 \quad t\,] \tag{3-36}$$

式中 λ——在噪声影响下 $\boldsymbol{H}'$ 和真正单应性矩阵间相差的一个比例因子，当给定模板平面和图像时，即可计算出它们之间的单应性矩阵 $\boldsymbol{H}'$。

由式（3-35）与式（3-36）可以得到 $\boldsymbol{H}'$ 对相机内参数的约束：

$$\begin{cases} h_1^T K^{-T} K^{-1} h_2 = 0 \\ h_1^T K^{-T} K^{-1} h_1 = h_2^T K^{-T} K^{-1} h_2 \end{cases} \tag{3-37}$$

令 $\boldsymbol{B} = \boldsymbol{K}^{-T}\boldsymbol{K}^{-1}$，故 $\boldsymbol{B}$ 为对称矩阵，其定义为 6 维矢量，在令单一性矩阵 $\boldsymbol{H}'$ 的第 i 列为 $\boldsymbol{h}_i = [\,h_{i1} \quad h_{i2} \quad h_{i3}\,]$，则上式可以表示为：

$$\boldsymbol{h}_i^T \boldsymbol{B} \boldsymbol{h}_j = \boldsymbol{v}_{ij}^T b \tag{3-38}$$

其中 $\boldsymbol{v}_{ij}$ 为：

$$\boldsymbol{v}_{ij} = [\,h_{i1}h_{j1}, h_{i1}h_{j2} + h_{i2}h_{j1}, h_{i2}h_{j2}, h_{i3}h_{j1} + h_{i1}h_{j3}, h_{j3}h_{j2} + h_{i2}h_{j3} + h_{i3}h_{j3}\,] \tag{3-39}$$

则矩阵 $\boldsymbol{H}'$ 对相机内参数的约束为：

$$\begin{bmatrix} \boldsymbol{v}_{12}^{\mathrm{T}} \\ (\boldsymbol{v}_{11}-\boldsymbol{v}_{22})^{\mathrm{T}} \end{bmatrix} b=0 \tag{3-40}$$

当模板平面图像数 $n=1$ 时，假设图像平面的中心正好也是光轴的投影点，仅仅可以解出相机在水平和垂直方向上的放大倍数；当 $n=2$ 时，未知数的个数大于方程的个数，这时令 $\boldsymbol{K}$ 中 $s=0$，即可得 $B_{12}=0$，添加了一个新的约束；当 $n\geqslant 3$ 时，b 可以在相差一个尺度因子的情况下唯一确定。但在实际的图像中，由于实际环境中存在图像干扰、像素点离散性及计算精度等问题，所以特征点的定位并不是精确的，而标定矩阵的求解精度也会受到影响，因此，在实际计算时要利用冗余数据对参数进行估算，即需要从不同的角度拍摄3幅以上的图像来求解出 $\boldsymbol{B}$，通过 $\boldsymbol{B}$ 与内参数矩阵 $\boldsymbol{K}$ 的关系，可求解出内参数的最优最小二乘解为：

$$\begin{cases} u_0=\dfrac{sv_0}{a_v}-\dfrac{B_{13}a_u^2}{\lambda_1} \\ v_0=\dfrac{B_{12}B_{13}-B_{11}B_{23}}{B_{11}B_{22}-B_{12}^2} \\ a_u=\sqrt{\dfrac{\lambda_1}{B_{11}}} \\ a_v=\sqrt{\dfrac{\lambda_1 B_{11}}{B_{11}B_{22}-B_{12}^2}} \\ s=-\dfrac{B_{12}a_u^2 a_v}{\lambda_1} \\ \lambda_1=B_{33}-\dfrac{B_{13}^2+v_0 B_{12}B_{13}-B_{11}B_{23}}{B_{11}} \end{cases} \tag{3-41}$$

最后，根据内参数矩阵 $\boldsymbol{K}$ 和 $\boldsymbol{H}'$ 的求解结果，计算出每幅图像的外参数：

$$\begin{cases} r_1=\lambda \boldsymbol{K}^{-1}\boldsymbol{h}_1 \\ r_2=\lambda \boldsymbol{K}^{-1}\boldsymbol{h}_2 \\ r_3=r_1\times r_2 \\ t=\lambda \boldsymbol{K}^{-1}\boldsymbol{h}_3 \\ \lambda=\dfrac{1}{\|\boldsymbol{K}^{-1}\boldsymbol{h}_1\|}=\dfrac{1}{\|\boldsymbol{K}^{-1}\boldsymbol{h}_2\|} \end{cases} \tag{3-42}$$

3.4 双目立体匹配

完整的双目视觉测量系统实现三维重建需要经历：图像预处理、标定相机操作、立体校正、立体匹配及点云重建等环节。图像预处理要对采集到的图像进行增强和滤波，凸显图像特征信息的同时滤除干扰噪声。相机标定是为了实现物体实际坐标到像素坐标系的几何关系转化，计算得到相机的内外参数。立体校正根据极线约束准则实现匹配点像素的行对齐，缩短搜索匹配点运算效率。立体匹配通过计算左右两幅图像素点的最小代价值找出对应匹配点，得到最终视差图。点云的重建过程是对基于视差理论的深度信息捕获，再获取物体的三维空间坐标点，对数据点云滤波进行场景重建。其中，立体匹配是双目视觉测量的核心，其过程中生成的视差图包含了像素点的深度信息，视差图的好坏决定着三维测量的精确度。对于立体匹配算法的改进也是人们一直研究讨论的难点和热点。

Scharstein 和 Szeliski 对双目视觉立体匹配算法展开研究，并对此前的研究经验进行总结，把立体匹配的过程划分为：匹配代价计算、代价聚合、视差计算及优化四步骤，并开创了开源的数据集网站，提供大量的图像资源和相关的测试软件，专门用于立体匹配训练和评估测试。

（1）匹配代价计算。匹配代价代表的是匹配对两者像素间的近似程度关系，通过定义某一参考信息作为相似度量函数，将匹配点视为待匹配图像视差搜索范围内与原图图像上指定像素点最为相似的像素，该像素可以使得相似度量函数具有最小值。匹配像素点间的近似程度与匹配所需代价值成反比，即两点间的相似性越高，所耗费的代价值就越小。依据像素灰度信息的灰度平方差（SAD）、对光照抗干扰强的非参数 Census 变换以及梯度结构信息等，都经常被用作相似度量函数。

（2）代价聚合。匹配代价聚合在局部、半全局立体匹配算法中是最为关键的一步，它直接影响着初始视差的准确性。单点像素的初始匹配代价值，由于容易受到噪声、光照等因素的干扰，仅采用上一步匹配代价值的结果作为最终判断匹配对的标准，容易发生误匹配现象。代价聚合通常采用窗口聚合的方式，将当前像素初始匹配代价值与邻域内像素点的匹配代价值求和或取平均作为该点的最终代价，用于最终挑选匹配点的判定，弥补了仅采用初始匹配代价值的匹配不稳定性。此外，聚合窗的大小形状和邻域窗内支持权值的选取，对立体匹配算法精度提升尤为重要。

（3）视差计算。视差计算就是求取参考图像每点像素视差的过程，基于区域邻域窗口的立体匹配算法通常使用胜者为王策略，将视差范围内聚合后累计代价最优的点所对应的视差，作为该点的初始视差值。双目视觉测量系统根据视差值来计算当前像素点在现实世界的深度是立体匹配的最终目的。

（4）视差精细。由于初始视差计算在一些遮挡区域和边缘断层区域会存在错误匹配及视差图不连续的现象，而且初始视差受计算方法的限制常以离散的整数值形式出现，不适用于部分亚像素高精度场合，通常需要再做一个视差优化的步骤用来剔除错误的视差，并对视差图进行填充，获得更精确的计算结果。常用的视差精细主要包括以下过程：左右一致性检测、迭代局部区域投票、亚像素视差填充、非连续区域调整等。

3.4.1 多特征融合的代价计算

立体匹配算法中的代价计算以相似度量函数为参考，通过寻求左右图像视差搜索范围内相似度最高的像素点，作为原始参考像素与之对应的匹配点。对应的匹配像素点之间通常具有相似的纹理结构、相近的颜色及灰度值等，基于该原理有学者提出了亮度/色彩一致性假设。立体匹配算法流程，如图 3-12 所示。

在纹理结构较为丰富的区域，使用基于灰度值和图像几何信息的代价计算方法，可以有效提高匹配精度，但灰度值等易受光照变化的影响；非参数变换和梯度等信息能有效地抵抗光照幅度失真的影响，但在重复纹理结构特征明显的区域易发生误匹配。综合考虑如

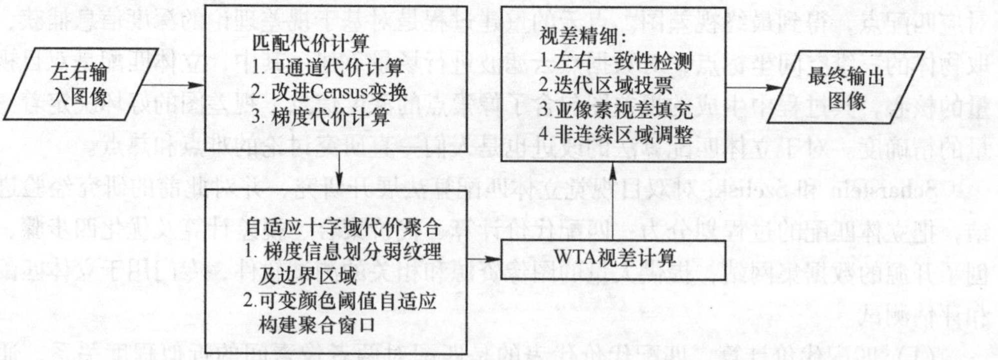

图 3-12 立体匹配算法流程图

颜色、非参数变换、梯度等，将两种或多种代价计算方法按照一定比例融合起来作为最终的代价计算方法，可以进一步精确描述像素点所包含的信息，取得更好的匹配效果。

3.4.2 基于 HSV 颜色空间的图像匹配代价计算

目前，代价计算所依据的相似度量函数通常只利用了图像像素的灰度信息，一般参考灰度值作为相似测度，在颜色相近的邻域窗口内容易发生像素匹配的歧义性，且对于两幅图像光照变化不均匀时，容易产生错误匹配。例如，使用灰度差作为相似度量函数时，右视图有 a、b 两点像素灰度值恰好相同，但这两个像素 RGB 各通道其实并不相同，换算成的亮度值也不同，用其左视图进行代价计算时可能存在与 a、b 两点同时正确匹配的情况，此时，如果考虑到图像像素的颜色信息，比如将亮度、饱和度等也作为参照，即可有效降低匹配的歧义性。

常见的颜色空间有：RGB 颜色空间、HSV 颜色空间、YUV 颜色空间等。RGB 颜色空间，即使用红（Red）、绿（Green）、蓝（Blue）三种基本颜色通过不同比例的随机叠加，混合调出其他颜色，是涵盖最多颜色种类的模型。RGB 的三个通道分量都在 0 ~ 255 的灰度值空间，每个像素的灰度值都是这三个颜色不同比例的线性组合，我们通常所说的灰度值就是指这些颜色的亮度值，显示器模型使用的就是 RGB 空间模型。但是由于人类视觉感官系统对这三个颜色分量的敏感刺激程度不尽相同，导致该颜色空间的均匀性较差，对于不同色彩的描述难以用定量精确的数值表示和分析。HSV 颜色空间借助三维圆锥模型对色调、饱和度和亮度进行描述，可由 RGB 分量通过计算转换得到。色调（H）以 0 ~ 360°的数值表示物体传导或反射的波长，饱和度（S）以 0 ~ 1 代表色彩的强度与纯度，亮度（V）是以 0 ~ 1 表示颜色的相对明暗度。HSV 颜色模型三个分量之间互不依赖相互独立，所以便于分开处理，更适用于人的视觉系统，在计算机视觉中常用于图像颜色的处理与识别。YUV 颜色空间包括亮度信号 Y、两个色差信号 U 和 V，根据人体视觉对亮度信息敏锐但对色度信号相对不敏感的特性，其可利用 RGB 颜色空间转换得到，常用在现代电视中，以损耗信号质量为代价，加速信号传输的速度。YUV 颜色模型常用作彩色视频信号的输出优化，使得黑白电视也能接收到彩色信号。

引入了适合进行图像识别处理的 HSV 颜色空间，从饱和度、色调和亮度的角度分析图像，将该颜色空间与 RGB 颜色空间各分量进行对比，用以充分验证各分量在不同光照曝光条件下的抗干扰性。HSV 颜色空间 H 分量能够有效区分前、后景信息，对色彩的变化比较敏感；S 分量更加强调图像细节，表现为像素的饱和度；V 分量则代表了像素的亮度信息。在 Middlebury 开源网站数据集中选用实验所用图像，以名为 Plastic 的图像为例，对比以下三种情况：照明条件相同但曝光时长不等、照明条件不同但曝光时长相等，以及照明条件和曝光时长均不相同。

在不同的光照环境和曝光条件下，对同一图像选取多个测量点进行数据的对比，发现 R、G、B 分量随着光照和曝光条件的不同，其各分量数值变化幅度较大，且呈现出类似的变化趋势。由于该方法的取值与目标自身的光照强度相关，依据 RGB 颜色空间获得的灰度值也会有一定的变化。因此，RGB 颜色空间对于光照曝光不同时，数值会产生很大的差别，不能准确地描述出像素点的信息。而在 HSV 颜色空间中，三个分量彼此之间互不干扰、相互独立，其中 S、V 通道也易受到光照的影响。对比不同光照曝光条件下各个颜色通道数值变化的标准差，发现 H 通道的数值波动最稳定，计算得到的标准差也最小。在此基础上，将匹配成本定义为参考像素与待匹配像素之间 H 通道的绝对差值，不仅可以反映出图像的色度特征，而且还能够有效地改善图像的亮度畸变，提高在光照失真条件下的匹配精度。

3.5 光度立体测量原理

光度立体法是一种属于被动式的单目测量方法，其测量过程不需要主动投射激光或结构光等光源，使用普通照明光源即可。光度立体技术是由明暗法测量形状的概念改进而来，并在明暗法测量形状的基础上进行完善，利用多组图像相结合的方式解决其信息欠缺的问题，从而得到图像的曲面梯度和法向信息。经典光度立体法原理图如图 3-13 所示。

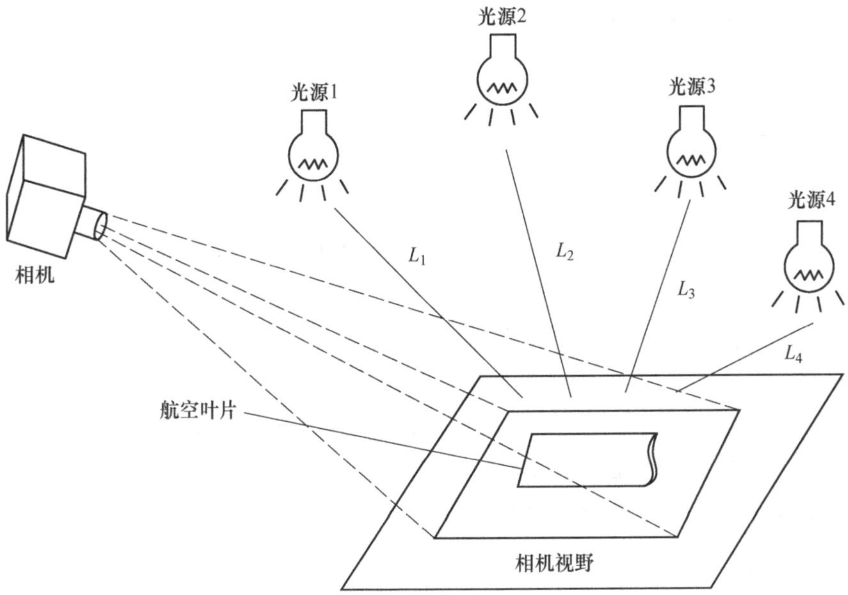

图 3-13 经典光度立体法原理图

对于光度立体法来说，景物亮度和辐射度有关，图像亮度和辐照度有关。辐射度是用来衡量光源发出的能量，经过传播过程的损耗，当能量到达物体表面的时候会变小。辐照度在光学领域中也称为光强，辐照度是衡量物体接收能量的多少，图像的亮度对应于图像的灰度值。当光照射在物体上时，不同物体的反射特性不同，反射和吸收光的比例也有所差异。为了方便计算，人们引入反射率，表示反射光和入射光的比值。如果具体到每一个像素，那么像素都有对应的反射率；拓展到二维图像，那么每一个像素的反射率构成一幅图像，称为反射图。各种外界因素影响图像亮度的关系是：

$$E = L_d \frac{\pi}{4}\left(\frac{d}{f}\right)^2 \cos^4\alpha \tag{3-43}$$

式中 α——光线与光学轴的夹角；

d——摄像机镜头的直径；

E——相机感光元件面元照度（代表图像亮度）；

L_d——景物亮度；

f——焦距。

摄像机运动所产生的照度变化体现在夹角 α 上。由于 α 比较小，式（3-43）可以近似为：

$$E = L_d \frac{\pi}{4}\left(\frac{d}{f}\right)^2 \tag{3-44}$$

由式（3-44）可以看出，图像亮度和景物亮度（景物表面的辐射度）成正比，这个公式表示的是物体表面辐射度和相机辐照度的关系。当物体表面发生散射时，辐射度 L_d 和辐照度 L_i 之间关系如下：

$$L_d = L_i r_d \tag{3-45}$$

式中 r_d——反射系数，范围小于1，和物体材料有关。

根据点光源发光模型，点光源辐射度和物体表面辐照度的模型为：

$$L_i = \frac{I\cos\theta}{r^2} \tag{3-46}$$

式中，I 为光源强度，r 为光源到物体表面的距离。将上述公式联合，整理后可得出图像的亮度计算公式：

$$E = Ir_d \frac{\pi}{4}\left(\frac{d}{fr}\right)^2 \cos\theta \tag{3-47}$$

令 $\rho = Ir_d \frac{\pi}{4}\left(\frac{d}{fr}\right)^2$，可以将式（3-47）简化为：

$$E = \rho\cos\theta \tag{3-48}$$

其中，E 为物体成像在图像平面某一点的亮度值，即图像的灰度值。在相机光圈、镜头焦距、点光源强度、物体距光源距离等参数固定的情况下，ρ 取决于反射系数 r_d，所以 ρ 仅与材料性质有关，称之为反射率。在光度立体视觉中，一般以上式为准进行灰度值计算。

3.5.1 明暗恢复法

Horn 引入反射图的概念，最先提出明暗恢复法，建立物体表面与方向和图像亮度的关系。为了简化模型，阴影法基于一定的假设前提条件：

（1）无限远处点光源，即假设入射光线为平行光。

（2）反射模型为朗伯体表面反射模型，即物体表面是漫反射。

（3）成像几何关系为正交投影。

假设物体表面方程为：

$$z=f(x,y) \tag{3-49}$$

可以计算出平面上点的法向量为：

$$\left[\frac{\partial f(x,y)}{\partial x},\frac{\partial f(x,y)}{\partial y},-1\right] \tag{3-50}$$

用 p、q 表示梯度的两个分量，则可以将式（3-50）改写为：

$$\begin{cases} p=\dfrac{\partial f(x,y)}{\partial x} \\ q=\dfrac{\partial f(x,y)}{\partial y} \end{cases} \tag{3-51}$$

根据式（3-48）可以得到：

$$E(x,y)=\rho\cos\theta=\rho\frac{\boldsymbol{S}\cdot\boldsymbol{n}}{|S|\cdot|n|} \tag{3-52}$$

用 $S(p_0,q_0,1)$ 表示光源方向，可以得到：

$$E(x,y)=R(p,q)=\rho\cos\theta=\rho\frac{p_0p+q_0q+1}{\sqrt{p_0^2+q_0^2+1}\ \sqrt{p^2+q^2+1}} \tag{3-53}$$

$R(p,q)$ 为反射函数在朗伯体模型下为图像的亮度（或者灰度值），一般情况单纯 SFS（Shape from shading）问题是求解不定方程，没有唯一解。一个方程有 p、q 两个未知数，需要引入其他约束条件，比如物体表面连续性假设，或者再增加一些物体表面形状的边界条件，可以建立相应的正则化模型，重建表面信息。明暗法的优势是从一张图像就可以重建三维模型，可以应用于镜子以外的所有物体，缺点是运用纯数学运算以及模型假设，实际上现实物体并不是那么光滑也不是那么符合朗伯体模型，所以重建效果较差，并且需要精确得知光源位置和方向等信息。

光度立体是由 SFS 继承发展而来，同时可将光源视为无限远的点光源，通过增加光源数量，增加图像数量而增加约束条件。SFS 是以一张图像的阴暗信息来进行表面信息恢复，光度立体是利用至少三幅图像的阴影信息进行表面重建，精度比阴暗法更高。

3.5.2 基于朗伯体的光度立体三维重建

假设图像亮度为 I，物体表面法向量为 $\boldsymbol{n}$，表面反射率（漫反射系数）为 ρ，$\boldsymbol{S}$ 为光源的法向方向，其中光源方向的描述可以直接用法向量来表示，也可以用表面倾角 α 和偏角 β 来表示。对于世界坐标系，某个光源的方向角度计算公式为：

$$\boldsymbol{S}=(S_x,S_y,S_z)=(\sin\alpha\cos\beta,\sin\alpha\sin\beta,\cos\alpha) \tag{3-54}$$

三个光源角度则构成光源向量为 3×3 的可逆矩阵。

反射率 ρ 是一个常数，因此把 ρn 看成一个整体 N，朗伯体反射模型可以改写为：

$$\rho n=N=\boldsymbol{I}\cdot\boldsymbol{S}^{-1} \tag{3-55}$$

由于 $\boldsymbol{n}$ 是单位向量，故其范数为 1，所以可得：

$$\boldsymbol{n}=\frac{N}{\rho} \tag{3-56}$$

可以恢复物体表面法向量，得到法向量彩色图，其 RGB 通道分别对应法向量的 x，y，z 分量。

以四个光源方向为例，此时的光源方向矩阵为 4×3 的非满秩矩阵，不能对其进行求逆，此时无法直接使用朗伯体反射模型来计算表面法向量。将变形后的朗伯体反射模型两边同时乘以光源方向的转置，并将其当作整体进行求逆操作，就可以求得反射率与法向量：

$$\begin{cases}\rho=|\rho\boldsymbol{n}|=\dfrac{N}{|N|}\\ \boldsymbol{n}=\dfrac{N}{\rho}\end{cases} \tag{3-57}$$

物体表面信息可以数学建模为二元函数，对于二元函数 $z=f(x,y)$，法向量的分量分别为 $z=f(x,y)$ 对 x，y，z 的偏导，其中 $[\partial f(x,y)\partial x,\partial f(x,y)\partial y]$ 为函数 z 的梯度，用 (p,q) 表示物体表面梯度，法向量可表示为 $(p,q,-1)$，光度立体法所求得的法向量为 $\boldsymbol{n}(n_x,n_y,n_z)$，则有：

$$\begin{cases}p=\dfrac{\partial f(x,y)}{\partial x}=-\dfrac{n_x}{n_z}\\ q=\dfrac{\partial f(x,y)}{\partial y}=-\dfrac{n_y}{n_z}\end{cases} \tag{3-58}$$

根据上式求得物体表面的一个二维向量梯度，采用矩阵的形式保存梯度数据的分量，每一个点的梯度数据分为两个灰度图储存，完成物体表面法向量的恢复，得到法向量彩色图。

3.6　光源方向确定与标定方法

无论是阴影法还是光度立体法，都需要已知准确的光源方向。光源的标定是指放置标定物等辅助物体估计光源的方向和强度等信息，光源信息的准确性与重建的效果密切相关。光度立体的前提是假设入射光为平行光，但现实中往往难以制造大面积平行光，所以通常的做法是将点光源与物体的距离十倍于物体最大宽度时所发出的光近似看成平行光。

光源分为近场光源和无穷点光源两类，无穷点光源照射在物体表面可以近似为平行光。近场光源由于光源过近，难以将光线看成平行光，如果依旧按照平行光处理，会导致重建效果不准确。近场光源可以分为近点光源与扩展光源，其中扩展光源又可分为面光源与线光源，其分类如图 3-14 所示。

传统的标定中一般利用高光黑球来做标定物，通过点光源在黑球反射的高光信息与黑球的几何关系，求解光源方向。

采用一个黑色高光的球进行标定，首先把黑球放在视场适合的位置，保证图像清晰，在光源点亮的时候高光黑球有一个反射强烈的高光点，通过图像处理算法，可以求出高光区域的形状和位置中心点，同时也可以求出圆球的形状和中心点位置。反射光向量是摄像

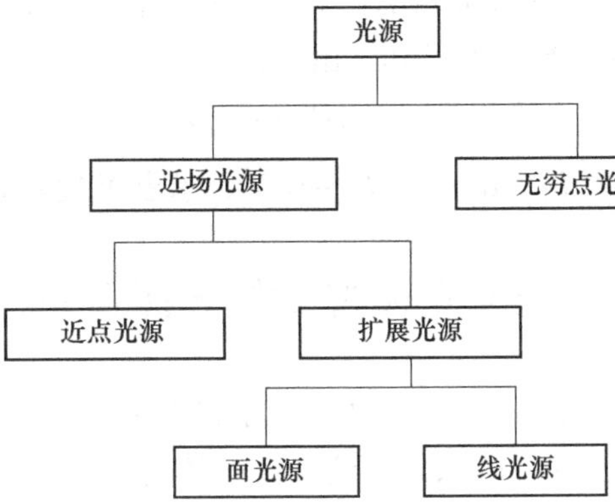

图 3-14 光源分类图

机视角的观察，其单位坐标为［0，0，1］。此处光源向量、法向量和反射光向量都是单位向量（归一化），由于入射角和反射角对称，可以通过延长法向量构成一个平行四边形，通过向量减法求得光源向量。

首先，将反射光向量投影到法向量上：

$$\boldsymbol{V} \cdot \boldsymbol{N} = |\boldsymbol{N}||\boldsymbol{V}|\cos\theta = \cos\theta \tag{3-59}$$

将法向量延长成投影的两倍后，可以构成平行四边形运算形式，光源向量就是新法向量和反射光向量的向量差：

$$\boldsymbol{L} = 2(\boldsymbol{V} \cdot \boldsymbol{N})\boldsymbol{N} - \boldsymbol{V} \tag{3-60}$$

所以光源方向是关于法向量 $\boldsymbol{N}$ 的函数，只要求得高光点的法向量就可以求得光源方向。

光源方向求解示意图如图 3-15 所示。

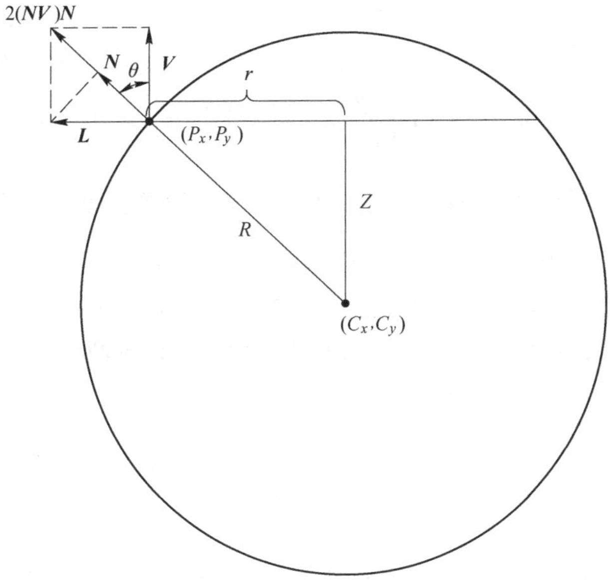

图 3-15 光源方向求解示意图

通过图像处理算法，可以求出高光点的中心点图像坐标（P_x，P_y），同时也可以求出圆球和中心点（C_x，C_y），球的半径 R 已知。由几何关系可得，法向量 $\boldsymbol{N}$ 为：

$$\boldsymbol{N}=(P_x-C_x,P_y-C_y,Z) \tag{3-61}$$

式中，$Z=\sqrt{R^2-r^2}$，而 $R=\sqrt{(P_x-C_x)^2+(P_y-C_y)^2}$，求出 $\boldsymbol{N}$ 代入上式可以求出光源方向。

3.7 光度立体视觉的表面重建

光度立体的重建方法主要分为路径积分法、最小二乘法、泊松方程法。

（1）路径积分法是对梯度进行偏积分得到三维物体的高度。二维积分可以有多条积分路径，但在有噪声条件下是不可积的，在旋度等于零的条件下或者物体表面光滑连续的理想条件下可积，且根据格林公式可知积分结果和路径无关。但是由于噪声的因素干扰，导致图像的“物体表面”不符合连续可积条件，使得计算出来的梯度数据和真实梯度值有一定的误差，使得选择不同路径积分出来的高度值会不一样，为了减少噪声带来的高度值的差异，需要对噪声进行降噪处理，降低噪声对积分结果的不良影响。同时，路径积分法通常会选择多条积分路径进行积分，然后取算术平均值或者加权平均值作为最后的积分结果。这样任意一点的高度值可以通过以下公式求得：

$$z(x,y) = \sum_{i=1}^{n} W_i \cdot \int_{L_i}^{i} p\mathrm{d}x + q\mathrm{d}y \tag{3-62}$$

其中，W_i 是权重因子，所有权重之和为 1，$\sum_{i=1}^{n} W_i = 1$，L_i 是表示从边界（0，0）到点（x，y）的第 i 条路径。

路径积分法具有容易实现、重建速度快的优点。但这种方法在计算过程中会有累积误差并存在噪声，其对整体重建效果的影响较大。

（2）最小二乘法是用来得到物体表面深度 Z 的常用方法，根据最小二乘法思想，需要找到一个潜在的曲面 $Z(x, y)$ 使得误差函数取得最小值，误差函数可以表示为：

$$D(p,q,z) = \int\left[\left(\frac{\partial Z}{\partial x}-p\right)^2 - \left(\frac{\partial Z}{\partial y}-q\right)^2\right]\mathrm{d}x\mathrm{d}y \tag{3-63}$$

式中 $\frac{\partial Z}{\partial x}$，$\frac{\partial Z}{\partial y}$——物体表面函数对 x，y 的偏导，表示物体表面潜在函数的真实梯度。

p 由法向量恢复表面形状方法计算得出，某一个点（x，y）的法向量和该点的切面垂直的性质，所以该点的法向量也会和该点 x 方向、y 方向的切向量垂直，其向量点乘之积为零。z 和 q 是通过光度立体法计算出梯度数据。由此可以推断出每一个像素在 x 与 y 方向上的切向量：

$$\begin{bmatrix} -1 & 1 & 0 \\ -1 & 0 & 1 \end{bmatrix}\begin{bmatrix} Z_{i,j} \\ Z_{i+1,j} \\ Z_{i,j+1} \end{bmatrix} = \begin{bmatrix} p_{i,j} \\ q_{i,j} \end{bmatrix} \tag{3-64}$$

将此方程组推广到整个图像，每个像素，可以得到方程个数为图像像素个数两倍的方程组，写成关于 $\boldsymbol{Z}$ 的线性方程组的形式为：

$$\boldsymbol{DZ} = \boldsymbol{v} \tag{3-65}$$

式中 $\boldsymbol{Z}$——表示含有图像所有元素的（$\boldsymbol{MN}$）×1 大小的列向量；

$\boldsymbol{v}$——梯度数据 p 和 q 的一组向量；

$\boldsymbol{D}$——差分矩阵，每一行都会有 -1 和 1 的元素，其他为零。

可以看出，$\boldsymbol{D}$ 矩阵的规模很大，同时也是一个稀疏矩阵，因此可以采用稀疏矩阵的方法进行计算，最后利用线性方程组的方式求解：

$$\boldsymbol{Z} = (\boldsymbol{D}^{\mathrm{T}}\boldsymbol{D})^{-1}\boldsymbol{D}^{\mathrm{T}}\boldsymbol{v} \tag{3-66}$$

采用稀疏矩阵除了可以减少计算量以外，在实际离散计算的时候，还可以采用非显式的存储矩阵的预处理共轭梯度法进行求解。

最小二乘法的重建效果具有较好的整体优化效果，重建平面较为平整。但在重建过程中存在丢失局部信息的情况，且在处理数据量较大的情况下，其计算矩阵较大，也限制此种重建方法的应用。

（3）泊松方程法将最小值目标函数看成一个泛函数，通过欧拉-拉格朗日方程的化简，将目标函数的极小值问题进行转化，转化为泊松方程问题。求解泊松方程可以采用最小二乘法，或者使用变分法进行迭代计算。

此种迭代方法局部信息较好，整体形变较大。金字塔法对其进行网络改进，也可以通过常用偏微分方程数值解法进行求解。采用傅里叶基函数方法的思路是将 p 和 q 通过傅里叶变换到频域，在频域进行积分得到频域积分结果，再将频域积分结果利用傅里叶逆变换得到带有图像空域信息的深度值。

$$Z(x,y) = F^{-1}\left(\frac{-i}{2\pi} \cdot \frac{\frac{u}{x}F(p) + \frac{v}{y}F(q)}{\left(\frac{u}{x}\right)^2 + \left(\frac{v}{y}\right)^2}\right) \tag{3-67}$$

式中 u，v——频率系数；

F——快速傅里叶变换运算，F^{-1}是快速傅里叶逆变换运算。

泊松方程重建法既可以基于傅里叶基函数进行重建，也可以扩展到正弦和余弦函数，但是在重建过程中需要根据不同的边界条件来确定使用基函数投影。

3.8 双目测量应用实例

3.8.1 双目视觉标定实验

通过前面介绍可知，双目视觉目前多应用于宏观物体尺寸测量，而不常用于精密加工测量场景，所以本节针对室内场景的红外双目相机测量过程，作为应用案例进行介绍，首先进行红外双目相机标定实验，相关具体流程，如图 3-16 所示。

之后采用基于 Ubuntu18.04 操作系统、ROS 系统搭建一种相机标定虚拟环境模型，对双目相机进行标定试验，其测试效果如图 3-17 所示。

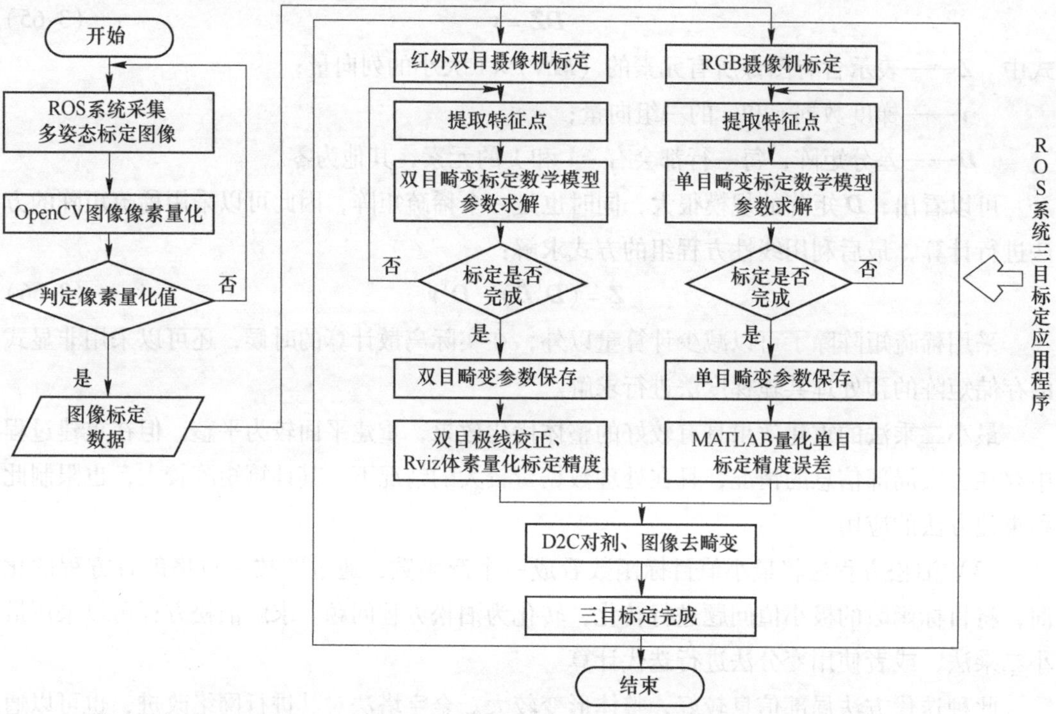

图 3-16　红外双目相机标定流程图

图 3-17　机器视觉相机标定模型测试效果

扫一扫
查看彩图

通过双目相机标定试验可以得出相应的相机内外参数，红外相机径向、切向畸变系数矩阵为：

$$[k_1 \quad k_2 \quad k_3 \quad p_1 \quad p_2] = [-0.017767 \quad 0.048116 \quad -0.017256 \quad -0.000574 \quad 0.001023]$$

左右红外相机的旋转矩阵为：

$$\boldsymbol{R} = \begin{bmatrix} 0.999803 & 0.00213702 & -0.0183 \\ -0.00208708 & 0.999994 & 0.00274761 \\ 0.0183058 & -0.00270895 & 0.999829 \end{bmatrix}$$

左右红外相机平移向量为：

$$t=[\ -30.0235\quad -0.143529\quad -1.189325\ ]$$

3.8.2 双目视觉三维点云重建实验

3.8.2.1 双目相机三维点云特征提取及匹配

在完成相机标定后，实验环境排除人为因素和环境因素的干扰，使用已经标定完成的红外双目相机进行感知实验验证。红外投影仪照射散斑到空间物体表面，左右红外相机感知物体表面，并反射红外点云图像，借助改进型 Sift 算子提取各相机图像的特征点效果，如图 3-18 所示。

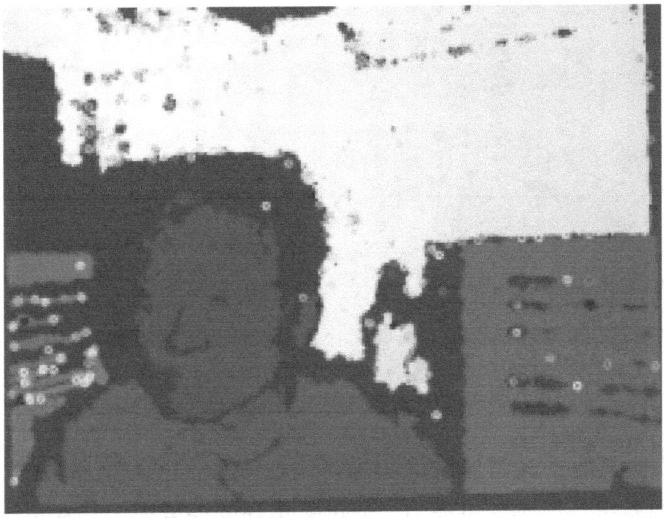

(a)

(b)

图 3-18 Sift 算子提取深度图像特征点

(a) 提取左相机深度图像特征点；(b) 提取右相机深度图像特征点

扫一扫
查看彩图

本节实验以教研室为实验环境，利用标定完成的红外双目相机进行环境感知实验。首先，使用红外投影仪向室内环境中投射散斑，通过红外双目摄像机感知深度图像建立 2D 映射模型。使用 Sift 算子提取出左右深度图像的特征点对，使用 D2C 立体匹配算法进行匹配。实验以教研室日常室内环境为研究对象，在 0.3 ~ 3m 范围内，利用 ROS 系统中 Rviz 三维可视化平台，显示红外双目相机环境感知信息，使用精度为 $0.01m^3$ 体素法对红外双目相机由深度图像向三维点云信息进行显示，实现实验验证。使用双目机器视觉相机感知到的室内环境立体匹配效果，如图 3-19 所示。

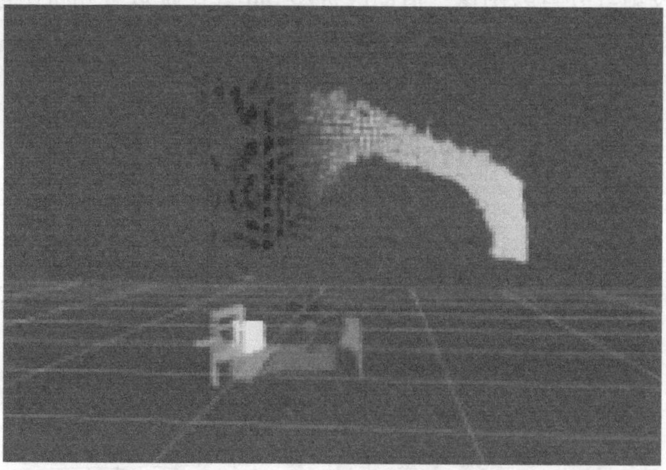

图 3-19　深度转换三维点云效果图

扫一扫
查看彩图

3.8.2.2　双目深度点云图像滤波去噪

目前，在室内救援环境感知过程中，通过采集到的深度图像是利用计算法线方法，恢复空间点位置，完成深度图像向点云图像的转换。根据两个邻域的 3D 坐标与当前坐标的位移矢量叉乘，计算出深度图的法线，再通过检索邻域 3D 点计算出点云的位置。

由图 3-20 可以看出，基于智能救援车辆搭建的室内环境感知系统采集到的原始深度点云图像，存在一部分噪声点干扰。基于深度相机成像原理分析，使用 MATLAB 中背景图像处理算法，设置 150mm 的截断阈值，先对深度图像中存在的噪声点、离散深度点云、孔洞等干扰进行滤除，去除室内环境图像中的部分无用信息，降低立体匹配误差，同时凸显出室内目标的相关具体特征信息。

由图 3-21 可以看出，利用截断背景阈值的方法，滤除了深度点云图像中存在的噪声点信息。通过与图 3-20 对比可知，深度图像中的人员脸部、身上服饰纹理、条纹、墙角的细节信息显示清晰。

3.8.2.3　ICP 点云匹配及重构实验

利用 MATLAB 2020b 配置点云 ICP 匹配预处理算法，借助奥比中光官方提供的深度图像完成相关实验。对输入的深度图像进行 D2C 像素坐标系变换，完成原始深度图像向点云图像的映射，获取三维点云信息，如图 3-22 所示。

从图 3-22 中可以看出，获取到的原始点云存在杂乱无序的背景信息、噪声点，且雕

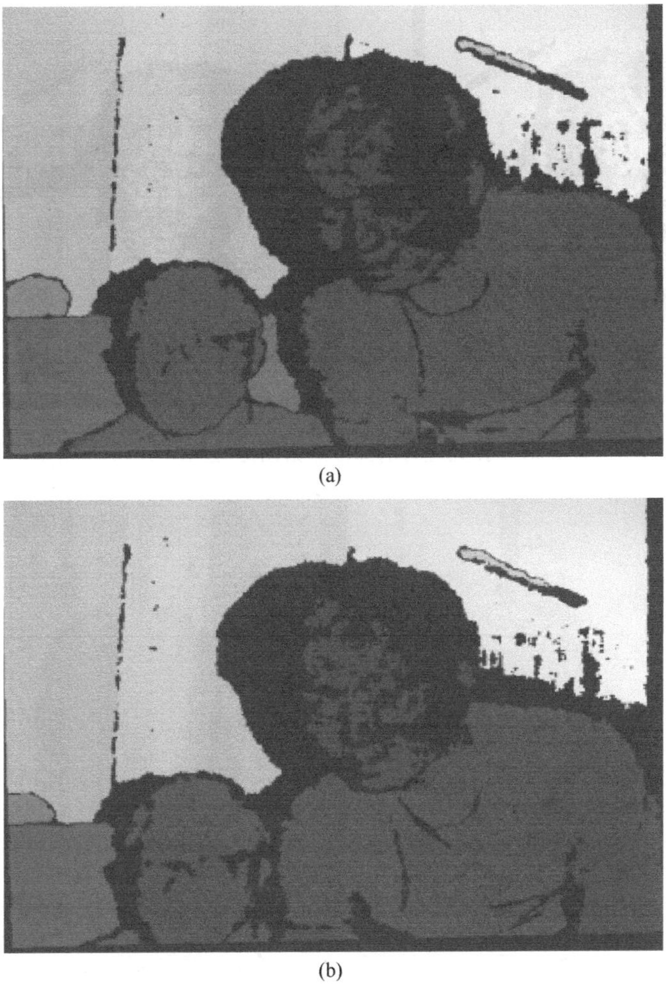

图 3-20 未处理的原始深度点云图像
（a）左相机测量点云图像；（b）右相机测量点云图像

扫一扫
查看原图

塑面部信息丢失严重。为了提高点云图像的匹配精度，提出运用截断阈值的方法，去除深度点云图像的背景信息，解决点云匹配的相互干扰问题。

从图 3-23 中可以看出，经过处理后的深度点云图像相关特征点具有明显显示效果，滤除了背景信息中杂乱无章的无用点云信息。

从图 3-24 中可以看出，源点云 v1 集与目标点云 v2 集之间的点云，实现了特征点对之间映射关系，完成了左右相机之间的局部匹配。

3.8.2.4 室内环境目标识别及预测

基于日常实验室环境，使用红外双目 3D 深度相机感知实验室周围环境，利用 ROS 系统中 Rviz 三维可视化工具，可以订阅不同设备发送的话题、参数信息，可以无须相关代码编程，将机器视觉传感器采集到的障碍物的点云距离信息、点云数据进行可视化显示，并完成三维点云图像、人物模型、物体等信息的可视化渲染，帮助开发者完成点云数据的直观理解，如图 3-25 所示。

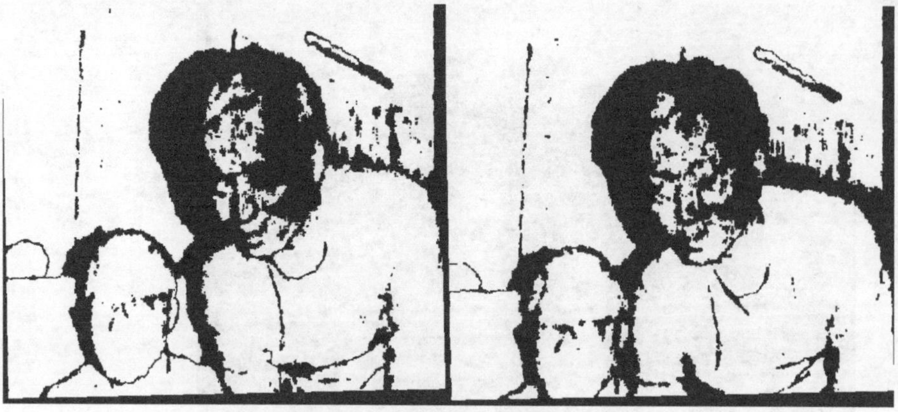

图 3-21 预处理后的深度点云图像

扫一扫
查看原图

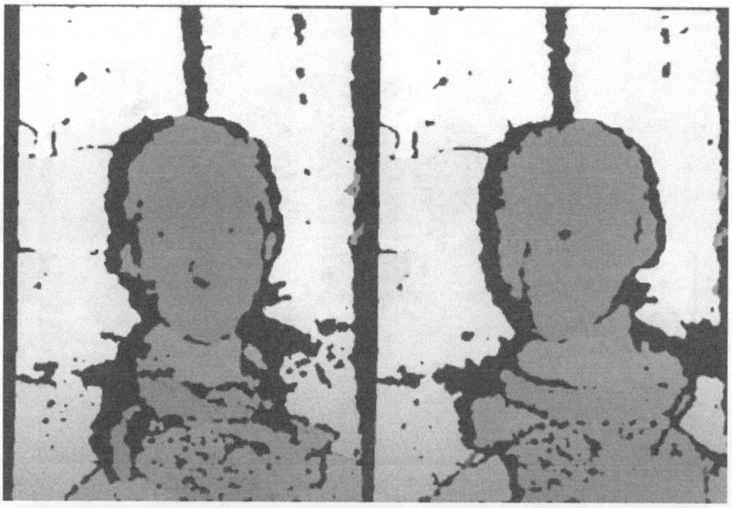

图 3-22 原始深度点云图像

扫一扫
查看原图

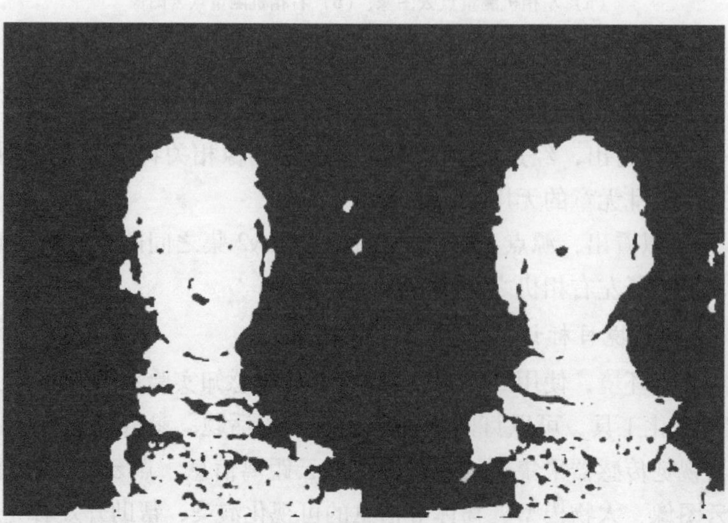

图 3-23 滤除背景深度点云图像

扫一扫
查看原图

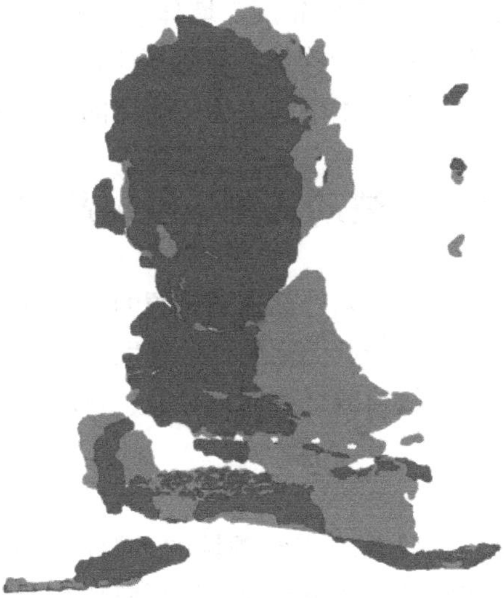

图 3-24　原始 ICP 点云匹配效果图

扫一扫
查看彩图

(a)

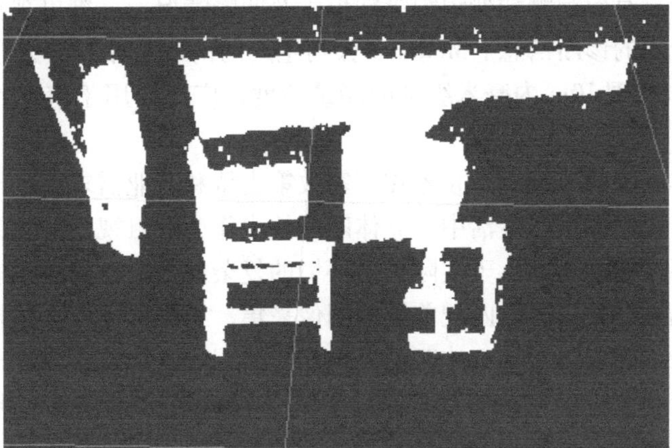

(b)

图 3-25　室内环境点云数据效果图
(a) 人员和墙体点云图像；(b) 日常家具点云图像

扫一扫
查看原图

从图3-25中可以看出，人员的具体轮廓、墙体、日常家具等信息都被识别出，并与周围物体进行了分割。针对不同距离的物体，实现了1m、1.5m、2m、3m、5m不同距离条件下的点云三维可视化显示，实现了不同人员、物体的可视化显示。

3.9 被动式测量发展趋势

被动式视觉测量技术作为一种无须外部辅助光源的三维测量技术，近年来得到了大力的发展，与主动测量方式相比，由于其无须额外的辅助光源，且具有测量设备简单，测量效率高等优点，因此在工业非接触检测、机器人导航、自动驾驶等方面应用十分广泛。

3.9.1 双目视觉发展趋势

双目立体视觉测量法是当前计算机视觉领域的重要研究方向，它在工业非接触式检测、机器人导航、无人机、航空航天和虚拟现实等领域都有广泛的应用，而基于双目立体视觉的三维重建相较于传统的三维重建具有获取数据容易、设备简单、适用性强以及场景应用范围广等优点。因此，基于双目立体视觉的三维重建技术在许多领域都迅速发展起来。例如，当自然灾害发生时，救援人员可以调看城镇的三维结构实体图，从而做出合理的部署进行防灾以及救援工作；考古学家可以对发掘的古城进行建模，并将其中的古文物拍摄，建立三维模型，保存文物的细节纹理，对文物保护具有重要作用；在自动驾驶领域当中，双目视觉测量法可以对汽车行驶过程中车道线与障碍物进行检测，完成车辆的自动驾驶；在机械零件加工测量领域，通过完成快速的在机三维形貌测量，实现加工检测一体化。

Ishikawa等人将双目视觉应用于智能车辆的导航，提出白色线路引导识别算法，搭建自主车载导航系统，进行障碍物的检测与识别，重建三维场景完成车辆的路径规划。Goldberg等人在NASA的火星探索漫游者上装载自动导航驾驶的视觉机器人，完成火星表面地图影像探测和精准定位。Smithwick等人研发了可用于医学手术的微型单纤维扫描内窥镜，利用光学信息有效观测病变组织纵深位置及凹陷情况，三维可视功能的内窥镜为医护治疗提供了更全面的诊断信息。Metronor公司生产的由双目相机、光学探头和校准棒组成的DCS系统可以实现10m内毫米级别的测量精度，广泛应用于汽车、航空等大型工件的精密测量。

基于双目立体匹配的三维测量技术在国家政策支持和产业需求下已经得到了快速的进步，正广泛应用于人们的生产生活中。立体匹配技术作为双目视觉的关键步骤，对于测量结果的精度有着很大的影响，由于实际拍摄环境的复杂情况，目前还没有一种匹配算法可以通用于大部分场景，并且立体匹配前期的图像采集、相机标定、立体校正每一个环节都会为测量结果带来不确定因素，立体匹配算法在光照变化不均匀、弱纹理区域、遮挡区域和深度不连续等问题上也经常产生误匹配，给立体视觉三维测量技术带来很大的困难和挑战。

目前的立体匹配算法大多以图像颜色信息作为匹配代价计算的参考，光照失真会导致本该配对的匹配点由于物体表面反光或者光线亮暗不同的干扰，造成颜色信息与未失真时存在差异，产生误匹配。弱纹理区域在作为匹配测量参考时，由于表面光滑，欠缺纹理、边缘等特征信息，容易发生匹配歧义的现象，也是立体匹配中一大未解决的难点。

遮挡区域是由于目标物体本身的前后遮挡，或者左右相机非公共视角拍摄不全造成的，对于遮挡区域的视差一般采用邻域插值处理。深度不连续区域多指阶跃函数变化大的区域，可以用图像梯度表征，常存在于物体边缘视差突变区域。因此，如何针对上述问题对立体匹配算法进行改进，在匹配精度和实时性上进行提升，还有必要进行深入的研究。

3.9.2 光度立体发展趋势

光度立体视觉是被动式单一视角的计算机视觉测量方法，其测量过程不用主动投射激光或者结构光等，使用普通光源照明即可。在单一视角上除了光度立体法之外还有轮廓法、运动恢复法、阴影法等，利用图像不同信息进行三维恢复的三维重建方法。图像的三维信息可以从轮廓、亮度、运动、明暗等信息中进行恢复，这些方法统称 Shade From X，且对光源要求不高，操作简单。Horn 在 1970 年提出阴影恢复法，利用物体图像的阴影信息、亮度信息和反射信息，增加其他约束方可求解深度信息。其优势主要在于利用单幅图像即可恢复表面模型，缺点是单纯的阴影恢复是病态问题，无唯一解，需要引入其他约束条件，比如表面可微分性等约束，而且纯依赖数学运算，效果不佳。针对阴影恢复法的不足，Woodham 首次提出了光度立体法进行改进，在相机视场不动的情况下，引入不同方向光源的照射，增加了光源的约束，从而使上述病态问题得到唯一解。

传统光度立体的未标定问题，非朗伯体的高光和阴影去除问题等研究重点仍在继续探索，也衍生出不少的应用。例如，水下应用、金属铸件的缺陷检测、快速文物成型、终端应用，目前光度立体和其他方法结合已经成为趋势，主要有两大类趋势，分别为与主动式测量相结合和与深度学习相结合。其中与主动式测量结合的方法中，以结构光结合比重比较大。同时，多光谱技术具备提供多个维度信息的能力，因此具备提升测量速度的研究潜力，将多光谱技术与结构光技术相结合值得研究。在工业实际应用中，针对光源应用的问题，需要尽量避免环境光的干扰。在不影响重建质量的前提下，如何合理设置光源，以适应工厂实际应用是一个具有巨大应用价值的研究方向。

本 章 小 结

3.1 节介绍了被动视觉中，双目立体视觉、光度立体测量法的研究前景及技术特点。

3.2 节对双目视觉测量原理进行了介绍，包括坐标系建立、视觉坐标系的转换、相机非线性模型、双目视觉测量模型。

3.3 节对双目视觉的标定原理进行了介绍，结合实际应用场景介绍了多种标定方法，并进行了优缺点比较。

3.4 节主要介绍双目视觉的立体匹配，其中包含了不同方法的代价计算方法说明。

3.5 至 3.7 节为光度立体法的原理介绍，包括典型测量方法、光源使用及标定方法、表面重建问题。

3.8 节对双目测量应用实例进行了介绍，其中包括测量采用的具体方法与操作流程。

3.9 节对被动视觉测量法的研究现状、技术不足及未来发展方向进行了总结。

习 题

3-1 被动式视觉测量主要包括哪些测量方法？

3-2 视觉测量过程中，本章的三维测量涉及哪些坐标系的转换？并说明其转换的计算过程。

3-3 双目视觉测量法的测量模型分为几种，作用分别是什么，优缺点分别是什么？

3-4 双目立体视觉测量过程的具体步骤包括哪些，作用分别是什么？

3-5 光度立体视觉测量过程的具体步骤包括哪些，常见的光度立体三维重建方法包括哪些？

4 主动式测量——光栅投影测量

光栅投影测量作为一种基于辅助光源的主动式三维测量技术，近年来被学者及技术人员广泛应用于各种精密测量领域，与其他测量方式相比具有测量速度快、测量效率高，具有能实现在机在线测量的应用前景。同时，在新的历史时期，加快构建国家现代先进测量体系是党和国家赋予新时代计量工作的一项重大课题，为未来一段时期计量事业改革发展指明了方向，对全面建成社会主义现代化强国、服务经济社会高质量发展具有重要意义。

4.1 光栅投影测量技术发展趋势

4.1.1 投影条纹测量技术现状

光栅投影测量技术，兴起于20世纪50年代，并在之后的几十年中得到广泛的应用和不断的发展，英国Ferranti公司研发了第一台基于莫尔条纹的投影测量系统。1984年，Taked将傅里叶变换原理引入到三维测量应用场景中。1985年，德国学者研究了基于相位干涉法的测量方法，使投影测量技术在精密测量场景中得到了实际应用。在之后的发展历程中，学者们的研究热点主要集中在实时性、适应性和高精度等方面。2003年，德国Bremer大学基于空间位置坐标系统，对光栅投影系统测量进行改进，实现了测量系统小型化。2006年，哈佛大学采用三步相移测量法，初步实现了实时动态测量。近年来，如德国sick公司研发的RulerX及RulerXC系列三维结构光测量系统测量精度范围为0.4～0.9μm。中国科学院自动化研究所相关企业团队研发的SL、LL、HL系列三维结构光测量系统的三维测量精度可达到0.1～1μm；深圳广成研发的HAWK系列结构光测量系统，其三维精度范围为0.2～1.6μm。随着投影条纹测量技术的不断革新，使之逐步实现各种微米级的高精密零部件检测，并具备在机检测的应用前景。

条纹投影测量法，一般先在计算机中形成光栅图案，采用外部主动光源，如投影仪将编码光栅投影至被测物表面进行三维形貌测量，其通常为正弦光栅图案或矩形光栅图案，在投影至被测量物体表面之后，利用视觉传感器（如摄像机）捕获投射到被测物体表面的光栅图案，并根据投影条纹图案的变化计算被测物表面的纹理及形貌。该项技术是近年来较为流行的测量方法。

目前，针对机械加工零件的在机检测平台多以接触式为主，而基于光学的在机检测系统较少，针对传统测量平台及方案的局限，国内外研究机构开发了相应的新型测量系统，在航天工业、汽车制造、军工制造等高科技领域中具有良好的应用前景，对实现加工曲面的三维形貌高精度及高效测量具有十分重要的研究意义。

基于投影条纹的结构光三维测量系统，存在的问题为：

(1) 多数传统结构光三维测量设备的标定方法过于依赖人工操作，费时费力且易造成测量误差；

(2) 目前结构光测量设备所采用的光栅投影测量技术存在局限，还无法适应在机检测场景中的动态三维形貌测量情况；

(3) 在利用测量平台进行三维重构时，普遍仅适合于实验室应用场景，对存在大量复杂点云噪声的在机检测工业场景时的应用，其可靠性不理想；

(4) 目前，尚未有可针对不同测量曲面特点的普适性检测平台。而要利用结构光实现在机检测，则需要满足以上要求。因此，针对结构光在机检测系统及相关技术，还有较为广阔的探索空间及研究意义。

4.1.2 投影测量法相关产品

针对条纹投影测量技术，国内外学者及研究人员不断优化并开发了新型的测量技术及应用产品。其中，德国 GOM 公司研发的 ATOS ScanBox 8360 三维测量系统，采用耦合式测量单元双目结构光方案，尤其对于表面孔、槽等复杂曲面以及反光表面，可有效提高单次测量范围和数据质量，实现了自动化装载到测量的完整测量步骤，其测量精度为 0.02 ~0.06mm，如图 4-1 所示。

图 4-1 GOM ATOS ScanBox 8360 三维测量系统

扫一扫
查看彩图

ZEISS 公司开发的 COMET 三维扫描仪，利用多传感器融合技术，可对传统测量方案难以检测的复杂零件，如水泵及高温注塑件的三维外观尺寸进行高精度测量。另外，其创新性地采用照明补偿技术，针对复杂光照下的产品检测具有良好效果，有效节约工业测量成本，如图 4-2 所示。

另外，Hexagon 所研制的 PartInspect L 型全自动 3D 测量系统，将结构光扫描技术与智能机器人技术相结合，可对航空发动机叶片、叶轮等超精加工零件进行实时精度分析，同时具有较高自动化程度，可实现在机检测，如图 4-3 所示。

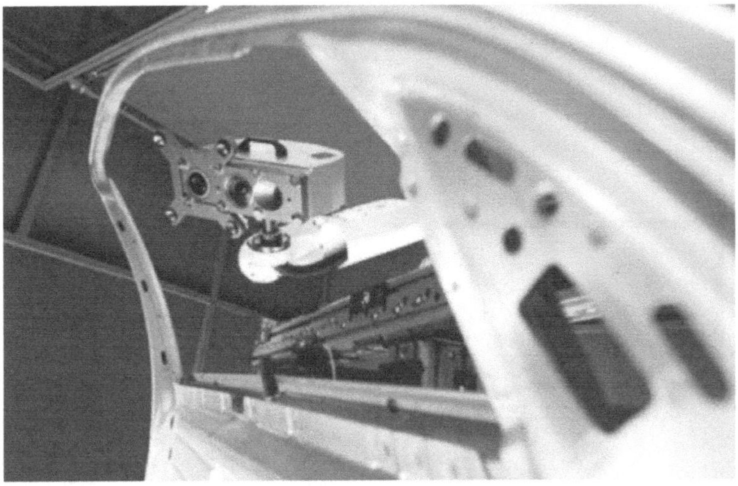

扫一扫
查看彩图

图 4-2 ZEISS COMET 三维数字化扫描仪

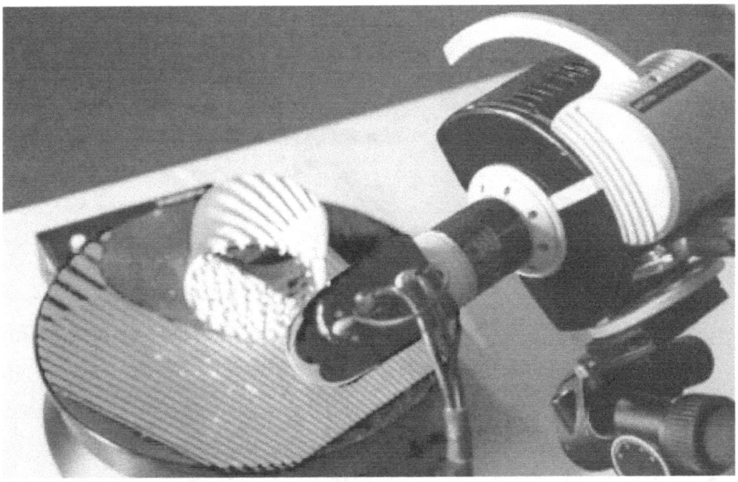

扫一扫
查看彩图

图 4-3 Hexagon PartInspect L 全自动 3D 测量系统

在此方面国内研发起步较晚，目前还未有统一的技术要求标准，多数参照德国、日本及美国所制定的规则标准。例如，新拓三维开发的 XTOM 系列三维测量仪，理想测量精度可达 0.03mm，同时抗环境干扰性良好、装置轻便，但测量过程需要人工协作，如图 4-4 所示。

思看科技所研发的 TrackScan-P 型跟踪式三维扫描系统，与传统测量设备的区别是，无须设置辅助标志点即可准确获取工件缝隙、空位、凹槽等难检测部位的点云数据，且便携灵活，如图 4-5 所示。

天津大学结合结构光扫描技术与数字摄影技术，设计了一种快速高精度密集点云组合式测量系统，可对超大型曲面进行高精度实时精度分析及三维重构，相比于传统装置受实

扫一扫
查看彩图

图 4-4 新拓 XTOM 三维扫描装置

扫一扫
查看彩图

图 4-5 TrackScan-P 型跟踪式三维扫描系统

验室环境应用条件约束，其满足工业场景的实际需求。华中科技大学基于 AutoScan 研制了集参数自标定、测量规划、三维点云处理等功能于一体化的，面向复杂零件自动化测量的软硬件平台，弥补了目前检测装置普遍存在的离线标定复杂、难以做到检测分析一体化等方面的缺陷，如图 4-6 所示。

哈尔滨理工大学自主研发了一种基于单目结构光的在机智能检测平台，其中采用立式二维滑台模组搭载自动调参装置，可对航空叶片类复杂零件实现在机检测自适应参数标定及智能测量误差补偿，可避免烦琐的人工调节步骤，提高光学检测的自动化程度，平台示意图如图 4-7 所示。

图 4-6 华中科技大学自动化光学三维测量装备

扫一扫
查看彩图

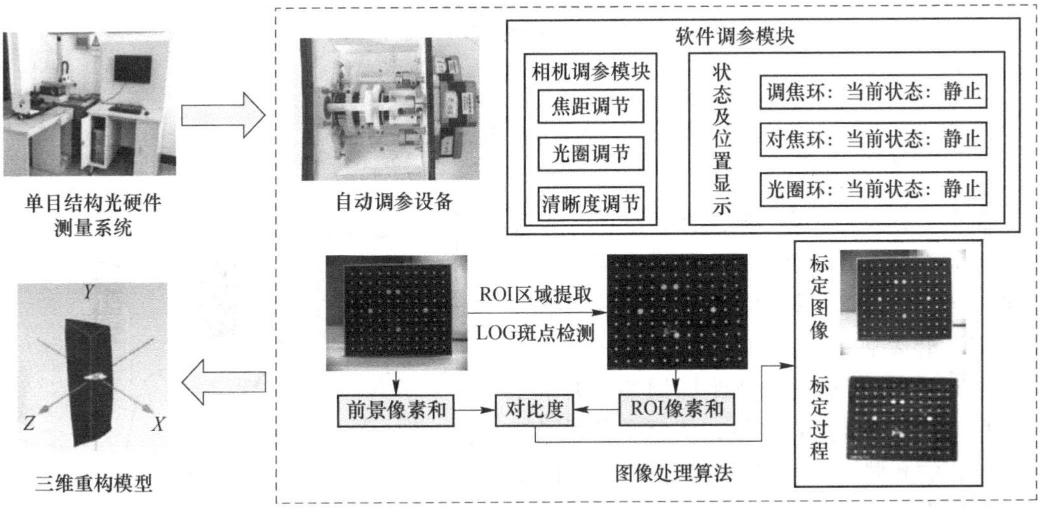

图 4-7 单目结构光自动化在机检测系统

扫一扫
查看彩图

4.2 投影测量技术基础理论

无论是基于莫尔条纹测量法、相移测量法还是傅里叶变换测量法，都属于投影测量技术，其中均涉及相关的投影光栅相位测量原理，所以本节主要针对后文测量方法共同涉及的相关基础理论进行介绍，以引入相关测量基本概念。

4.2.1 光栅投影相位测量原理

光栅投影测量法，即将带有周期性信息的光栅图案，投影于测量物表面，之后利用周期性光栅的相位信息表征光栅的分布位置特征，并将此相位信息用于求解被测物表面的三维形貌信息。结构光视觉检测在摄像机的基础上增加了光学投影装置，用于辅助获取被测物的三维信息，其系统主要由投影仪、相机、图像采集卡等硬件组成。图 4-8 为结构光重构测量系统示意图，投影仪投出结构光栅，覆盖在被测物表面上，相机采集到受物体调制而变形的结构光图像，经过算法解码后获得表面的三维坐标点。

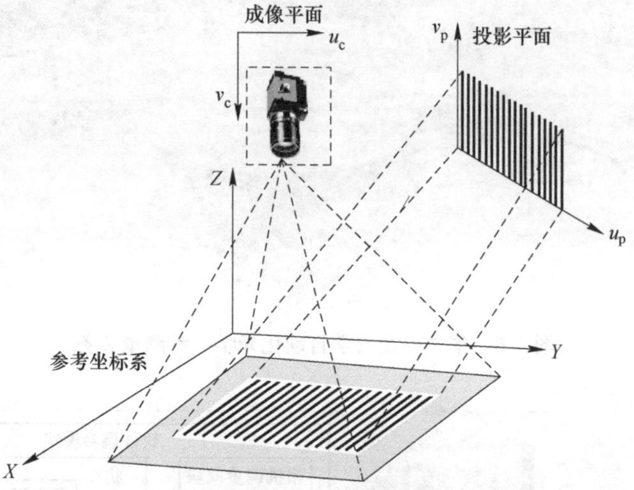

图 4-8　结构光重构测量系统示意图

图 4-9 所示为正弦光栅图像，可在计算机中提前编码生成，同时也是一种横向像素点灰度值按照正弦规律变化的特殊光源。其中结构光的相位沿 X 轴变化，θ_0 为此结构光信号的初相位，λ为结构光栅的节距即周期，θ_0 和 λ 两者可以根据需要进行调整，从而形成不同频率与初相的光栅。对于测量前的被测物表面特征，是完全未知的信息，而添加结构光则是将已知的信息加入未知的求解过程中，最终通过两者的交互反演未知信息。

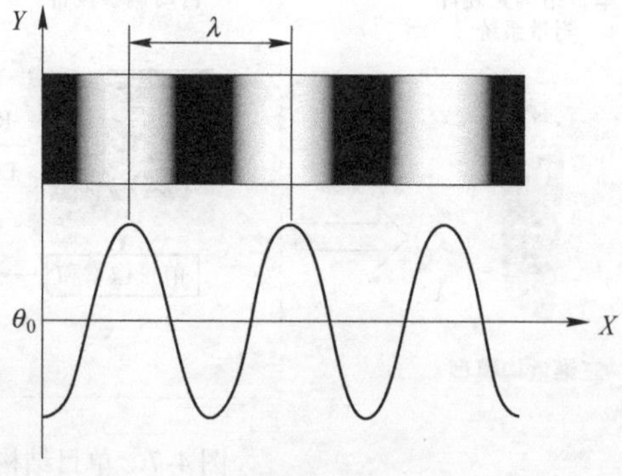

图 4-9　结构光栅

4.2.2　传统光栅投影测量系统模型

传统光栅投影测量系统模型及坐标系表示如图 4-10 所示，其中包括相机坐标系 $O_cX_cY_cZ_c$、投影仪坐标系 $O_pX_pY_pZ_p$、参考坐标系 $OXYZ$ 以及图像像素平面和投影仪光栅平面，其中，d 代表投影仪光心到相机光心距离，l 为投影仪光心到参考平面距离。

相位与测量物尺寸转换原理如下所述。

根据图 4-10 所示的测量模型可知，当投影仪的光栅平面平行于参考表面时，投影坐标系 Y 轴平行于参考坐标系 Y 轴，同时其平行于投影光栅方向，可知 $\triangle BPP'$ 相似于 $\triangle BOO_p$。则可以得出式（4-1）的关系式。

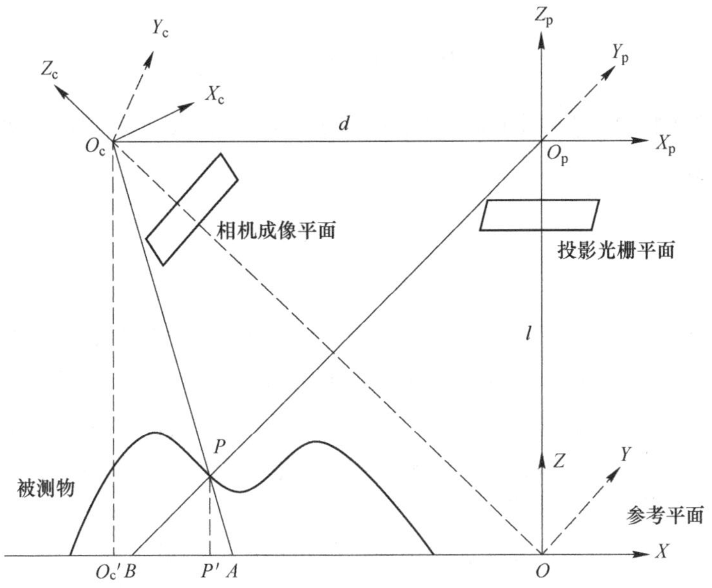

图 4-10 传统投影光栅测量系统模型

$$\frac{BP'}{BO}=\frac{PP'}{O_pO}=\frac{PP'}{l} \tag{4-1}$$

同时，基于以上平行相似关系可知，在参考平面中测量相位值在参考坐标系 X 方向改变，所以可得出相位－参考坐标系转换关系，如式（4-2）所示。

$$X=\frac{\theta_1-\theta_0}{2\pi}\lambda \tag{4-2}$$

式中 θ_0——参考坐标系原点相位值；

λ——光栅节距，即在参考坐标系中光栅相位一个周期所对应 X 的长度值。

相机坐标平面与参考平面转换原理如下所述。

由建立的测量系统模型可知，若要使系统模型的各三角相似关系成立，则要满足相应的测量坐标系空间位置约束关系。首先，对于相机及参考面需要保持相机坐标系的 Y_c 轴平行于参考面，同时参考面 Y 轴平行于光栅投影方向，即 Y_c 方向平行于光栅投影方向。其次，要保证相机光心与投影仪光心的连线平行于所建立的测量系统参考平面，同时相机光轴与投影仪光轴相交于参考坐标系原点。

根据以上测量系统模型满足的空间位置约束关系，可得出 $\triangle APP'$ 相似于 $\triangle AO_cO_c'$ 及关系式（4-3）。

$$\frac{AP'}{BO}=\frac{PP'}{O_cO'}=\frac{PP'}{l} \tag{4-3}$$

结合式（4-1）及式（4-3）可得式（4-4）：

$$\frac{PP'}{l}=\frac{BA}{BA+O_c'O} \tag{4-4}$$

其中，式（4-4）中的 l 和 $O_c'O$ 为系统参数，可由相位及参考坐标的转换关系式计算得出。

$$BA = OA - OB = (\theta_A - \theta_B)\frac{\lambda_0}{2\pi} \tag{4-5}$$

最后，将式（4-5）与式（4-4）联立可得式（4-6），其代表相位与被测物表面高度的计算转换关系。

$$PP' = \frac{l(\theta_A - \theta_B)}{(\theta_A - \theta_B) + \dfrac{2\pi d}{\lambda_0}} \tag{4-6}$$

式（4-6）中的各系统参数值可在测量系统标定时获得，通过该式可知：先由测量标定得出无测量物时投影光栅在系统参考平面上的参考相位值，在此测量过程中需要注意的是，要将标定参考表面与测量系统的参考平面约束至同一位置。然后，添加测量物并重新进行光栅条纹的投影测量，根据二次光栅与参考光栅的偏差计算测量物表面的相位差值，并根据公式解算出测量物高度值。

通过本节的理论说明不难发现，采用传统的投影光栅测量系统模型，需要满足较为严格的平行及垂直的坐标系空间位置关系。对测量系统而言，传感器各坐标系轴及原点均为假设参量，在实际应用测量时难以保证其严格的空间位置约束关系，所以将导致其测量精度受到一定限制，具有应用测量场景的限制性。

4.2.3 新型结构光测量系统模型

目前，为保持测量系统的精度及考虑到实用性，研究人员普遍采用新型的弱约束结构光投影测量模型，如图 4-11 所示。

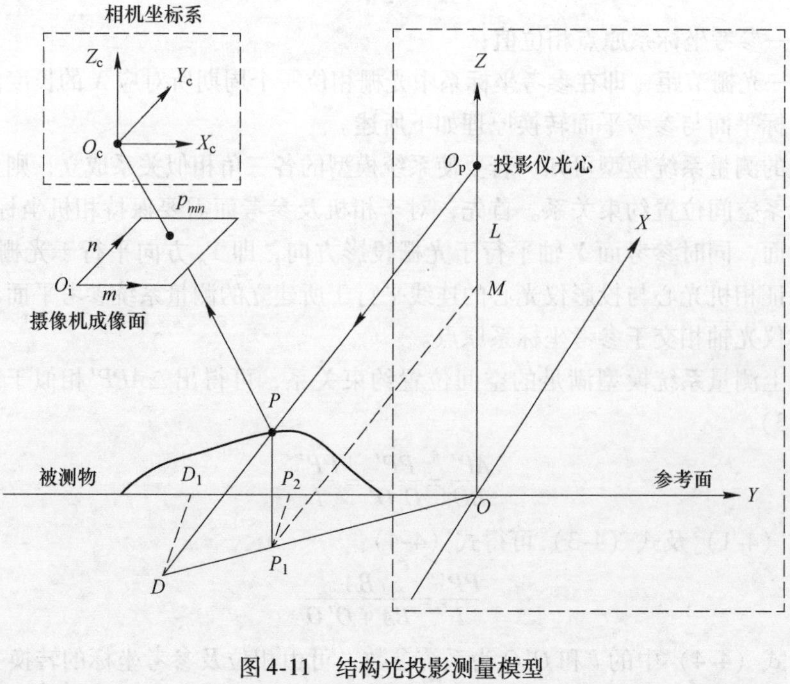

图 4-11 结构光投影测量模型

该测量模型与采用三角位置关系的传统测量模型的主要区别，在于借助了齐次空间坐标系转换原理，进行相位-高度信息映射，完成三维数据测量，故测量系统间位置关系较为灵活。其中，OXY 和 $O_cX_cY_c$ 分别为结构光参考坐标系和重构点的相机坐标系，O_imn 为相机成像面上的像素坐标系，O_c 和 O_p 分别为相机的光心和投影仪光心，L 为 O_p 到参考面的投影距离。待测点 P 在参考坐标系和相机坐标系的坐标点分别为(X,Y,Z)、(X_c,Y_c,Z_c)，同时 P 点在像素坐标系的坐标为 $P(m,n)$。通过对构建的单目结构光视觉检测的三角测量模型进行分析，从图 4-11 中可得到相似关系：

$$\triangle DPP_1 \backsim \triangle DO_pO \backsim \triangle P_1OM \backsim \triangle ODD_1 \backsim \triangle OP_1P_2$$

根据结构光模型的空间几何相似关系，可以建立结构光相位 θ 与参考坐标系中的坐标点之间的对应关系，如式（4-7）所示。

$$\theta = \frac{(2\pi L/T_0)X + (L-Z)\theta_0}{L-Z} \tag{4-7}$$

式中 θ——投射出的结构光在 P 点的相位值；

O_p——投影仪光心；

T_0——正弦光栅周期；

θ_0——正弦条纹的相位初值。

为了建立结构光相位值 θ 与相机坐标系中 P 点坐标（X_c,Y_c,Z_c）之间的关系，需要先得到相机坐标系与参考坐标系之间的坐标转换关系，如式（4-8）所示：

$$\begin{bmatrix} X \\ Y \\ Z \end{bmatrix} = [\boldsymbol{R},\boldsymbol{T}] \begin{bmatrix} X_c \\ Y_c \\ Z_c \\ 1 \end{bmatrix} \tag{4-8}$$

其中，$\boldsymbol{R}$，$\boldsymbol{T}$ 代表参考坐标系与相机坐标系之间的旋转平移矩阵，因此 P 点相位值 θ 和相机坐标系中三维坐标（X_c，Y_c，Z_c）之间的关系，可以描述为式（4-9）：

$$\theta = \frac{a_1X_c + a_2Y_c + a_3Z_c + a_4}{a_5X_c + a_6Y_c + a_7Z_c + a_8} \tag{4-9}$$

其中，$a_1 \sim a_8$ 被称为投影系统的标定参数，当相机与投影仪之间的位置固定时，其值也是固定的，并且可以通过向已知坐标信息的标定板投射结构光获取未知参数的信息。

由于未知点 $P(X_c, Y_c, Z_c)$ 中包含三个未知数，因此还需要建立额外的方程来求解被测物 P 点的坐标值，而点 $P(X_c, Y_c, Z_c)$ 与 P 点在像素坐标系中的位置 $p(m, n)$ 有以下坐标转换关系：

$$Z_c\begin{bmatrix} m \\ n \\ 1 \end{bmatrix} = \begin{bmatrix} f_x & -f_x\cot\theta & u_0 \\ 0 & f_y\dfrac{1}{\sin\theta} & v_0 \\ 0 & 0 & 1 \end{bmatrix}\begin{bmatrix} X_c \\ Y_c \\ Z_c \end{bmatrix} = \begin{bmatrix} c_1 & c_2 & c_3 \\ 0 & c_4 & c_5 \\ 0 & 0 & 1 \end{bmatrix}\begin{bmatrix} X_c \\ Y_c \\ Z_c \end{bmatrix} \tag{4-10}$$

可以得到坐标点（X_c，Y_c，Z_c）与像素坐标点 $p(m, n)$ 之间的转换关系，$c_1 \sim c_5$ 被称为相机内参数，对于内参数的求解，也称为相机标定，目的就是为了建立相机坐标系中三维坐标与像素坐标点之间的映射关系。

根据相机坐标系下的点（X_c，Y_c，Z_c）与图像坐标系中的 $p(m, n)$ 坐标可建立两个方程，结合相位高度关系的一个方程，构成含有未知数 X_c、Y_c、Z_c 的方程组，如式(4-11) 所示：

$$\begin{cases} c_1X_c + c_2Y_c + (c_3 - m)Z_c = 0 \\ c_4Y_c + (c_5 - n)Z_c = 0 \\ (a_1 - \theta a_5)X_c + (a_2 - \theta a_6)Y_c + (a_3 - \theta a_7)Z_c = \theta a_8 - a_4 \end{cases} \tag{4-11}$$

结合方程组即可求出坐标（X_c，Y_c，Z_c）中的三个未知数的值。由结构光重构测量的原理得到的方程可知，当相位 - 高度标定参数 $a_1 \sim a_8$ 已知，相机内参数 $c_1 \sim c_5$ 已知的情况下，求解相位 θ 之后，即可求出相位对应点的三维坐标。

4.2.4 投影光栅测量关键技术需求

由于光栅投影测量技术所具有的独特优势，使其在机械制造精密测量领域具有良好的应用价值，且具备广阔的科学研究意义。随着现代工业实际应用要求的不断提高，对于光栅投影测量的相关技术需求和科学应用价值要求也随之提高。而传统的接触式测量方法已无法满足特定机械加工精密测量领域的技术需求，同时其对于光学非接触式测量技术的需求也日益提高，集中于实时在机在线测量问题，也是该领域未来待解决的关键点和技术难点。

(1) 光学测量系统技术需求。对于光栅投影测量技术，其测量精度主要依赖于测量系统的精度，其主要包括两方面：测量系统硬件本身的精度，如相机的分辨率、帧率；投影仪的分辨率精度、非线性误差大小等。这需要根据测量精度的要求，革新测量系统中相关传感器的技术，解决传感器在实际测量应用时的相关误差及应用限制。另外，主要针对于测量算法的研究，对于视觉传感器的图像采集功能，应解决相关的图像畸变、图像噪声问题，优化图像质量；对于投影仪需要解决的主要问题是开发投影的光栅图案的周期性补偿算法，消除由于传感器非线性所带来的光栅畸变。

(2) 实时测量技术需求。针对机械加工精密测量的应用场景，传统的测量方式通常基于静态的测量方式，且具有测量场景的应用限制，无法进行制造过程的在机或在线测量，也无法将加工过程与测量进行同步实时的结合，所以要实现先进的高精度、高效率的智能加工过程，研究实时加工精度检测技术是极其重要的实现途径之一。基于光栅投影的测量技术具有实现在机检测的功能前景，但要达到实时的三维测量的应用效果，对于相关检测算法的实时性、处理硬件的计算能力、传感器的信息采集速度，以及数据传输的速度和稳定性都有着较高的应用要求。

(3) 测量物体技术需求。采用光栅投影法对机械零件进行测量时，由于金属表面具有一定的反光特性，同时存在结构光源以及环境光等因素的影响，使测量结果产生偏差，是目前光栅测量的技术难题之一。其可以通过测量前对待测量物与测量系统的相对位置关系进行提前规划，以及采用改进的三维检测算法，同时可采用辅助光源设备以避免此类问题的出现。同时，对于测量系统所具有的测量视场及投影范围的限制，导致当测量物尺寸较大、表面曲率及形貌过于复杂时，其测量结果易出现较大误差问题，可以通过多视角的三维点云数据拼接和开发点云数据的优化处理算法进行解决，以满足实际应用需求。

4.3 莫尔条纹测量

4.3.1 莫尔条纹测量原理

利用莫尔条纹进行三维测量时，在投影光栅条纹的过程中，需要同时利用具有周期性的标准光栅［由式（4-12）计算］与周期性变形光栅［由式（4-13）计算］，并将两周期性光栅条纹叠加，可计算得出莫尔等高条纹信息，用以计算被测物表面的三维轮廓数据。其计算过程为：将初始标准光栅与变形光栅相乘，并计算其中包含的相位差，当其等于 2π 的整数倍时，投影于被测表面的条纹则形成莫尔条纹，之后利用摄像机捕捉莫尔等高条纹，即可计算出物体表面的三维轮廓高度信息。图 4-12 为莫尔条纹示意图。

$$I_1(m,n) = r(m,n)\sum_{k=-\infty}^{\infty} C_k e[ik\theta_1(m,n)] \tag{4-12}$$

$$I_2(m,n) = I'(m,n) + I''(m,n)\cos[\theta_2(m,n)] \tag{4-13}$$

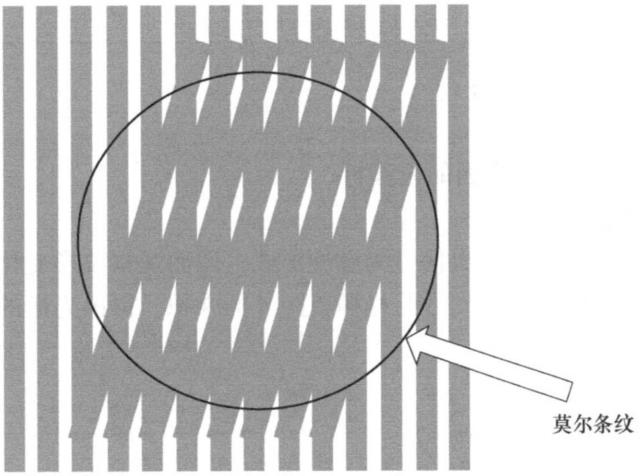

图 4-12 莫尔测量条纹光栅图

莫尔条纹测量法是应用较早且发展较为完善的三维测量技术。该项测量技术的主要优点为：技术发展相对成熟、测量方式较简单、应用场景较为广泛。其主要局限为：测量过程不够灵活，传统测量方法具有应用场景的限制性。

4.3.1.1 直线位移测量原理

利用莫尔条纹技术进行位移测量时，一般采用光栅读数头，同时配合信号处理及数字显示装置组合而成的光学测量系统，其中光栅读数头的组成包括：外部光源、标准光栅、指示光栅、光电转换装置、光反射回路及信号处理等元件，如图 4-13 所示。

其中，位移测量的量程即根据标准光栅的投影范围所确定，同时指示光栅与标准光栅具有相同的测量分辨率。

在位移测量过程中，标准光栅保持固定位置不变，其他光栅由于被测物表面高度或位置发生改变，使测量条纹相应发生变化，测量系统中的光信号也随之改变。由于实际测量

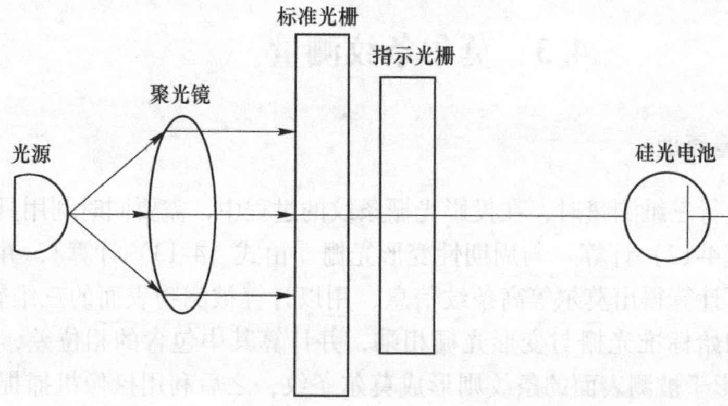

图 4-13 莫尔条纹长度位移测量原理

时，光栅的投影误差使光信号与位移的对应关系发生了改变，一般将其近似为正弦变化的波形，其中光信号强度与位移变化量，可用式（4-14）进行表达。

$$v = v_0 + v_m \sin\left(\frac{2\pi x}{d}\right) \tag{4-14}$$

式中 v_0——光信号的直流分量；

v_m——输出信号的幅值；

x——标准光栅与指示光栅的位移量；

d——光栅栅距。

波形变化具有周期性，且输出信号为脉冲形式，因而观察波形变化周期数可得出光栅的移动条纹数。通过光栅条纹移动数与光栅节距 d 的乘积，得出光栅的位移量关系，如式（4-15）所示。

$$x = Nd \tag{4-15}$$

4.3.1.2 角度位移测量原理

与位移距离测量采用的光栅条纹不同，利用莫尔条纹法进行角度位移测量时，采用圆形光栅，可将其分为径向圆光栅和切向圆光栅。

其中，切向圆光栅是一个半径为 r，由多个光栅条纹组成的圆形投影图案，如图 4-14 所示，当两个圆形光栅的圆心重合时，令其中一圆形光栅绕圆心转动，另一圆光栅作为标准光栅保持静止，即可复合成为圆形莫尔条纹图案，如图 4-15 所示，其中 r 为圆半径，夹角 α 为圆形光栅的角节距。$M=1$，2，3，…为一块光栅栅线，$N=1$，2，3，…为另一光栅栅线，其交点 $K=1$，2，3，…组成为圆形莫尔条纹。

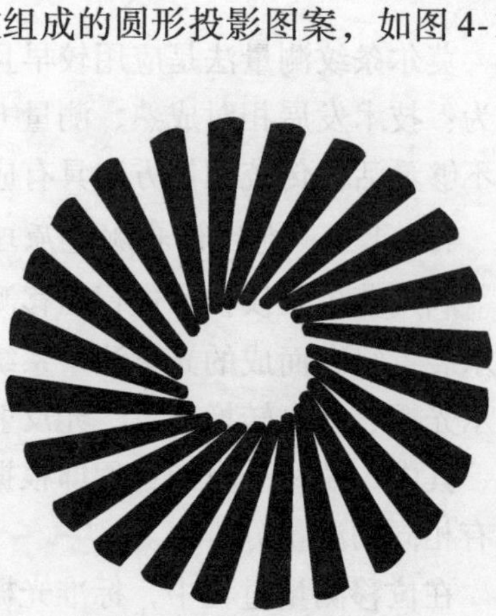

图 4-14 切向圆形光栅

径向圆光栅，其刻线是以光栅的圆心为中心的辐射形状光栅，如图 4-16 所示。当标准光栅和测量光栅相互重合时，存在一定的圆心偏离量，所以形成了径向圆形莫尔条纹光栅。图 4-17 所示为径向圆形光栅条纹模型，两块光栅的中心分别为 O_1 和 O_2，其中心偏移量为 $2S$，K 为光栅栅线的各个交点，节距角为 α。

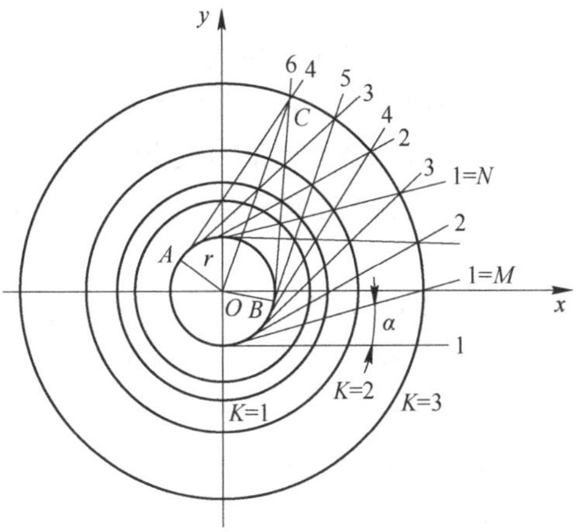

图 4-15　切向圆形光栅条纹模型

图 4-16　径向圆形光栅

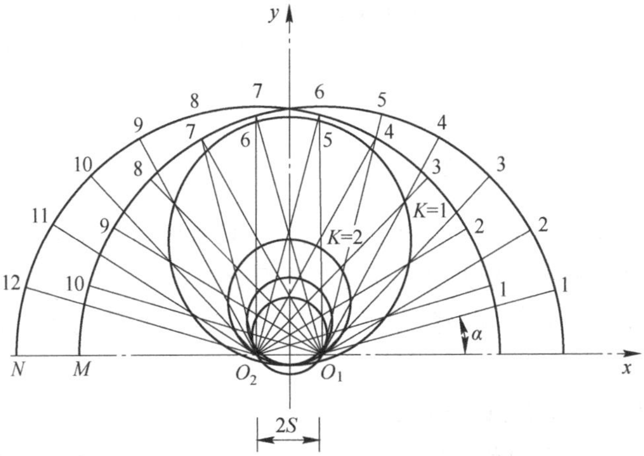

图 4-17　径向圆形光栅模型

综上，在利用莫尔条纹进行实际应用位移测量时，应注意的问题为：

(1) 无论是径向圆形光栅还是切向圆形光栅，其光栅宽度都不是定值，而随着测量时光栅图案的移动而不断变化；

(2) 与正常矩形光栅所形成的横向莫尔条纹所不同，光栅条纹宽度上的等距分布并不对应于一个节距角内光栅的等距角位移；

(3) 在实际测量过程中，虽然激光干涉式传感器的环境适应性较强，但在抗环境干扰方面弱于同步器和磁栅式传感器，所以在测量过程中应提前对测量系统及测量环境进行调整和精度测试。

4.3.2 莫尔条纹重要性质

在了解莫尔条纹的基本测量原理之后，为了更好地应用莫尔条纹进行实际测量，同时保证测量结果的精确性以及测量过程的可靠性，还需要明确莫尔条纹所具有的基本特点，根据莫尔条纹的基本原理，可以得出其具有的基本性质，并为测量过程的灵活性及规范性提供重要依据及基本遵循。

（1）栅距放大特性。由于莫尔条纹的投影间距和光栅间夹角具有对应的比例关系，当投影光栅间距不变时，光栅夹角变小使光栅的节距值变大。在实际测量应用时，若光栅夹角减小，则光栅的间距变大相应的倍数，其可以理解为将可测量的最小位移量进行了放大处理，使测量的精度得到提高。所以可依据此特性进行测量的精度细分，从而对测量系统的灵敏度进行相应的调控。

（2）同步变化关系。当组合复合莫尔光栅条纹中的初始单光栅与线纹方向呈90°平移投影时，复合投影条纹即沿此方向进行投影，且平移的投影条纹与光栅间距是相等的，也可视为光栅移动的位移与复合成的条纹的位移量是对应一致的。另外，随着单光栅的投影方向变化，复合条纹的方向也对应改变，得到莫尔条纹移动数目即可计算出光栅位移量，所以相应的线性变化关系是莫尔条纹进行测量的基本依据之一。

（3）信号准确性。当测量系统中光电元件接收信号时，由于噪声或传感器本身的误差，往往会不可避免地出现光栅信息的精度偏差。传感器测量范围内的光栅条数是经过对采集信号的累加平均计算而来，当测量范围内投影光栅存在误差时，由于对信号进行了平均计算，使误差和缺陷对整体信号的计算结果影响并不显著，所以莫尔条纹测量法同样具有良好的稳定性，使精度及可靠性得到了一定的保证。

4.3.3　莫尔条纹测量技术应用问题

由于莫尔条纹法需要利用参考光栅进行测量，导致测量方法具有较强的局限性。为此，学者们针对投影光栅的测量方法，开发了基于投影光栅相位求解的三维测量方法，其避免了莫尔条纹测量法所具有的局限，可直接对光栅的相位进行求解，并进行三维数据解算。

4.3.3.1　单光栅莫尔条纹测量系统应用

单光栅莫尔条纹与双光栅莫尔条纹测量技术的区别是，仅采用单一投影光栅而形成的衍射光束，进而得到莫尔测量条纹，其特点为具有较高的光学倍频。

A　表面形貌特征较不明显的测量应用

对于纹理特征较不明显的测量表面，一般可将莫尔光栅条纹直接投射于测量物表面，同时保持较短的测量距离，避免测量过程的各种因素干扰所带来的测量误差，以提高测量精度。其具有的特点是测量系统较为精简，对测量系统的设备精度要求不高，且易于操作。

B　表面形貌较复杂的测量应用

对于表面形貌较为复杂的测量物表面（例如自由曲面的涡轮叶片、具有多个面型的加工物体），需要考虑的关键问题是如何提高光栅应用的测量精度。由于被测物表面形貌较为复杂，且几何形面通常较多，通常采用高精度的结构光进行投影测量，并配合工业机械手臂进行辅助，实现多视角测量，如图4-18所示。同时，采用高精度的工业相机，捕获形变莫尔条纹并将采集的光栅进行解码，以计算出被测物表面的三维轮廓信息。

扫一扫
查看彩图

图 4-18 工业机械臂辅助测量过程

4.3.3.2 双光栅莫尔条纹测量系统应用

双光栅莫尔条纹测量系统与单光栅莫尔条纹测量系统，在测量原理上基本类似，其主要区别为，基于双光栅的测量系统精度较高，但系统较为复杂，其在投影光栅条纹的基础上，增加了高精度的模板光栅而形成复合莫尔光栅条纹，其光路原理如图 4-19 所示。随后，通过工业相机捕捉被测物表面的莫尔条纹图案，并对其进行解调得出被测物表面的三维轮廓信息。该测量系统相对于单光栅的测量系统，其对光学测量系统的模型精度及相位求解算法准确程度的要求较高。

采用双光栅莫尔条纹测量系统，由于具有较高的光学分辨率特性，并配合高倍光学电子细分装置，使得其测量精度可接近纳米级。其中，为保证双光栅莫尔条纹测量的应用效果，需要在实际应用中注意以下关键问题：

（1）形成复合莫尔条纹的原始条纹应为水平投影条纹，且应为明暗交替的直线条纹；

（2）两组初始莫尔条纹的投影方向应保持为相反方向；

（3）保证单次投影的初始莫尔条纹质量，在生成莫尔条纹前需要对投影测量系统进行精度、安装方位等的检测与调试。

4.3.3.3 三维形貌测量应用方法

莫尔条纹测量作为一种非接触式的光学测量技术，主要用于长度位移测量、角度位移测量、三维形貌测量等，本节主要针对三维形貌测量相关内容展开介绍。

采用莫尔条纹对物体进行表面三维形貌测量，其思想是计算莫尔等高线，并以此解算被测物表面三维信息，根据测量系统原理及组成的差异，实际应用时主要可分为条纹反射莫尔法、聚光投影莫尔法、电子扫描莫尔法。

A 条纹反射莫尔测量法

条纹反射莫尔测量法主要利用外部光源，在标准光栅的基础上投射光栅条纹，之后利用视觉传感器捕获被测物表面的莫尔形变条纹，条纹反射莫尔测量法的光路模型如图 4-20 所示。其中，直线 L_1 及 L_2 分别为莫尔等高线，其距离标准光栅的距离分别为 d_1、d_2。

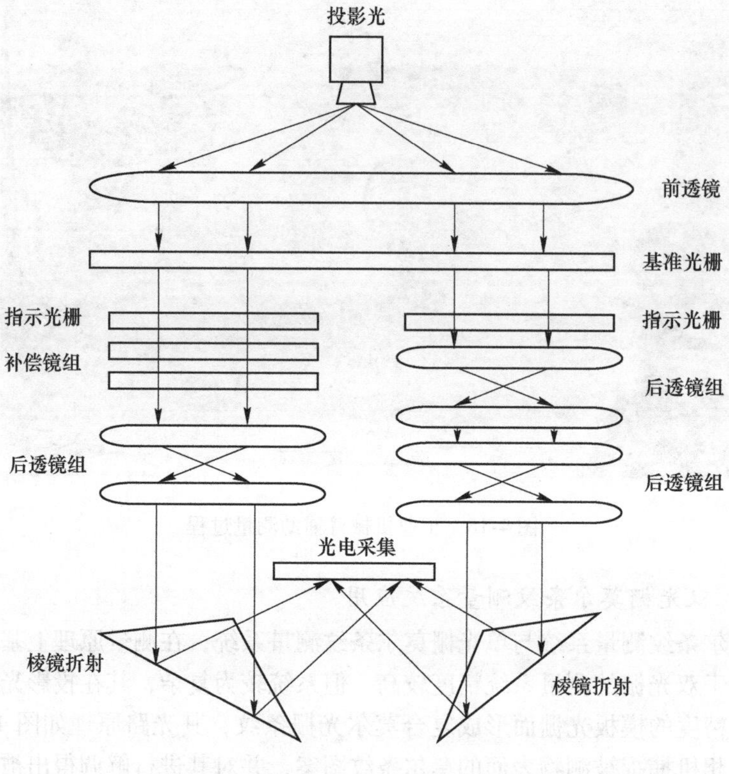

图 4-19 双光栅莫尔条纹测量系统光路

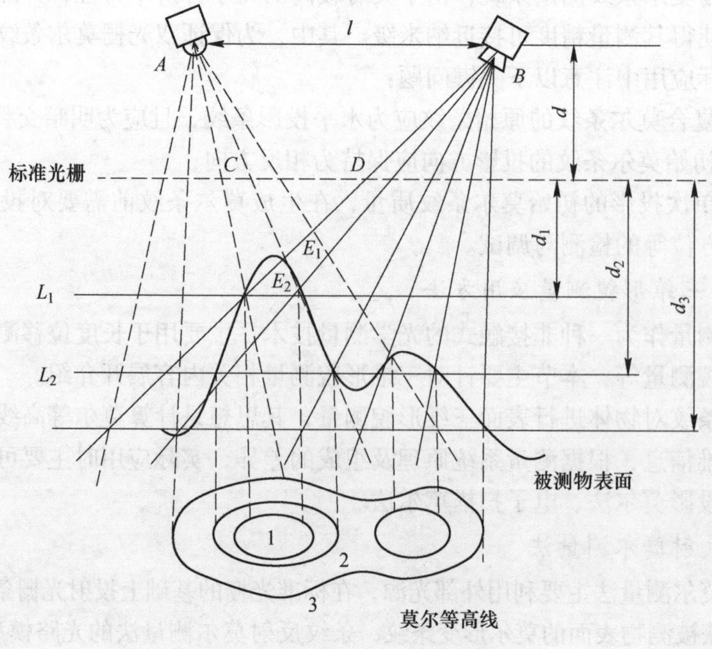

图 4-20 条纹反射莫尔测量系统模型

图 4-20 中的测量系统由 A 点视觉传感器与 B 点的外部光源组成，其中虚线表示光线由被测物表面的条纹反射回传感器的光路，视线代表由外部光源发出的光线，其相交位置即为条纹投影位置。由于相同投影条纹序数点所组成的曲线，距离投影条纹的距离相等，所以该曲线上的点具有相同的高度信息，此时即可通过莫尔条纹的莫尔等高线计算三维信息。由图 4-20 可知，当光栅的周期为 t 时，利用该系统光路的几何相似关系可得等高线计算式，如式（4-16）所示。

$$d_1 = \frac{td}{l-t} \tag{4-16}$$

同理，可得出其他等高线深度的表达式，以此获得表面深度信息。条纹反射莫尔法的特点是方法简单易行，但对于在机检测应用于较大尺寸物体的表面形貌测量时，由于难以同时满足投射较高精度且较大范围的投影条纹，所以在此测量场景中无法进行高精度三维测量，如何同时满足测量精度与测量范围是今后此项技术的关键研究问题。

B 聚光投影莫尔测量法

为了满足大范围、高精度三维表面形貌测量的技术要求，广泛采用投影莫尔法进行实际三维测量。图 4-21 为大视场聚光投影莫尔法光路模型图，其与反射条纹莫尔测量的区别在于，在测量系统中增加了聚光镜 C_1 和 C_2，当光线从聚光镜 C_1 经过基准光栅 D_1，并通过光源的镜头 L_1，投射至被测物表面，并通过 D_2 及 C_2，之后反射至视觉传感器中，完成测量过程。

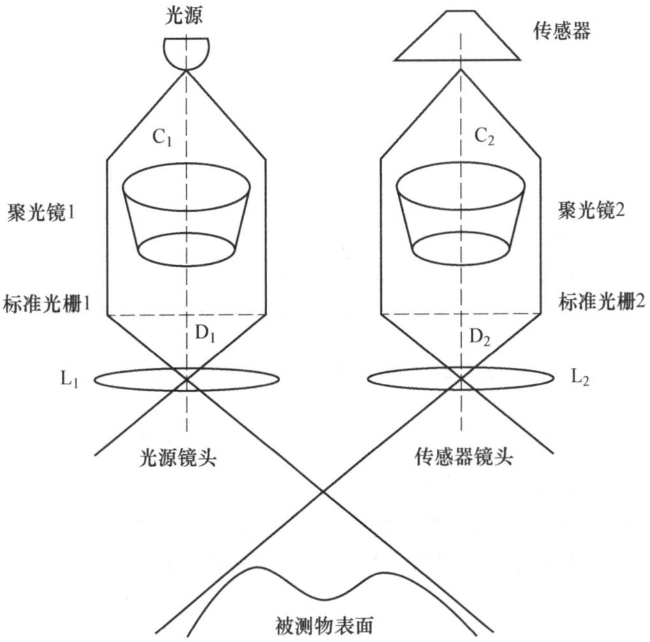

图 4-21 聚光投影莫尔法测量系统

由聚光投影莫尔法光路模型可知，其相比于条纹反射式莫尔法，具有更好的实际应用性，通过添加的聚光镜并配合镜头组合而成的测量镜头组，可以实现测量光学倍率的变化，进而可根据被测物的实际大小进行光学参数的调节补偿，以适应各类被测物及实际检测场景动态变化下的高精度表面三维形貌测量。

C 电子扫描莫尔测量法

由于莫尔条纹测量法普遍采用莫尔等高线原理进行表面形貌测量，而等高线在实际测量时，对曲率变化较不敏感，故难以对被测物表面曲率变化较大的三维形貌进行高精度测量，易造成曲率方向的测量误差。为了避免出现此类问题，在实际应用中可采用扫描莫尔条纹检测技术，对表面形貌复杂的物体进行测量。与其他检测方式不同，扫描莫尔法在利用标准光栅与投影光栅进行投影测量时并不保持相对位置不变，而是根据测量方向将标准光栅进行小尺寸位移，之后便可根据复合条纹的移动方向来准确计算被测表面的曲率变化。该测量方法与采用条纹反射莫尔法的区别在于，测量时不采用相对静止的光栅条纹，而采用动态的光栅投影方式进行扫描，该测量方法原理如图4-22所示。其中，采用移动扫描的光栅图案，事先由计算机编码生成，且其实现过程较为容易，可利用算法实现投影条纹的移动频率与栅距等参数自适应智能化控制，提高了测量过程的灵活性与适应性，具有实现智能检测的技术应用前景。

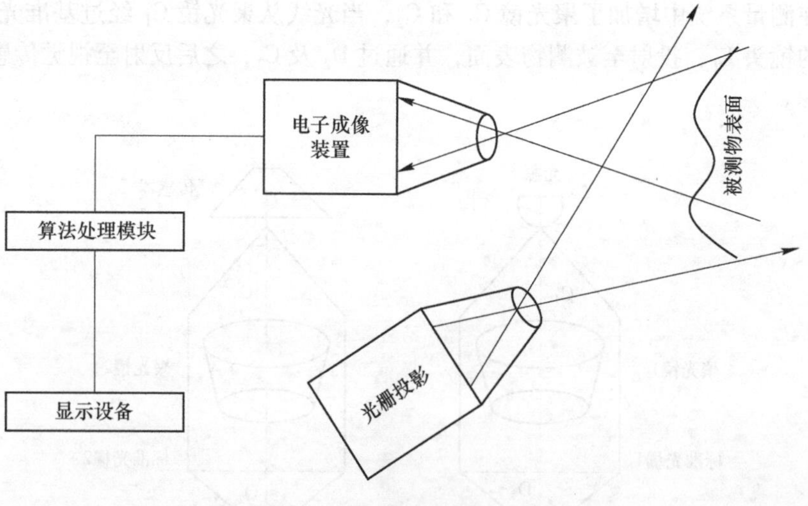

图4-22 电子扫描式莫尔测量系统

综上所述，应用于机械加工零件表面测量的莫尔条纹测量技术，具有的特点为：

(1) 测量分辨率可根据被测物表面纹理特点进行调整，且在较大量程测量场景中的测量精度接近于激光干涉仪，三维测量精度可达到微米级以上；

(2) 适用测量对象的材料属性较为广泛，对镜面物体同样具有良好的测量效果；

(3) 测量系统组成并不复杂，具有较强的稳定性，抗外界干扰性较好，同时对光源的选择性要求不高，但需要注意适用过程中的防尘防污带来的精度影响问题；

(4) 其可配合高帧率相机等视觉传感，搭建具有动态测量功能的测量系统，并结合实时三维测量算法，实现动态的三维表面形貌测量应用；

(5) 虽然受测量对象尺寸及检测场景限制，但通过对测量系统改进及利用图像处理算法，可解决测量过程中的相关限制问题。

4.4 光栅相移测量

4.4.1 光栅相移测量原理

通过在4.2.3节中建立的投影模型可知，求解相位信息后即可求得深度信息。目前求解投影相位最典型的方法是相移法，其原理是向被测物投影多幅具有一定相位差的结构光图像来计算相位信息。以工业实际中最常采用的四步相移法为例，如图4-23所示，其为具有不同初相位的结构光图像。

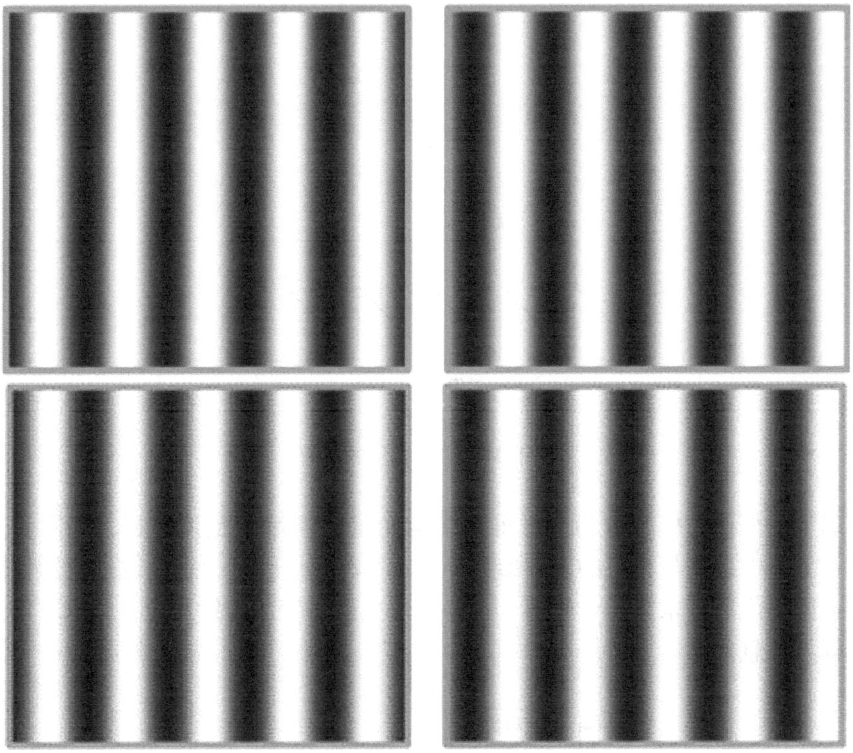

图4-23 四步相移图像

结构光栅作为一种特殊的光信号，其数学表达式如式（4-17）所示：

$$
\begin{aligned}
I_1 &= I' + I''\cos\phi \\
I_2 &= I' + I''\cos(\phi + \pi/2) \\
I_3 &= I' + I''\cos(\phi + \pi) \\
I_4 &= I' + I''\cos(\phi + 3\pi/2)
\end{aligned}
\tag{4-17}
$$

式中 $I_1 \sim I_4$——分别代表四幅结构光图像；

I'——背景光强；

I''——调制光强；

ϕ——所要求解的相位值。

以上四个公式表示四幅不同相位的投影光栅，每一幅的初相位相差 0.5π，上述公式经过合并计算，可得 $\phi(x,y)$ 的函数表达式：

$$\phi(x,y)=\arctan\frac{I_4-I_2}{I_1-I_3} \tag{4-18}$$

由于 $\phi(x,y)$ 是反正切函数，其值域为 $0\sim2\pi$，所以相位主值 $\phi(x,y)$ 也被称为截断相位。因此还需将截断的相位主值转换成连续相位。图 4-24 所示为典型的解相位原理，通过像素所处的位置将相位不断地叠加形成连续相位。

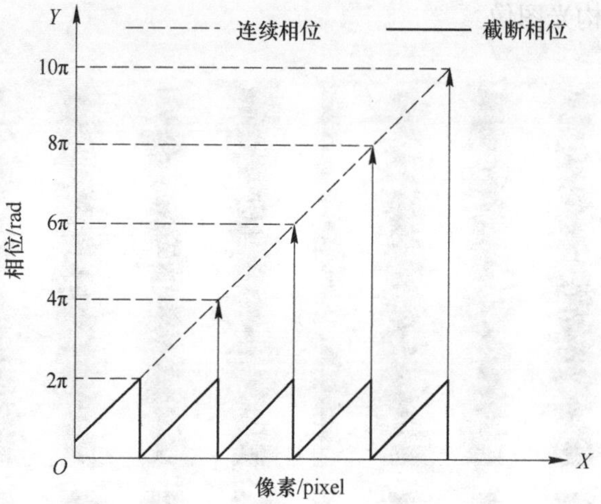

图 4-24 连续相位的求解

通过以上的理论与模型分析，可得到结构光重构测量的整体过程，如图 4-25 所示。首先，对 4.2 节中系统与相机的未知参数 $a_1\sim a_8$、$c_1\sim c_5$ 进行标定，通过投影仪向被测物投射结构光图像之后，求解相位主值，再将相位主值转变成连续相位，代入求解公式可解算三维坐标点信息。

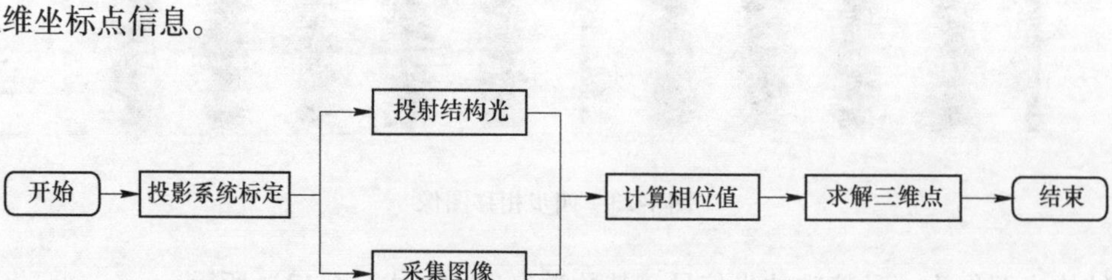

图 4-25 结构光重构测量流程

4.4.2 光栅相移测量应用

光栅相移测量法是目前三维测量中应用较广泛的测量技术之一，一般为了提高实际应用时的测量精度，需要投射多幅光栅图像至被测物表面，进行光栅相位信息的解算，所以相较于其他方法相位解算的精度更高，通常在航天精密制造等领域中有极为广泛的应用。对于光栅相移测量技术，目前的关键点主要为相移测量速度和测量精度。

4.4.2.1 相移法投影测量装置

投影仪按照使用者、投影机和屏幕的相对位置可分为：前投影系统（简称前投）、背投影系统（简称背投）。所谓前投，是指投影仪的放置位置与使用者处在屏幕的相同一侧，此时投影仪投射到屏幕的图像反射到观众眼睛里。背投指投影仪的放置位置与使用者分别位于屏幕的两侧，投影仪的光线从另外一侧投射到屏幕上，然后穿透屏幕再被人眼所观察，如图 4-26 所示。

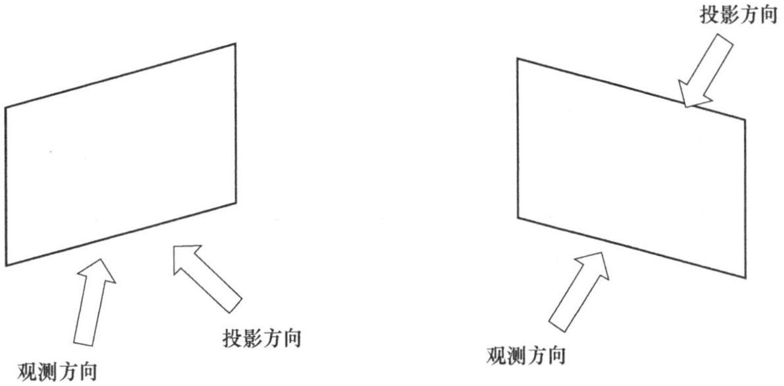

图 4-26　前投影系统及背投影系统

如图 4-27 所示，投影仪光学系统一般由光源、照明系统、显示芯片和投影镜头组成。所用光源主要有灯泡类 - 超高压汞灯、氙气灯，固体光源 - 发光二极管（LED）、激光（Laser）等。显示芯片有 LCD 液晶板、DMD 芯片、LCOS 液晶板等。其中，LCD 液晶板是透过式系统，DMD 与 LCOS 是反射式系统。

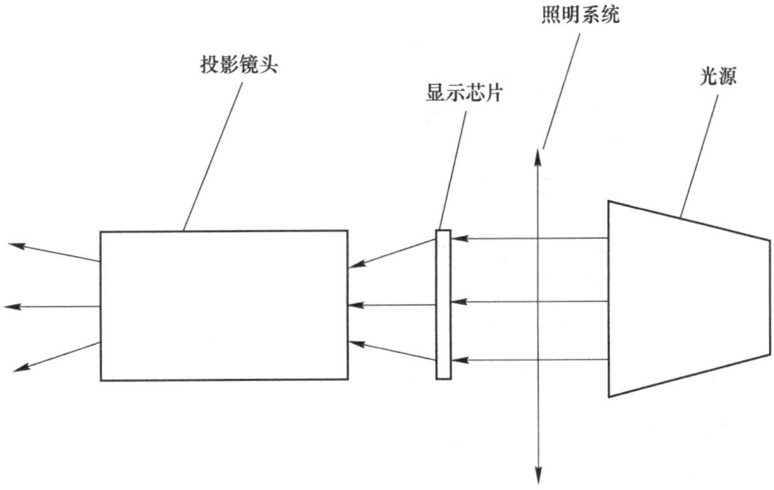

图 4-27　投影光学系统结构组成示意图

基于相移测量法所采用的光学测量仪器主要包括投影仪与相机，目前测量系统的投影仪装置主要采用液晶投影仪（liquid crystal display，LCD），其组成如图 4-28 所示。数字光学处理器投影仪 DLP（digital lighting process），结构如图 4-29 所示。两者的区别为：液晶投影仪直接控制投影面上的投影像素液晶单元进行图像投影，而数字光学处理器投影仪的投影过程更为智能，通过处理器信号控制可以对相移测量过程中的光栅周期、亮度等关键参数进行自动调节，故可实现更智能的测量过程，同时提高了实际测量的应用性。对于测量环境动态变化及待测物种类变换较为频繁的应用场景，采用数字光学处理器进行相移法测量时更为合适。表 4-1 为投影测量装置性能对比。

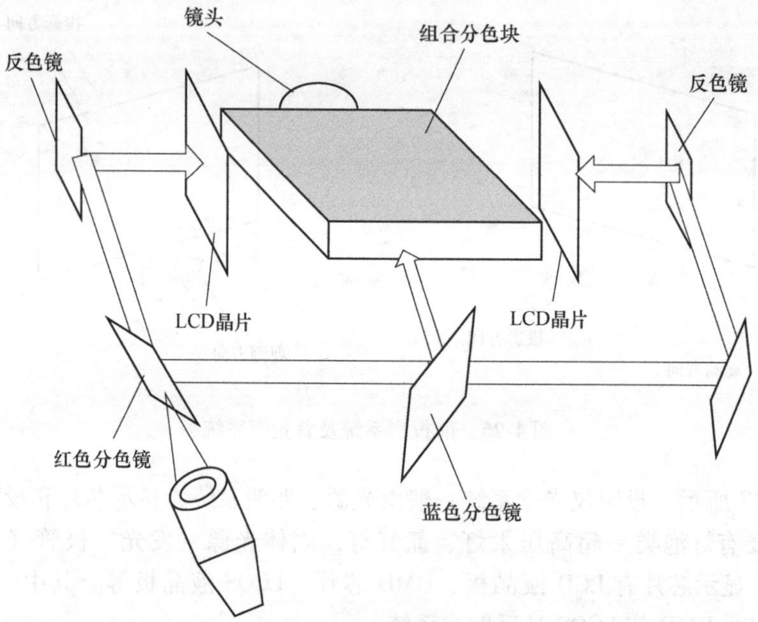

图 4-28 LCD 投影仪系统组成

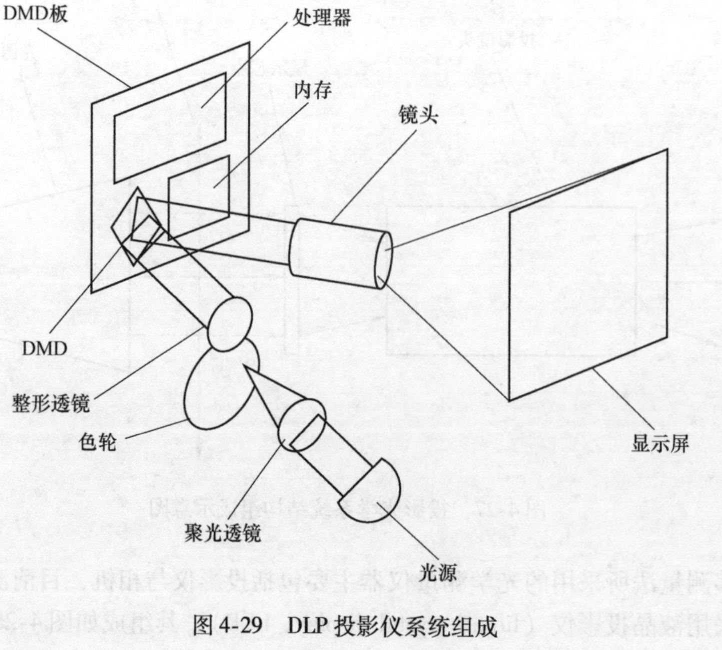

图 4-29 DLP 投影仪系统组成

表 4-1 投影测量装置性能对比

性能参数	DLP（数字光学处理器投影仪）	LCD（液晶投影显示器）
控制核心	全数字 DDRDMD 芯片	液晶板
成像原理	光投射穿过高速转动的红蓝绿盘再投影至 DLP 芯片中成像	利用光学投影穿过红绿蓝三原色滤镜后，再将三原色投影穿过三片液晶板上，合成投影成像
清晰度	像素间隙小，图画清晰，无闪烁现象	像素间隙大，易出现模糊，有轻微闪烁
对比度	光填充量可达 90%，总光率大于 60%	光填充量可达 70%，总光率大于 30%
色彩还原度	高（利用数字成像技术）	一般（受数模转换的限制）
灰度级	高（1024/10bit）	层次不够丰富
色彩均匀性	大于 90%（具有色域补偿电路）	不采用补偿，受液晶板老化使色差增多
亮度均匀性	大于 95%（数字均匀补偿电路）	无补偿，易出现亮度差异
使用寿命	晶片寿命约 100000h 以上	液晶板寿命约 20000h
受光线影响程度	采用一体化箱体结构，受外界光线干扰较小	受外界光影响较为明显

4.4.2.2 相移法精度的关键因素

由于相移法采用多步相移投影进行相位解算，使其本身从原理上较其他三维测量方法的精度更高，且该法受实际测量环境、测量表面的材料属性影响相对较小，故相移法的实际应用性及场景适应性较好。

相移法的测量精度主要与相移光栅数目和光栅的投影质量有关。

A 相移光栅步长

对于相移测量法而言，为了兼顾测量过程效率与相位解算速度，常用的相移步数为3、4、5，其中对于测量实时性要求较高的实际应用场景，通常采用三步相移法进行测量，即采用$\frac{\pi}{3}$的相移步数进行投影，但测量精度较其他多步相移更低，所以目前最为常用的是采用四步相移法进行相位求解，其特点是可以消除由于传感器所带来的偶次谐波影响，同时采用$\frac{\pi}{4}$的相移步长在光学系统中生成的精度较高，且易于保持精度。

B 投影光栅质量

在选择合理的相移步长之后，要同样注意投影光栅的质量，即要保证采用相移法所投影出的结构光栅是否符合标准的正弦特性。此特性是保证相移法测量精度的重要性质，也是对测量系统精度校准的重要依据。

综上，对于相移法所产生的误差主要可以分为两部分，一是投影光栅的非正弦性误差，二是测量系统相移误差，除此以外还包括相移光栅的周期性误差。其中，非正弦性误差是相移法光学测量的主要误差，而与投影光栅质量及正弦性相关的参数主要为以下几项。

（1）投影装置的光强：在其他相同的测量条件下，当采用的投影亮度、相机参数设置、环境照明具有一定差异时，所生成的光栅条纹质量及正弦性均存在差异。所以在进行实际测量应用时，应注意根据条件所需，先对环境照明及相机参数设置进行控制，再对投影装置的亮度等级进行相应调整，并选择最为适合此时的投影亮度，以生成最佳质量的光栅条纹。

（2）条纹参数：结构光投影光路如图4-30所示，其中，I_1代表计算机中生成的标准结构光栅的灰度，I_2为根据标准光栅在投影仪中投射出的实际正弦条纹图像的灰度，I_3是由投影仪投射的实际光栅在相机中捕获成像的光栅灰度，I_1可以由式（4-19）进行表达，根据正弦结构光的计算公式可知，其为标准的正弦光栅。

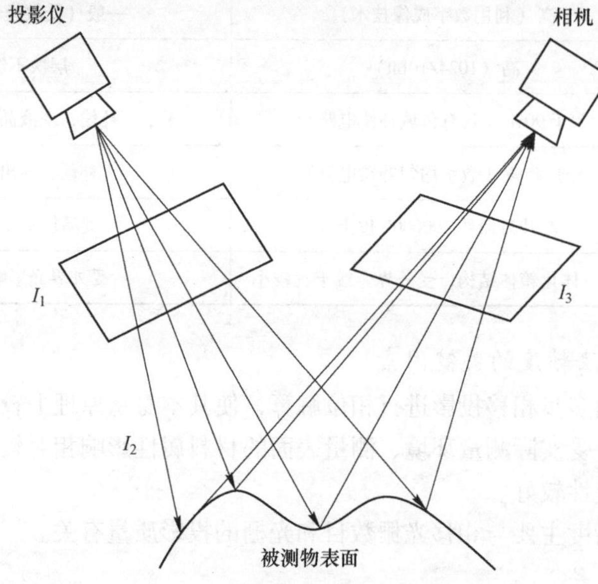

图4-30 结构光投影光路示意图

$$I_1(u,v) = A + B\cos[\theta^n(u,v)] = a + b\cos\left(\frac{2\pi}{T}u\right) \tag{4-19}$$

$$\theta^n(u,v) = \frac{2\pi}{T}u \tag{4-20}$$

式中，u，v分别表示投影面的像素坐标，$I_1(u,\ v)$为像素点$(u,\ v)$的灰度值，A和B分别为正弦光栅的基频与幅值，$\theta(u,\ v)$为$I_1(u,\ v)$处的相位值，T为光栅的周期，其也可表示为一个光栅周期中所对应的像素数。

根据式（4-19）可知，影响结构光栅的主要参数为背景光强系数与调制光强系数，其参数值可通过程序进行控制，而A与B的值，影响光栅条纹的灰度分布。所以通过形式变换将式（4-19）改写为式（4-21）。

$$I_1(u,v) = A + B\cos[\theta^n(u,v)] = \frac{I_1^{\max} + I_1^{\min}}{2} + \frac{I_1^{\max} - I_1^{\min}}{2}\cos\left(\frac{2\pi}{T}u\right) \tag{4-21}$$

由式（4-21）可知，将A、B值通过$I_1^{\max}$，$I_1^{\min}$进行表达，而该值也与投影装置的亮度相关，所以在进行实际测量应用时，通过对投影灰度值进行控制，即可对投影装置的投影亮度进行同步控制。

为了精确控制测量系统的投影光栅亮度变化，可采用具有较高精度的相移生成机械装置，但同时也提高了硬件的成本。所以可利用计算机算法对测量相位的标准性进行优化补偿，以及对非正弦性进行修正，以此提高相位计算精度。对于相移精度而言，由于非正弦性误差属于系统误差，可采用投影仪进行相移精度的控制，无论采用 LCD 或是 DLP 式投影仪，均可利用本身的制造特性来减弱相移误差。

测量系统的非正弦线性误差，多由设备噪声、投影装置的非线性特性所导致，使理论生成的光栅与实际投影光栅出现偏差。此类问题可从投影前传感器本身的信号传递特性进行优化，另外可利用图像灰度处理算法对已投射出的光栅图案进行合理矫正，也可在一定程度上消除非正弦性误差。

4.4.2.3　相移解包裹方法

由前文所述的四步相移法可知，结构光测量时的绝对相位可由式（4-22）表示。

$$\theta(j,k)=\phi(i,j)+2k(i,j)\pi \tag{4-22}$$

其中，$k(i,\ j)$ 为点（$i,\ j$）所对应的光栅的周期次数，其值取整数，条纹周期为 2π，而已知主值相位后，求解式中的 k 值即可得出绝对相位。带有周期性的光栅条纹投影测量过程，如图 4-31 所示。

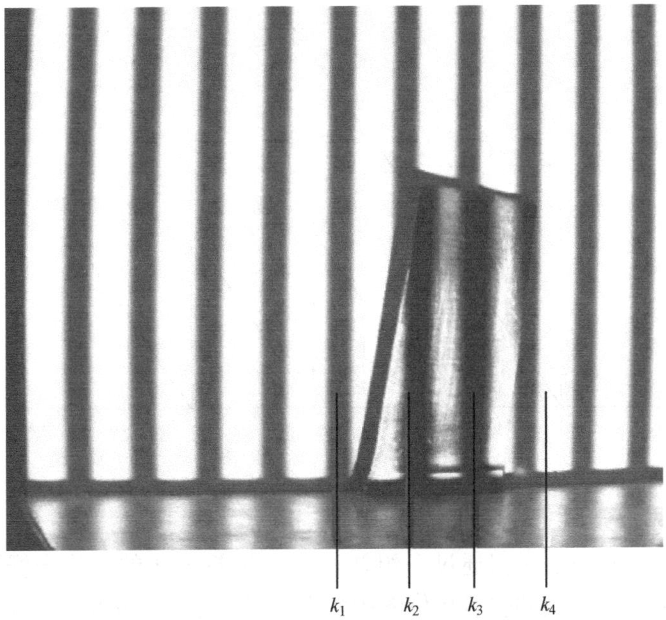

图 4-31　投影光栅周期次数表示

相移法的相位解算过程是测量过程中耗时最大的部分，其根据计算原理主要分为空域解包裹方法和时域解包裹方法。

（1）空域解包裹。在得到相位主值图后，该法利用相位的连续性及周期性，进行解包裹计算，其中广泛采用的有枝切法、统计滤波法、质量值法等。基于空域的相位解包裹方法的优点是，测量过程中无须添加或借助其他信息，可直接通过相位主值进行相位解算；对测量系统的硬件要求不高。但由于仅利用本身的相位主值，在对表面形貌较复杂的物体进行测量时精度不够理想。

(2) 时域解包裹。时域解包裹方法按照时间先后顺序，投影多个不同频率的光栅条纹至被测物表面进行测量，所以相对于空域形式的解包裹方法可提取出更丰富的形貌信息，因此较为适合测量复杂表面形貌的物体。其中，具有代表性的时域解包裹方法有灰阶编码法、二进制编码法、综合编码法与多频投影解包裹法。

在此，介绍一种基于多频外差的解包裹方法，当得到结构光栅图片的包裹相位图后，能够发现各像素点的 $\phi(x)$ 值被限制在（0，2π）之间，所以 $\phi(x)$ 又被称为截断相位，且包裹相位图的节距与原结构光栅图的节距大小相等。由截断相位获得结构光栅图片连续相位的过程，称为相位解包裹。结构光栅图的截断相位与连续相位的关系，如式（4-23）所示。

$$\theta(x) = \phi(x) + k(x) \cdot 2\pi \tag{4-23}$$

式中，$k(x)$ 代表像素点 x 所位于的结构光栅条纹级数，即像素点 x 位于第几条纹内，相位解包裹方法的主要目标是确定出 k 值，并得到结构光栅的连续相位图，其相位解包裹原理如图 4-32 所示。

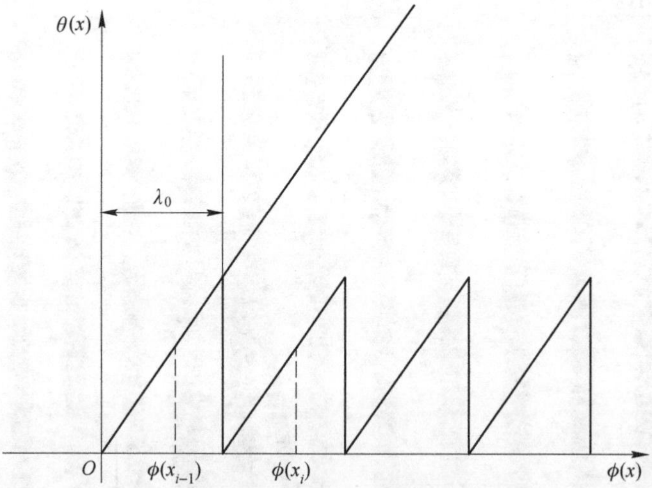

图 4-32 相位解包裹原理图

传统的空域解包裹方法是仅通过一组初始周期相差 π/2 的结构光栅图片来获取连续相位，该方法主要是对得到的包裹相位图中两个像素点之间的相位值和坐标关系进行判断和运算，其原理见式（4-24）。

$$\begin{cases} \theta(x_{i-1}) = \phi(x_{i-1}) \cdots\cdots [\phi(x_{i-1}) \leqslant \phi(x_i)] \\ \theta(x_i) = \phi(x_{i-1}) + 2\pi \cdots\cdots [\phi(x_{i-1}) > \phi(x_i)] \end{cases} \tag{4-24}$$

从式（4-24）中可以看出，传统的解包裹方法过于依赖前后两个像素点的包裹相位值，若某个像素点的包裹相位值存在误差，则容易造成误差累积现象。通过使用多组不同节距的结构光栅图片，利用多频外差解包裹的方法，可以获取每组结构光栅图片中各像素点的连续相位。该方法主要是基于莫尔条纹原理，即两组不同节距（i，j）的包裹相位图按式（4-25）进行叠加时，能够产生一种新节距的包裹相位图。

$$\begin{cases}\phi(x)_{ij}=\phi(x)_i-\phi(x)_j\cdots\cdots[\phi(x)_i<\phi(x)_j]\\ \phi(x)_{ij}=\phi(x)_i+2\pi-\phi(x)_j\cdots\cdots[\phi(x)_i\geqslant\phi(x)_j]\end{cases}\tag{4-25}$$

式中，$\phi(x)_{ij}$为新的包裹相位图中每行各像素点的相位值；叠加后的包裹相位图节距为：

$$\lambda_{ij}=\frac{\lambda_i\lambda_j}{|\lambda_i-\lambda_j|}\tag{4-26}$$

若存在三张节距分别为 i、j 及 h 的结构光栅包裹相位图，利用式（4-26）按节距的相邻顺序进行两两叠加计算，则最终得到的包裹相位图的节距计算公式为：

$$\lambda_{ijh}=\frac{\lambda_i\lambda_j\lambda_h}{\lambda_i(\lambda_j-\lambda_h)-\lambda_h(\lambda_i-\lambda_j)}\tag{4-27}$$

在包裹相位图中，因为单一节距内每行像素点的相位值是连续的，所以在对标定板或被测物投影竖直结构光栅图片时，若 λ_{ijh}的值大于采集的投影图片中结构光栅区域的横向像素尺寸 w（投影横向结构光栅时对应纵向像素尺寸），如图 4-33 所示，则经过多频外差解包裹后，该区域各像素点的相位值是连续的。

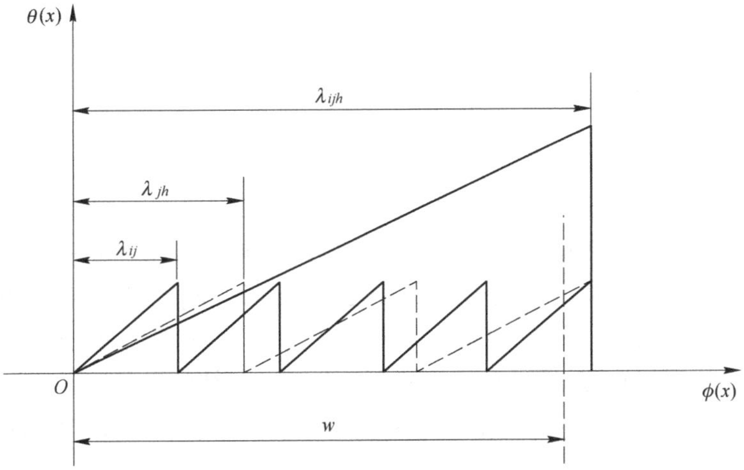

图 4-33 多频外差算法原理

若投影三组以上不同节距的结构光栅图片，其多频外差的解包裹过程与上述分析过程相同。结构光栅图片的节距 λ_0通常能够根据投影图片的分辨率大小 w_0 及结构光栅频率 T 确定，且三者的关系为：

$$\lambda_0=T\cdot w_0\tag{4-28}$$

式中，T 代表结构光栅图片中明暗条纹交替次数的倒数。

则将式（4-28）代入式（4-19）中，并经过整理可得：

$$I_1(u,v)=a+b\cos\left(\frac{2\pi w_0}{\lambda_0}u\right)\tag{4-29}$$

对式（4-29）中 u 前的系数进行定义后，便能够利用 OpenCV 或 MATLAB 编程，生成所需的多组不同节距的结构光栅图片，图 4-34 为在 OpenCV 中编写的结构光栅投影图片的 C++ 代码。

```
for (y = 0; y < img1->height; y++)
{
        unsigned char*p1 = (unsigned char*)(img1->imageData + y *(img1->widthStep));
        unsigned char*p2 = (unsigned char*)(img2->imageData + y *(img2->widthStep));
        unsigned char*p3 = (unsigned char*)(img3->imageData + y *(img3->widthStep));
        unsigned char*p4 = (unsigned char*)(img4->imageData + y *(img4->widthStep));
        if (y == 0)
        {
                for (x = 0; x < img1->width; x++)
                {
                        p1[x] = 127.5*(1 + cos(0.2*p[x] + 0 * PI));
                        p2[x] = 127.5*(1 + cos(0.2*p[x] + 0.5 * PI));
                        p3[x] = 127.5*(1 + cos(0.2*p[x] + 1 * PI));
                        p4[x] = 127.5*(1 + cos(0.2*p[x] + 1.5 * PI));
                }
        }
```

图 4-34 OpenCV 结构光栅生成代码

若将式（4-29）代入式（4-26）中，则可得：

$$T_{ij} = \frac{T_i \cdot T_j}{|T_i - T_j|} \tag{4-30}$$

当难以确定采集的投影图片中结构光栅区域的像素尺寸时，则经常使用式（4-30）来确定所投影的结构光栅图片参数是否合理。例如，若使用的三组结构光栅图片的频率分别为 0.096、0.125 及 1.44，则其节距值分别为 $\lambda_1 = 102$，$\lambda_2 = 128$，$\lambda_3 = 150$，最终解包裹后的相位图的节距值 λ_{123} 约等于 1185，频率大于 1。所以上述三组结构光栅图经过多频外差解包裹后，在采集的投影图片的横向尺寸小于 1185 的结构光栅区域内，每个像素点所对应的相位值 θ 是连续的，其解包裹的过程及与传统解包裹方法的对比效果，如图 4-35 所示。

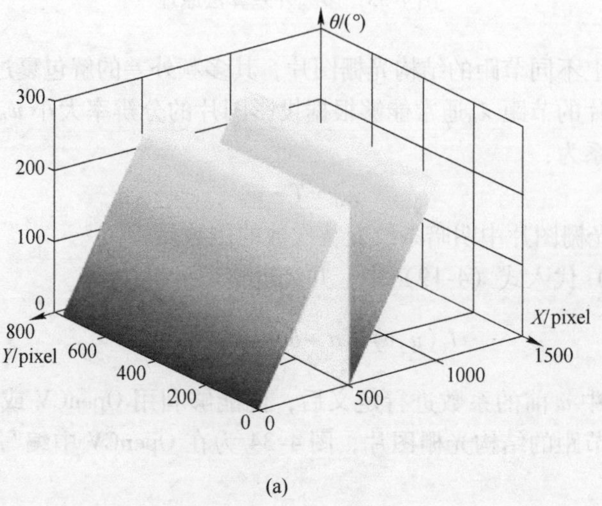

(a)

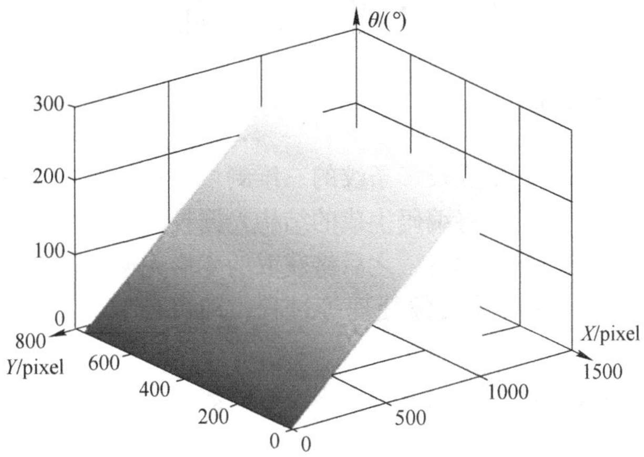

(b)

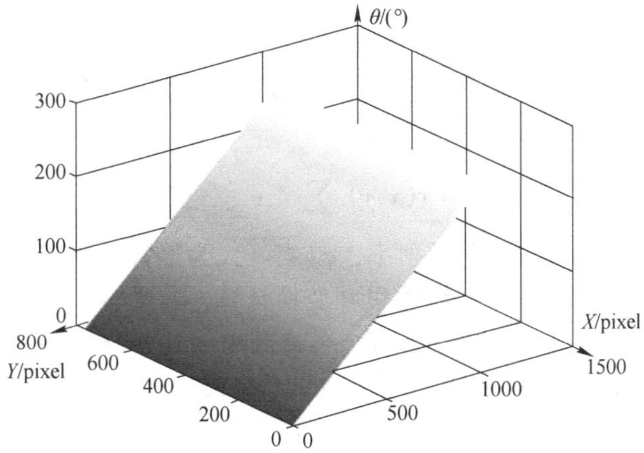

(c)

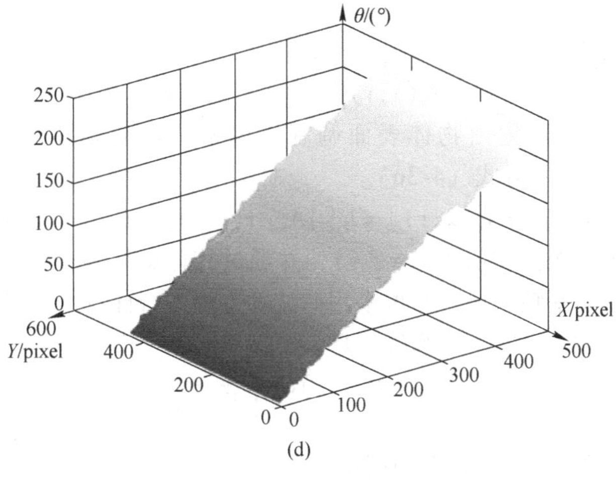

(d)

图 4-35 多频外差算法过程及与传统解包裹算法解包效果对比图

（a）λ_1 与 λ_2 的外差相位图；（b）λ_2 与 λ_3 的外差相位图；（c）λ_{123} 的连续相位图；（d）传统解包裹方法得到的相位图

扫一扫
查看彩图

4.5　傅里叶变换测量

4.5.1　傅里叶变换测量原理

利用傅里叶变换计算原理生成投影条纹的三维测量方法，是近年来常采用的一种表面形貌测量技术，其利用主动光源将编码生成的结构光栅投射至被测物表面，并通过视觉传感器捕获测量物表面的变形条纹图案，之后将获取的变形光栅传送至计算机中进行傅里叶变换等一系列相位计算、分析及图像处理等过程，即可计算出被测物表面的三维形貌特征。

由傅里叶变换三维轮廓测量法生成的投影条纹的数学表达式，可由式（4-31）表示。

$$I_0(x,y) = \sum_{n=-\infty}^{n=\infty} A_n e^{i[2\pi f_0 x + n\varphi_0(x,y)]} \tag{4-31}$$

式中　f_0——投影条纹的基频；

φ_0——初始相位。

通过投影装置将式（4-31）生成的投影条纹进行投影后，经被测物表面纹理的影响，得到的调制形变条纹可表示为式（4-32）。

$$I(x,y) = r(x,y) \sum_{n=-\infty}^{n=\infty} A_n e^{i[2\pi f_0 x + n\varphi_0(x,y)]} \tag{4-32}$$

其中，$r(x, y)$ 为物体表面非均匀反射率，$\varphi(x, y)$ 为经被测物表面纹理调制形成的相位变化。通过对式（4-32）进行一维傅里叶变换计算，其中零频为背景光强，基频中具有待求的相位变量。通过相应的卷积计算，可将其中的基频分量 f_0 进行提取，之后通过逆傅里叶变换，可计算得出新的分布函数，如式（4-33）所示。

$$\hat{I}(x,y) = A_1 r(x,y) e^{i[2\pi f_0 x + \varphi_0(x,y)]} \tag{4-33}$$

同时，对式（4-33）生成的投影光栅进行傅里叶变换，可得式（4-34）。

$$\hat{I}_0(x,y) = A_1 e^{i[2\pi f_0 x + \varphi_0(x,y)]} \tag{4-34}$$

之后，通过对两式进行相乘，得到式（4-35）。

$$\hat{I}(x,y) \cdot \hat{I}_0(x,y) = |A_1|^2 r(x,y) e^{i[\Delta\varphi(x,y)]} \tag{4-35}$$

其中，相位差 $\Delta\varphi(x, y)$ 为由物体表面调制所得相位与初始相位的差值，之后对式（4-35）进行形式变换，可得式（4-36）。

$$\lg[\hat{I}(x,y) \cdot \hat{I}_0(x,y)] = \lg[|A_1|^2 r(x,y)] + i[\Delta\varphi(x,y)] \tag{4-36}$$

由此提取出式中的相位差值 $\Delta\varphi(x, y)$，并通过相位解算得出相对应的三维高度值。之后测量的关键是求出基频分量，其可采用滤波的方法进行计算，经过傅里叶逆变换，即可计算出投影后被测物表面的三维高度信息。

$$g_0(x,y) = \frac{R(x,y)C}{2} e\left[\frac{j2\pi x}{t_0} + \frac{j2\pi h(x,y)}{\lambda_0}\right] \tag{4-37}$$

式中　t_0——在参考平面上投影光栅的周期。

利用式（4-36）求解出其中的相位，并对计算式（4-37）进行化简约去线性载频项，即可得出由于被测物表面调制所形成的调制相位 $2\pi h(x,y)/\lambda_0$。由于计算出的调制相位调制截断可在［$-\pi$，π］之间进行表示，所以采用相应的相位展开算法，即可计算出绝对相位，从而得出被测物表面的三维高度的分布。同时，从式（4-37）中通过计算出复指数函数幅值，即可得出物体表面的灰度信息 R，也可利用成像系统捕获测量物表面的信息。傅里叶变换三维测量方法流程，如图 4-36 所示。

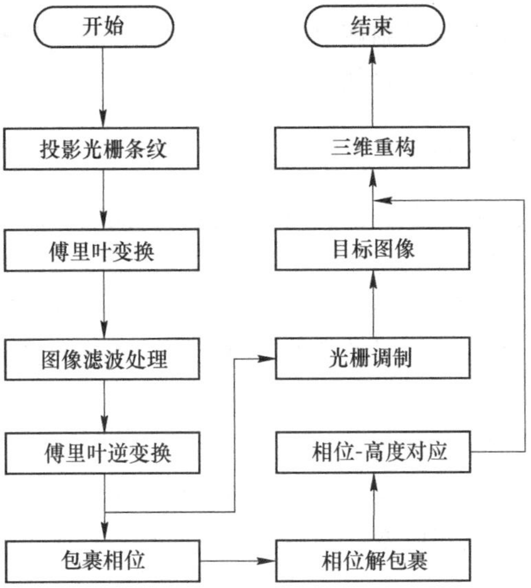

图 4-36 傅里叶变换三维测量流程

4.5.2 傅里叶变换方法的技术特点

基于傅里叶变换的投影测量方法，采用了卷积运算对光栅的信息进行处理，投影光栅信号中的基频量作为测量信号的关键特征，所以在实际测量应用时应将其他频率信号进行滤除，以突出与测量结果相关性较高的特定频率信号，这种特点是影响傅里叶变换测量法测量精度的主要因素。同时，傅里叶变换测量法对于测量物的形貌特征要求并不苛刻，但对于光栅投影分布所影响的形貌测量变化较为敏感。

（1）测量系统的灵活性。傅里叶变换测量法与莫尔条纹测量法的区别在于，前者无须借助投影的标准光栅信息进行相位解算，故对光学测量系统的复杂程度进行了简化，提高了测量过程的灵活性及智能化程度。另外，其与相位轮廓测量技术相比，由于采用了二次投影测量思想，有助于减小初始相位的误差，同时其测量系统具有简单且调节方便的特性。

（2）单帧投影测量。傅里叶变换测量法与相位轮廓测量法具有十分相似的特点，即都利用投影结构光条纹进行相位与三维轮廓高度映射进行表面形貌测量，两者由于自身所具有的特点与性质，分别适合不同的应用场景。经过前文讲解可知，基于相位轮廓测量方法的相位求解精度更高，但在进行相位计算时由于需要投影多幅光栅条纹图案，使测量的实时性受到限制，从而难以满足动态测量的需求。基于傅里叶变换法的三维轮廓测量，由于仅投射单帧图像，所以相比于傅里叶变换测量法测量的速度较快，应用于机械加工场景中时，具有实现在机测量的应用前景，但该法易受环境及其他频率信号的干扰，使测量精度受到一定的制约。

（3）测量物特征限制。首先，在进行测量时采用傅里叶变换法和逆傅里叶变换的计算量较大，使测量过程的计算耗时较长，所以要满足动态及在机测量的实际需求具有一定的限制。其次，对于被测物的表面曲率变化过大，或存在表面不连续和较明显特征变化情况时，若采用傅里叶变换法，则会对物体表面产生相位求解错误，从而造成三维轮廓的计算误差，甚至出现无法进行轮廓映射解算的结果。因此，在实际测量时应选择表面较为平坦且连续的曲面，作为该法的待测量物。

4.5.3　傅里叶变换测量应用方法

随着机械精密加工技术的发展，以及对测量技术应用需求的不断提高，除了基于普通条纹分析法的傅里叶变换测量法之外，还出现了其他广泛应用的相位计算方法，例如窗口傅里叶计算法，小波分析法和基于经验模态分解与希尔伯特变换法。以上方法均基于单幅投影光栅条纹进行测量，在提高测量效率的同时对测量系统的复杂度进行简化，使测量过程更为灵活。

4.5.3.1　窗口傅里叶计算法

在实际测量过程中，针对普通条纹分析的傅里叶变换测量法所具有的局限，则广泛采用窗口傅里叶变换法。窗口傅里叶变换测量，如式（4-38）所示。

$$f(\omega,b) = \int_{-\infty}^{+\infty} \{f(x)\mathrm{e}^{-\mathrm{j}\omega x}\} g(x-b)\mathrm{d}x \tag{4-38}$$

$$g(x) = \frac{1}{2\sqrt{\pi\alpha}} \mathrm{e}^{-\frac{x^2}{4\alpha}} \quad (\alpha > 0) \tag{4-39}$$

式中　$g(x)$——高斯函数，可将其视为窗口函数对信号进行高斯加权操作；

$f(\omega,b)$——经过设置窗口区域计算的傅里叶变换；

α——窗口尺寸且为定值；

b——窗口区域中心平移参数，其可对窗口区域位置进行设置。

之后，根据傅里叶计算变换原理与高斯函数性质，可以得出关系式（4-40）。

$$\int_{-\infty}^{+\infty} f(\omega,b)\mathrm{d}b = \int_{-\infty}^{+\infty}\int_{-\infty}^{+\infty} \{f(x)\mathrm{e}^{-\mathrm{j}\omega x}\} g(x-b)\mathrm{d}x\mathrm{d}b = \int_{-\infty}^{+\infty} f(x)\mathrm{e}^{-\mathrm{j}\omega x}\mathrm{d}x \tag{4-40}$$

由式（4-40）可知，窗口傅里叶变换具有较好的信号过滤特性，进而可以提高测量精度。另外，窗口傅里叶变换法也具有一定的局限性，即在编写程序时所设置的频率窗口大小一般不能改变，所以在对动态变化的频率信息测量时提取效果不够理想，使该法对测量频率段具有一定要求，其解决方式为：其一，可以通过在测量前判断待测场景的频率是否符合测量要求；其二，可采用具有可调整傅里叶变换窗口尺寸的算法，来优化原始的窗口傅里叶变换方法，以适应复杂表面形貌的被测物测量要求。

4.5.3.2　小波分析法

小波分析法即利用函数簇近似表示被测信号或特征函数，所表示的函数即为小波函数，是对基础的小波函数中的参数进行调整，通过对函数的伸缩、移动计算而来，小波函数可由式（4-41）进行表达。

$$\psi_{a,b}(t) = \frac{1}{\sqrt{a}}\psi\left(\frac{t-b}{a}\right) \quad (a,b \in R, a \neq 0) \tag{4-41}$$

式中 a——幅值伸缩参数；

b——移动参数。

设待处理信号 $f(t)$，小波变换的计算过程可表示为信号函数与小波函数的内积。

$$WT_f(a,b) = \langle f(t), \psi_{a,b}(t) \rangle = \frac{1}{\sqrt{|a|}} \int_R f(t) \, \overline{\psi}\left(\frac{t-b}{a}\right) \mathrm{d}t \tag{4-42}$$

由式（4-42）可以看出，通过修改原始小波函数即平移伸缩参数，可以对输入信号进行相应处理。

采用小波变换法进行实际应用时，需要考虑噪声去除的问题，噪声滤波运算时常用以下几种处理方法。

（1）模极大值重构滤波。输入信号的小波变换系数极大值随着尺度的增大而增大，但对于噪声信号来说，其模的极大值随着尺度的增加而减小，最终趋于零值，所以在多尺度空间中利用模极大值的变化性质可以对输入信号进行噪声滤除，从而较好地保留有效信号的质量。但模极大值重构滤波法的计算过程通常较为复杂，以致所需的计算耗时较长，所以在需要考虑测量效率的应用场景中具有一定的制约性。

（2）空域滤波。当输入信号通过小波变换之后，其不同信号的小波系数对于不同空间域的维度具有一定程度的敏感性，而对于噪声信号来说则敏感性相对较弱，依此特点可以将较为敏感的有效信号进行过滤，达到去噪的目的。同时，空域滤波处理方法由于需要进行密集优化计算，计算量同样较大。

（3）小波阈值滤波。小波变换具有能量集合的功能，经过信号处理并通过小波变换处理后，将信号分解为噪声信号和有效信号。其中，有效信号的幅值较噪声幅值更高，以此可以通过设置阈值，将两部分信号进行有效信息的提取及噪声信号的去除，并通过小波逆变换进行最终的信号转换。该法的关键是如何合理准确地设定信号处理阈值，其与测量的精度密切相关。

4.6 光栅投影测量实例

本节以单目结构光相移法测量过程为例，对薄壁叶片表面形貌光栅投影测量的实际测量效果进行展示。单目结构光测量系统主要由计算机、投影仪、工业相机构成，系统模型如图 4-37 所示。通过计算机编制面结构光，结构光经投影仪投射至被测物体的表面，通过相机采集视野内的结构光的光栅图案，对光栅图像进行相位求解，得到被测物体的三维信息。

（1）结构光标定实验。在采集标定图片的过程中，由于图片信息在传递、储存及显示等过程中，会受到来自硬件设备或外部环境的影响而产生噪点信息，噪点信息会降低某坐标像素点或某区域像素点的灰度值精度，进而降低棋盘格角点像素坐标的检测精度。为此本文对采集的标定图片使用了 Gaussian blur 算子进行降噪处理，Gaussian blur 算子相比于其他降噪方法，因采用了遵循二维高斯分布的降噪系数模板（表 4-2 为该算子 3＊3 内核大小的降噪系数模板），不会改变图片中像素点的灰度值分布规律，所以该降噪方法能够在有效去除图片噪点的同时保留标定图片中的角点坐标信息。

扫一扫
查看彩图

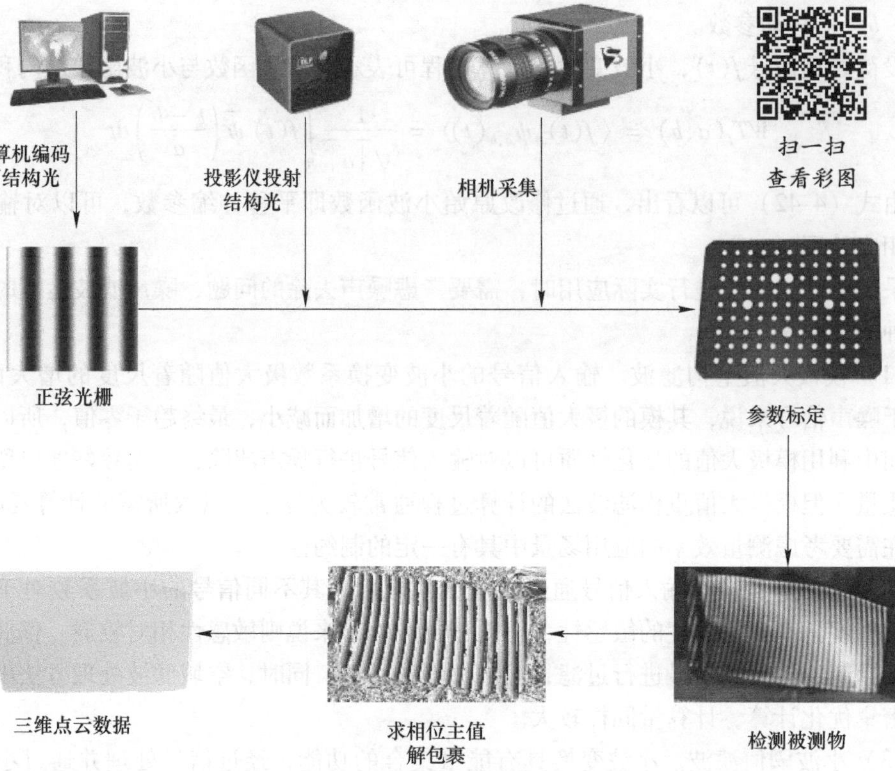

图 4-37 单目结构光测量系统模型

表 4-2 Gaussian blur 算子 3 * 3 内核大小的降噪系数模板

3 * 3 降噪系数矩阵		
0.075	0.124	0.075
0.124	0.204（中心点像素降噪系数）	0.124
0.075	0.124	0.075

因所用相机的分辨率较高，所以使用了 17 * 17 内核大小的 Gaussian blur 算子，对采集的标定板图片进行降噪处理，标定图像降噪前后的 canny 算子轮廓检测对比效果如图 4-38 所示，从对比效果中可以看出标定板图片经过降噪后去除掉了大量冗余的轮廓信息。

在 9 个角度对圆形标定板格标定板图片进行了采集，且在 OpenCV 中调用了张正友标定算法的相关库函数，利用了 drawChessboardCorners 及 circle 函数在标定图片中显示并绘制标定点，图 4-39 为降噪标定图片的相机标定过程。为确定相机的标定精度，在此使用了 OpenCV 中的 CalibrationEvaluate 函数来计算每幅图片的标定误差及整体标定平均误差，在设置相同的标定参数（标定点之间的物理距离为 25，标志点搜索窗口为 5）后，其降噪前后相机的标定误差及内参数矩阵见表 4-3。

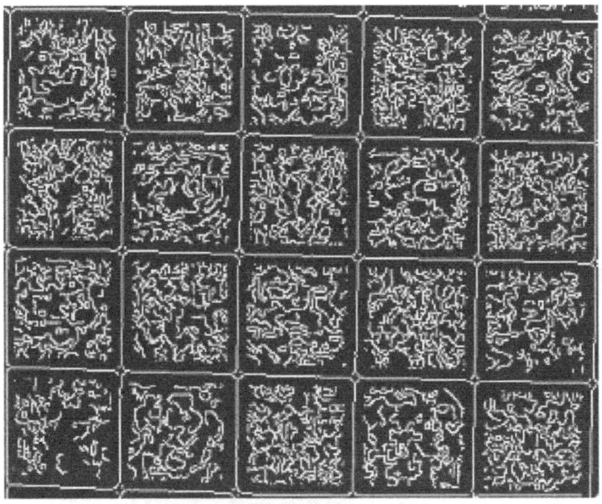

(a)

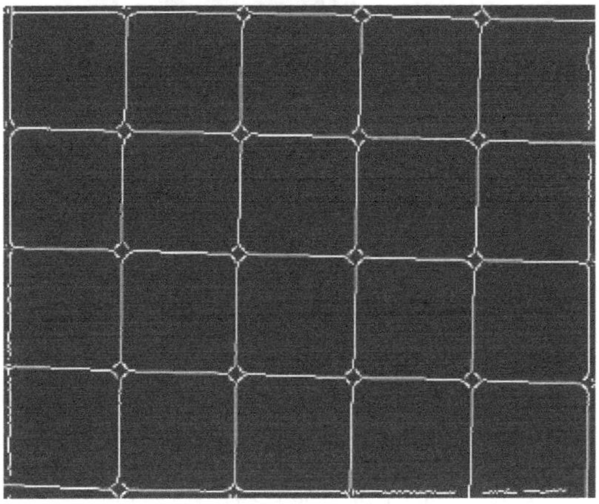

(b)

图 4-38　标定图片降噪效果对比图
（a）降噪前；（b）降噪后

扫一扫
查看原图

表 4-3　标定图片降噪前后相机标定结果

标定图片降噪前相机标定结果		标定图片降噪后相机标定结果	
1～9 幅图片的标定误差/pixel	0.775817	1～9 幅图片的标定误差/pixel	0.747941
	0.812496		0.793756
	0.635085		0.559499
	0.528644		0.600120
	0.975201		0.758186
	0.841787		0.746784
	0.780014		0.595098
	0.858491		0.690626
	0.795615		0.794883
标定平均误差/pixel	0.778128	标定平均误差/pixel	0.698544
内参数矩阵	$\begin{bmatrix} 5446.2 & 0 & 896.7 \\ 0 & 5450.4 & 1022.2 \\ 0 & 0 & 1 \end{bmatrix}$	内参数矩阵	$\begin{bmatrix} 5454.7 & 0 & 918.9 \\ 0 & 5449.4 & 1054.3 \\ 0 & 0 & 1 \end{bmatrix}$

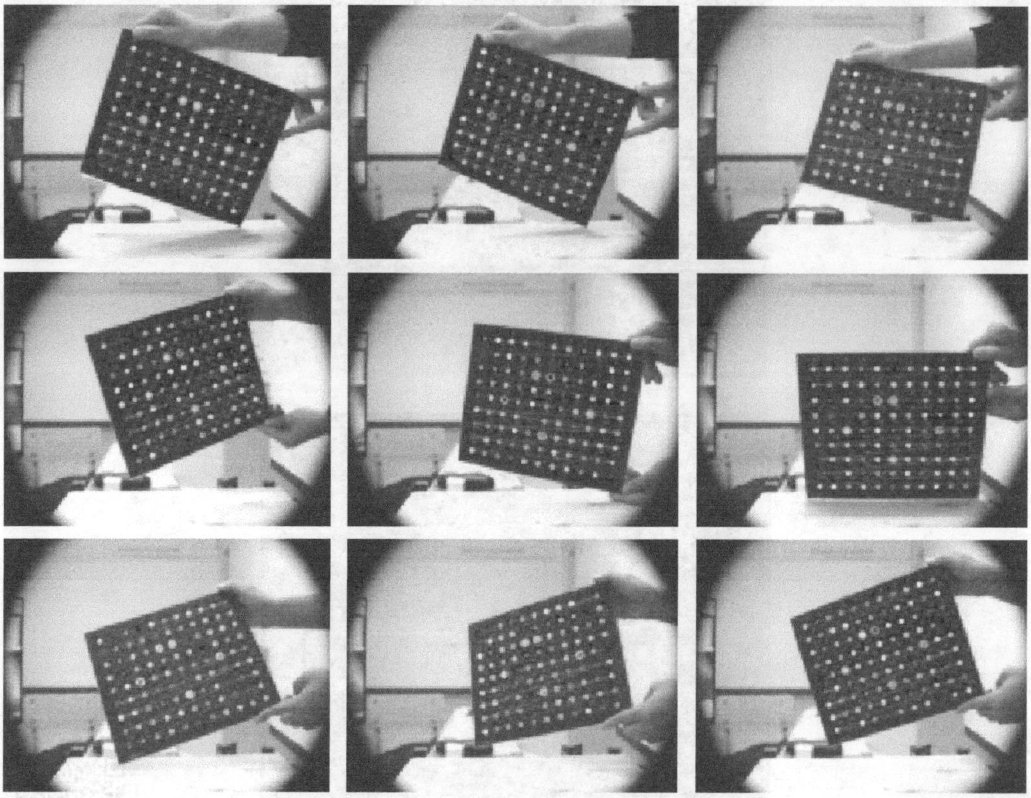

图 4-39 标准圆形标定板标定过程

扫一扫
查看彩图

从表 4-3 中可以看出，利用 Gaussian blur 算子对标定图片进行降噪处理后，再进行相机标定则能够使多数单幅图片的标定误差及标定平均误差降低。

（2）结构光三维重构形貌测量及偏差分析。为确保结构光栅图片的解包裹效果，本实例采用了十二步相移法，且利用 8 组不同节距的结构光栅图片进行多频外差解包裹，结构光栅图片的频率依次为：1/128、1/64、1/32、1/16、1/8、1/4、1/2、1。最终得到的相位图频率为 1，即经过多频外差解包裹算法后，连续相位图能覆盖测量图片结构光栅区域中的各像素点。在本书中，结构光栅投影标定过程及叶片零件表面投影测量过程中的部分图片分别如图 4-40 及图 4-41 所示。

随后利用多频外差对采集的投影标定图片及测量图片进行解包裹，则可得到的其中一组结构光栅的连续相位图如图 4-42 所示。

由于传感器所采集的点云数据量巨大，导致计算时间过长，故不能直接用于曲面三维重构。通过 Geomagic Wrap 平台显示结果。对叶片的精简效果如图 4-43 所示，精简前点云数量为 131952，精简后数量为 31668。精简前后的点云，如图 4-43 所示。

如图 4-44 所示，其为测量点云的曲面拟合效果，图 4-45 为曲面的测量偏差分析结果，一般可采用设计模型与所拟合的模型进行比较分析。

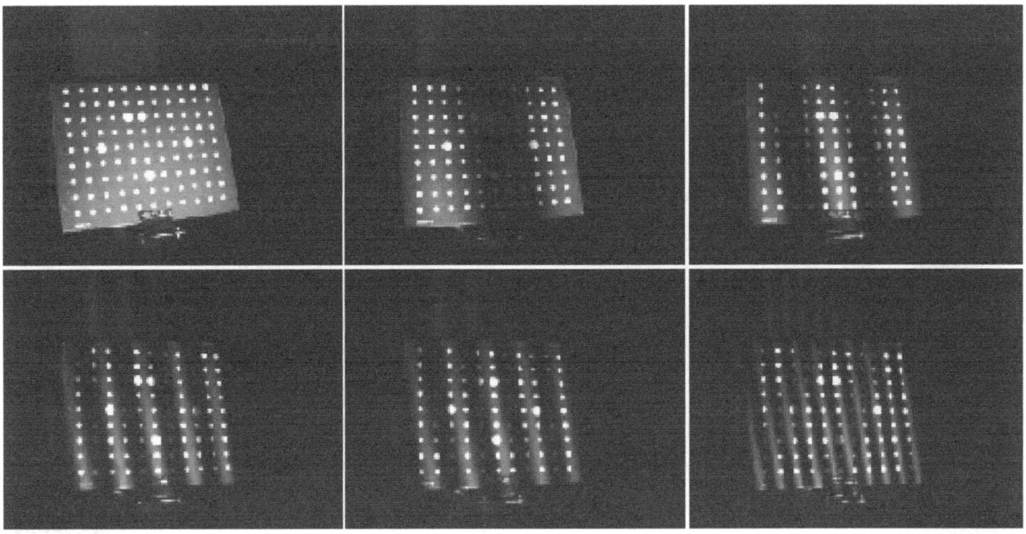

图 4-40 结构光栅投影标定过程

扫一扫
查看彩图

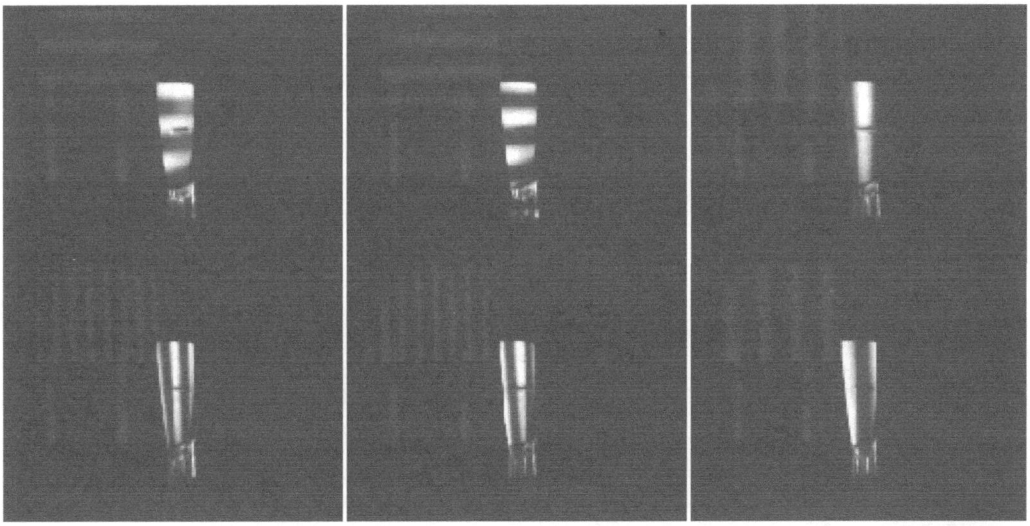

图 4-41 叶片零件表面投影测量过程

扫一扫
查看彩图

根据软件的偏差分析结果可以得出：最大（正负）几何偏差为 0.0319/−0.1455mm；平均（正负）几何偏差为 0.0094/−0.0533mm；标准偏差为 0.0269mm。

（3）结构光形貌测量时存在的实际问题。虽然利用光栅投影的测量方法能够测量出工件的表面形貌，但工件在加工过程中，表面会受到冷却液、切屑、加工刀痕和反光的影响，通过对上述四种情况的工件进行结构光检测试验，对获得的点云进行分析，其特点总结见表 4-4。

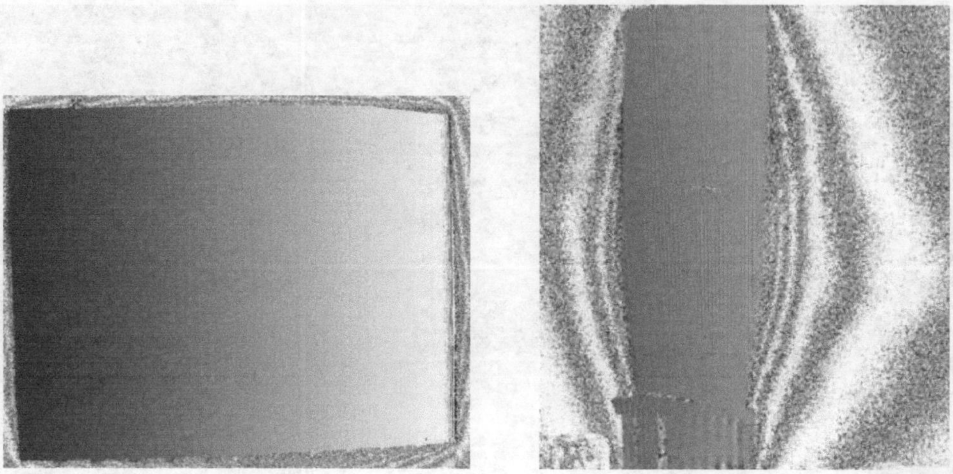

(a)　　(b)

图 4-42　连续相位图

（a）标定板连续相位图；（b）叶片连续相位图

扫一扫
查看彩图

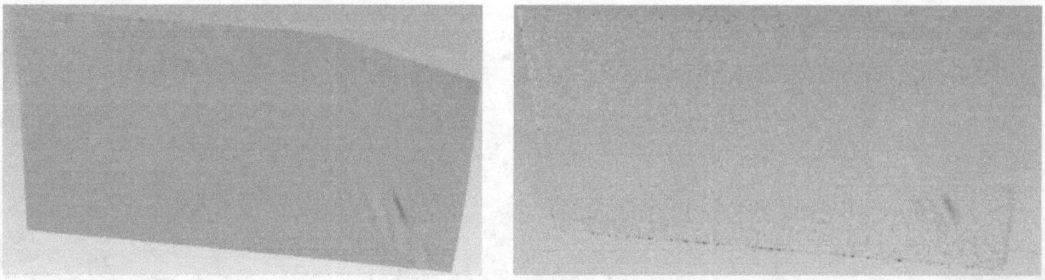

(a)　　(b)

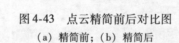

图 4-43　点云精简前后对比图

（a）精简前；（b）精简后

扫一扫
查看彩图

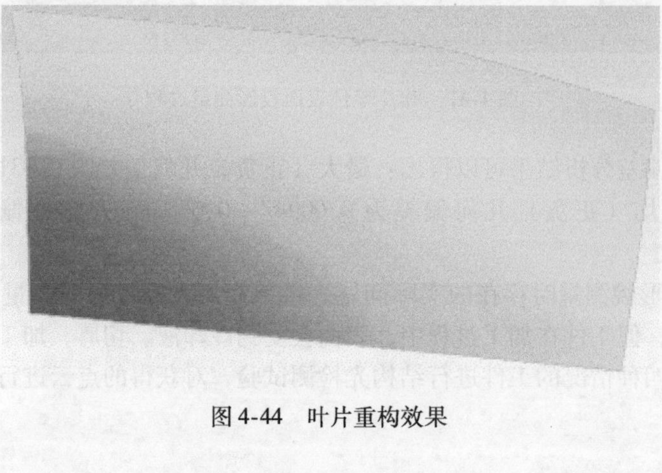

图 4-44　叶片重构效果

扫一扫
查看彩图

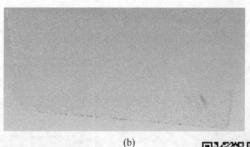

扫一扫
查看彩图

图 4-45　叶片偏差分析结果

表 4-4　加工过程中各影响因素的点云特征

类型		实物图	点云效果	点云特点
非反光特征	冷却液		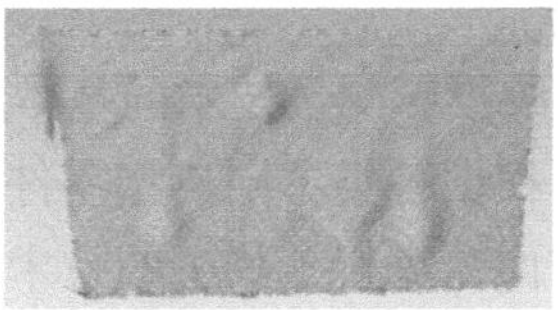	在多个位置出现凸起，具有随机性，形状呈水滴状
	切屑	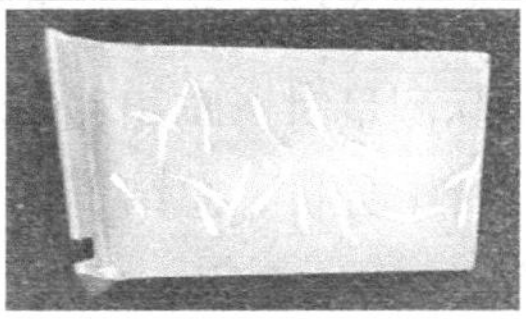	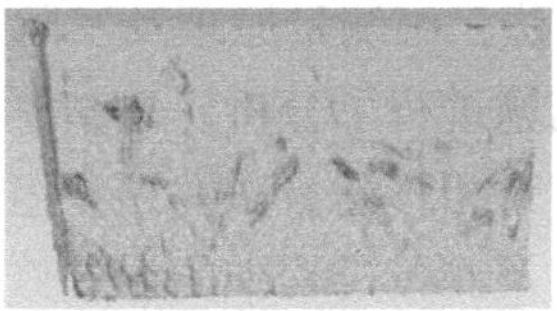	在多个位置出现凸起和孔洞，具有随机性，形状呈长条状
	加工刀痕		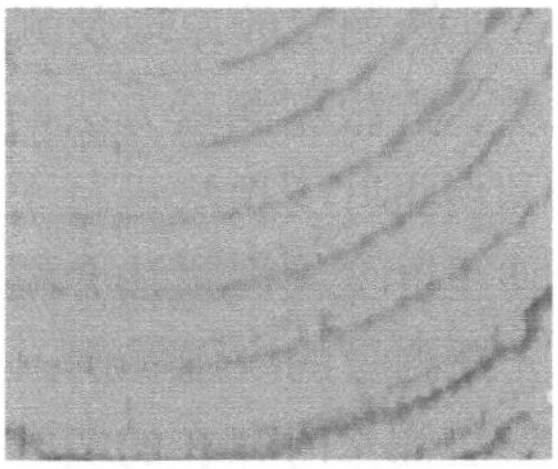	点云表面出现连续性凸起棱线，刀具加工路线具有规律性，特征面积较小
反光特征		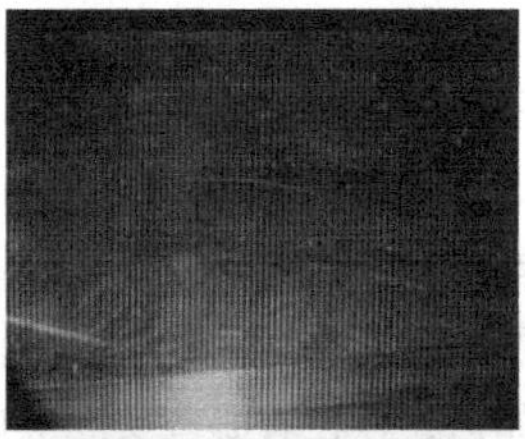 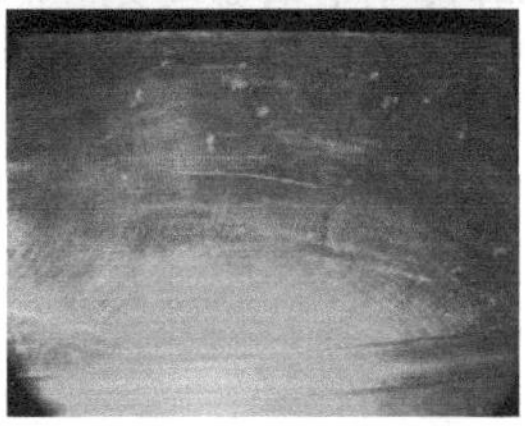	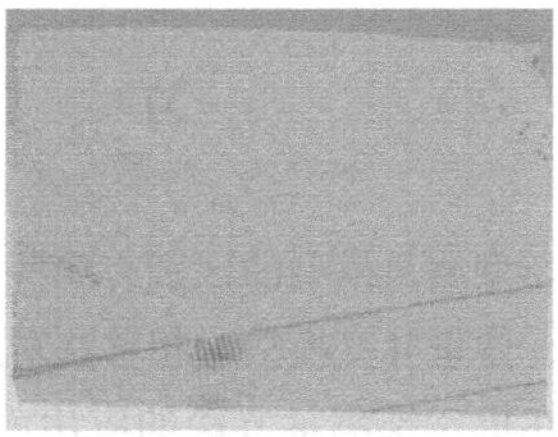 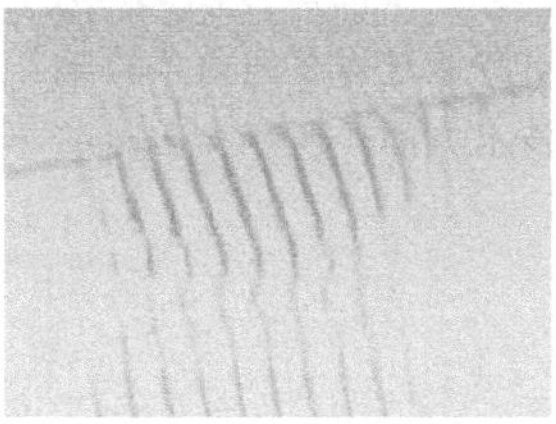	反光产生波纹和孔洞，位置集中在某一区域，不会随机分布，其产生的波纹呈不规则棱线状，面积较大且工件表面反光位置处存在噪声点 扫一扫 查看彩图

所以，解决由于实际加工过程所带来的点云误差影响，有助于提升结构光的测量精度，并实现快速在线测量应用，相关的点云处理内容将在后续章节介绍。

本章小结

本章以主动测量领域中的光栅投影测量技术为主题，将各测量技术对应的基础原理、概念、基本性质及零件三维表面形貌的测量应用展开了叙述，总结了目前各测量技术的需求、各方法的优缺点、适用场景及相应的解决措施及修正方法。各章节所包括的基本内容如下：

（1）4.1 节对光栅投影测量技术的发展趋势、国内外新型技术产品、目前技术需求及存在的技术问题进行了叙述。

（2）4.2 节针对光栅投影三维测量技术的基础理论进行了说明介绍，其中包括传统结构光三维测量系统模型的建立及新型结构光模型的建立过程，对其中的相关测量坐标系的转换关系，测量系统的空间位置约束要求，相位映射测量概念及目前光栅投影测量领域的关键技术需求进行了总结。

（3）4.3 节对莫尔条纹投影测量技术的基本原理进行了讲解，并介绍了莫尔条纹的基本性质及基本测量依据。根据各类不同典型零件的表面特征以及相应的测量需求，分别从测量系统与测量方法等方面，进行了相关的技术应用介绍与相关技术问题的总结。

（4）4.4 节针对相移法三维测量原理及实际技术应用进行了系统的讲解，并对相移法测量过程中存在的相关问题进行了分析，总结了在实际测量时影响相移法测量精度及测量速度的关键因素。然后，对相移测量法的误差组成进行了分析，总结了相移法测量精度与测量速度的常用解决措施及测量过程中的误差修正方法。

（5）4.5 节对傅里叶变换法测量的原理及测量技术应用进行了讲解和说明，介绍了傅里叶变换测量法的基本性质，并根据测量方法的性质及在实际应用场景的适应性等方面，对莫尔条纹测量、相移法和傅里叶变换法进行了对比。另外，对传统傅里叶变换法存在的问题进行了总结，并基于傅里叶变换测量法介绍了几种新型的实际应用测量方法。

（6）4.6 节中展示了光栅测量的应用实例，其中包括：结构光标定、三维重构测量及偏差分析，并对加工零件形貌测量时存在的实际问题进行了总结。

习　题

4-1　传统结构光测量模型与新型测量模型的区别有哪些，存在着哪些不足？

4-2　常用的三维检测方法中，傅里叶变换法、相移法对应的在机检测应用场景以及优缺点分别是什么？

4-3　目前，基于投影光栅的在机三维测量方法的应用前景如何，存在着哪些实际应用问题，莫尔条纹具有哪些重要性质，其对测量过程有何重要影响？

4-4　光栅投影测量法的硬件技术方面，还存在着哪些不足？

5 激光测量

党的二十大报告指出，要推动制造业向高端化、智能化、绿色化发展，这为加快制造业高质量发展、推动中国制造向“中国智造”转变指明了方向。工信部2023年3月提出，要坚持以智能制造为主攻方向，深化“5G+工业互联网”融合应用。智能制造是制造业创新发展的主要技术路线，是制造业转型升级的主要技术路径，而在智能制造领域，激光测量由于具有非接触、精度高、自动化等优点，成为其中的关键技术之一。

5.1 激光测量发展趋势及相关产品

激光测量是一种主动式测量技术，具有非接触性、无损性、灵活性高、实时性好等特点。近年来，随着光学与信息技术的进步，激光测量得到了快速的发展。常用的基于激光的测量方法包括激光干涉法、激光全息法、激光散斑法、激光三角法等。

5.1.1 激光测量技术发展趋势

在Theodore Maiman发明了第一台激光器后，激光就被应用于多个领域，由于其特性，激光束也是多功能的测量工具。激光发明后，立即建立了一个新的测量技术分支：激光测量技术。激光测量技术的特点是：

（1）非接触式测量；

（2）高灵活性；

（3）高测量速度；

（4）高精度。

由于光电技术的前景性，近年来，对于光电技术研究力度不断加大，这也为激光测量技术的研究提供了有力的理论基础。激光测量技术的应用场景也在不断增加，广泛运用于产品质量检测，零件的三维轮廓测量及缺陷检测等方面，同时在航空航天、智能制造、精密加工等诸多高精度测量领域得到很好的应用，激光测量场景如图5-1所示。此外，该测量方式还可以与图像、点云处理等技术结合，因此激光测量技术也被业内研究人员认为是最具有研究价值的测量技术之一，并且也是目前非接触测量领域的主流技术。

激光测量系统在朝着高精度、高集成性、高灵活性、小体积的方向不断进步，随着国内外对激光测量技术的大量研究，使激光测量技术不断完善，并研制出一系列成熟的具有较好性能的激光测量系统。20世纪80年代，我国才开始对激光技术深入了解及研究，国内学者与许多研究机构对激光测量技术以及提高其测量精度的研究从未停止。随着光电探测技术以及工业的发展，我国研究人员正突破众多技术瓶颈，不断缩小与国外激光测量技术的差距。激光测量的关键技术与未来的几个发展方向如下。

（1）实现更高的测量精度：随着技术的进步，激光测量技术的测量精度将得到不断

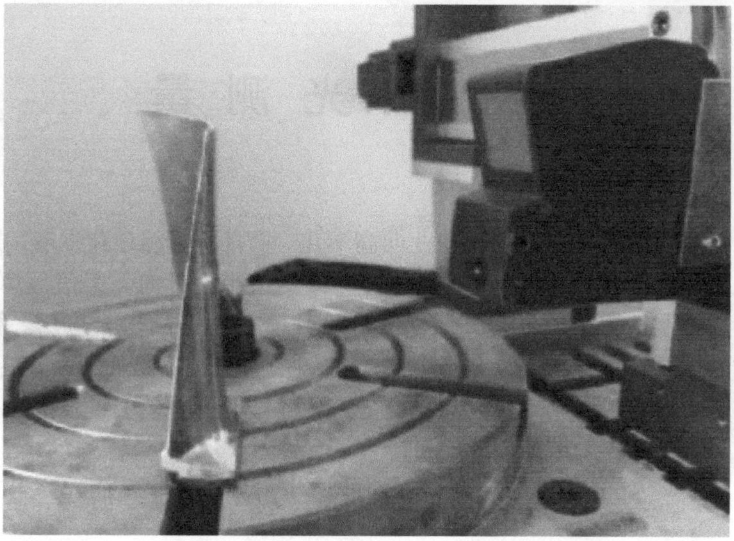

扫一扫
查看彩图

图 5-1　激光测量场景

提高。新的光学与电子技术光学设计、信号处理算法和检测器的发展，以及更高功率、更稳定的激光源的出现，将使测量精度得到进一步的提升。

（2）多参数测量：除了长度和速度等基本参数外，激光测量技术还可以通过利用不同波长的激光、多通道的探测器和多模态信号处理，来实现对被测物体形貌、表面质量、温度变化、化学组成成分等多个参数的测量。

（3）高速测量：激光测量技术的一个重要方向是提高测量速度。通过提高激光器的性能、优化数据采集和处理系统，可以实现对动态参数的准确测量，例如高速摄影、物体运动分析和实时变形测量等方面。

（4）小型化和集成化：实现更轻便、更高效的激光测量设备，降低激光测量设备的重量也是一个重要的发展方向。随着微纳技术的发展，微型激光器、微型光学元件和集成的电子控制系统的出现，使得激光测量设备越来越小型化和集成化，更加便于使用。

5.1.2　激光干涉测量

目前常用的激光干涉仪主要有单频干涉仪和双频干涉仪等。单频激光干涉仪使用单一频率的激光光源进行干涉测量；双频激光干涉仪是在单频激光干涉仪的基础上通过引入载波频率得到的改进型激光干涉仪，可以明显降低信号被干扰的影响。双频激光干涉仪主要在高精度测量中使用，常用于机床、加工中心、三坐标测量机以及精密导轨的调试。图 5-2 所示为激光干涉仪测量现场。

激光干涉仪测量精度较高，但是其测量精度会受到较多因素影响。首先是空气环境，包括湿度、气压、温度等，所以很多双频激光干涉仪配置了温度、气压传感器。例如，雷尼绍的双频激光干涉仪 XL-80（见图 5-3）就配有高精度的环境传感器用于补偿环境温度的变化，可以在气压为 650～1150MPa、相对湿度为 0～95% RH、空气温度为 0～40℃的情况下予以补偿。

扫一扫
查看彩图

图 5-2 激光干涉仪测量现场

扫一扫
查看彩图

图 5-3 XL-80 激光干涉仪

美国 Agilent 公司生产的 5530 型双频激光干涉仪，如图 5-4 所示。其以 Agilent5519A/B 双频激光器为核心，其波长精度可达 $\pm 0.02\times10^{-6}$。通过搭配不同种类的配件可以实现长度、速度、角度等的高精度测量，同时配合 E1738A 空气传感器、E1737A 材料温度传感器等可对环境引起的误差进行补偿，进一步提高其测量精度。

ZYGO 公司的 ZMI 系列激光干涉仪精度高可靠性好，其中的 ZMI7702 型激光干涉仪基于氦氖技术具有结构紧凑、频率稳定性高等优点，可进行多轴测量也可用于检测被测件表面的形貌、粗糙度、平面度等参数，如图 5-5 所示。

中国首台激光干涉仪是由中国计量科学研究院于 20 世纪 70 年代研制成功。这台激光干涉仪具备高精度的测量能力，测量精度达到了 0.5×10^{-6}mm，并且能够覆盖长达 60m 的测量距离。中国最早的双频激光干涉仪是由成都工具所（Chengdu Tool Research Institute）研制的 MJS 系列激光干涉仪。该系列激光干涉仪采用了纵向塞曼效应，可实现高精度的测量。

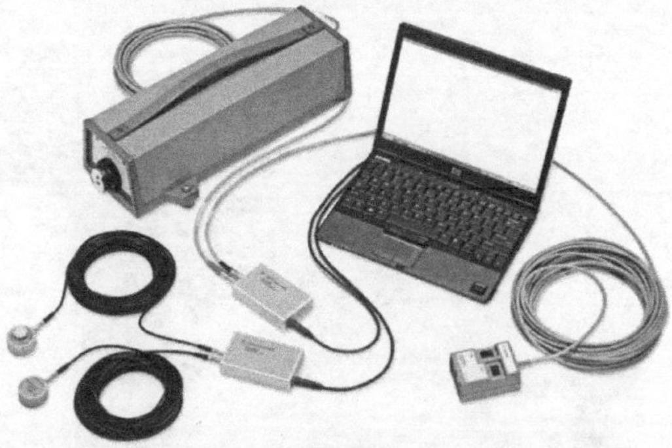

图 5-4　5530 型激光干涉仪

扫一扫
查看彩图

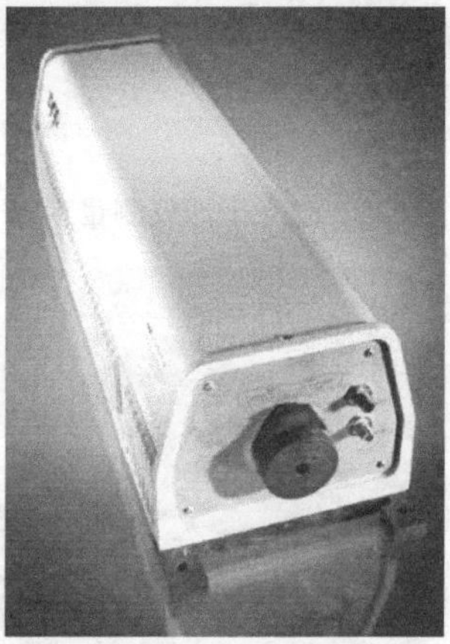

图 5-5　ZMI7702 型激光干涉仪

扫一扫
查看彩图

中国首台激光干涉仪和首台双频激光干涉仪的成功研制，为中国后续的激光测量技术研究和应用奠定了基础。北京镭测科技公司是一家进行激光技术研究与系统开发的企业，主要产品为 LH 系列激光干涉仪。LH1000 激光干涉仪稳频精度可达 $\pm 0.02 \times 10^{-6}$，专为光刻机配套开发，测量精度高，安装方便；LH2000 激光干涉仪是以 LH1000 激光干涉仪为基础开发的产品，在满足高精度的同时测量速度可达 2m/s，并配有环境补偿单元和多种附件；LH3000 型激光干涉仪是镭测公司的主力产品。LH3000 型激光干涉仪如图 5-6 所示。

深圳中图仪器的 SJ6000 激光干涉仪采用进口高性能氦氖激光器，并采用激光双纵模稳频技术，可输出高精度、抗干扰能力强、长期稳定性好的激光，如图 5-7 所示。其采用高速干涉信号采集、调理细分及高精度环境补偿模块技术，可实现最高 4m/s 的测量速度，纳米级的分辨率及激光波长和材料的自动补偿。SJ6000 激光干涉仪系统具有精度较高、功能较多、软件方便等特点，还可以根据不同的测量需求选择不同的配件，满足线性、角度、直线度等多种测量需求。

激光干涉测量的另一个典型应用就是激光跟踪仪，如图 5-8 所示，是徕卡公司开发的绝对激光跟踪仪 AT960，AT960 采用集成技术设计，能够快速获取大型工件的表面 3D 轮廓点云，可实现最高 1000Hz 的输出速率。同时，AT960 具有较大的测量范围，最大可达到 160m，能与 T-Probe，T-Scan5 配合使用，实现 6 自由度测量，体积小、测量范围大、

图 5-6　LH3000 型激光干涉仪

扫一扫
查看彩图

图 5-7　SJ6000 型激光干涉仪

扫一扫
查看彩图

(a)　　(b)

图 5-8　徕卡激光扫描系统

（a）徕卡 AT960 激光跟踪仪；（b）徕卡 T-Scan5

扫一扫
查看彩图

速度快，适用于工业现场中需要经常移动和搬运的场合，并具有无线通信功能，方便数据的传输。

5.1.3 激光全息测量

光学全息技术由 D. Gaber 于 1948 年提出，该技术通过光的干涉原理对被测物的波前信息进行编码记录，然后利用光的衍射原理对编码得到的干涉条纹进行解码再现，全程由光学平台完成。1967 年，J. W. Goodman 和 R. W. Lawrence 提出利用计算机代替光学平台，模拟光的衍射过程对干涉条纹进行解码再现。1971 年，T. S. Huang 将 J. W. Goodman 和 R. W. Lawrence 提出的思想付诸实践，并进一步发展了这一思想，引入了数字全息的概念，从而正式开创了数字全息技术。20 世纪 90 年代后，随着数字全息外围光电器件技术逐渐成熟，计算机技术也迎来了一个蓬勃发展的时期，数字全息技术随之掀起了一阵研究热潮，进入了一个快速发展的阶段。

随着高分辨率电荷耦合器件的出现及现代集成技术的发展，数字全息技术在进入 21 世纪后取得较快的发展，受到了很多研究学者的关注，但研究中仍然存在记录器件的分辨率与传统光学全息中银盐干板的分辨率相差甚远、干扰项及噪声消除不彻底导致的成像质量像质差、重建的相位存在误差等问题。因此，数字全息技术仍是国际研究的热点。

从目前的研究成果来看，较为先进的技术主要集中在欧美以及日本和新加坡等地区，研究人员分别采用不同的再现算法、记录光路以及图像处理技术重建物体的三维形貌。数字全息术的研究方向主要有成像分辨率的提高、零级像和共轭像的消除、噪声的抑制、再现算法研究、相位重建算法研究等，其应用领域也扩展到了形貌测量、温度场检测、微电子元器件检测、表面粗糙度测量、生物细胞形貌检测、物体形变和振动测量，以及微光学元件缺陷检测等领域。目前市场上较为成熟的产品主要由德国和瑞士生产，且价格较为昂贵。图 5-9 为瑞士的 Lausanne 大学初步研制的商品化数字全息显微镜 DHM R/T 1000，能够完成实时动态测量，速度可达到 15f/s，其横向分辨率可达到 0. 3μm，纵向分辨率可以达到 0. 6nm，适用于反射型和透射型物体的测量。

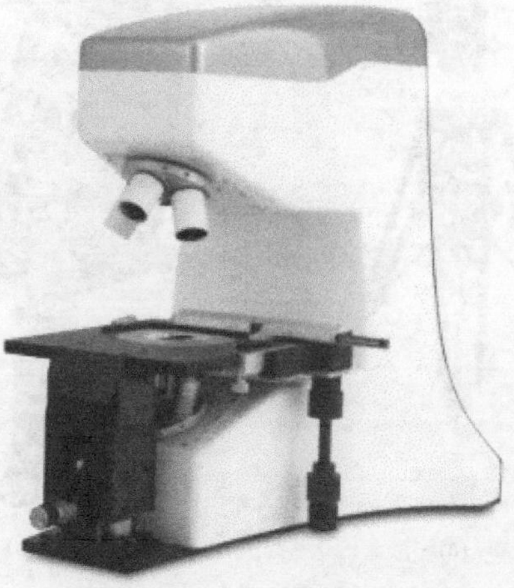

图 5-9 瑞士 DHM R/T 1000 型数字全息显微镜

扫一扫
查看彩图

国内数字全息技术相对国外起步较晚，近年来，国内学者积极开展数字全息技术的研究工作，探索其在三维形貌测量方面的应用潜力。2017 年，中国工程物理研究所将像面数字全息显微技术运用到光学元件表面缺陷检测中，通过角谱重建算法获得记录待测表面缺陷信息的光场分布，根据重建波前与缺陷面形之间的数值关系，得到三维物体的缺陷形貌。2018 年，西安光机所提出了一种基于双波长数字全息的定量重建物体光学厚度分布的算法。同年，同济大学将数字全息测量技术与虚拟制造技术相结合，利用数字全息技术测量出密封平面的表面形貌，满足了工业现场对密封平面表面形貌测量的要求。2022 年，中国科学院大学研究了将数字全息显微方法应用于高精度的微纳结构三维形貌测量，提出了多角度拼接等数字全息测量技术方法。

目前，国内数字全息技术的测量精度和范围得到了大幅提高，但在商用化、清晰度、准确性上仍然还有很多不足。

5.1.4 激光散斑测量

1968 年，Bruch 和 Tokski 提出了散斑照相术（Speckle Photography，SP），Archbold、Y. Y. Hung 等人进一步拓展了此方法，这使得散斑术成为一种可以用于计量的实用技术。散斑照相法需要用全息干板记录被测试件变形前后的两幅散斑图，将全息干板进行显影、定影处理后，放置在再现光路中。在接收屏上得到杨氏条纹，对试件的位移和变形既可以进行逐点的分析，又可以进行全场的分析，但该方法操作复杂、效率低，需要在暗室中进行测量，对防震的要求十分苛刻，因此该方法难以走出实验室到工程现场进行测量。

为解决散斑照相术的局限性，英国的 Buttes 与 Leendertz 和美国的 Macovski 同时于 1971 年提出了电子散斑干涉法（Electronic Speckle Pattern Interferometry，ESPI），ESPI 的优势在于使用光电子器件记录散斑图像，使得散斑场光强信息的存储和处理更加简便和高效。之后随着电子技术和激光技术的发展，数字散斑干涉技术（DSPI）应运而生。也就是用 CCD 相机采集被测物变形前后的散斑场，并将模拟图像转化成数字图像存储在计算机中，利用计算机数字图像处理方法可由两幅散斑图生成散斑干涉条纹图。与电子散斑技术相比，数字电子散斑干涉技术获得的条纹噪声低、清晰度高，并实现了由条纹图对被测表面位移和应变信息的计算机数字化自动处理，进一步提高了激光散斑测量技术的精度、效率和适用性。

综上所述，DSPI 测量技术在理论和应用方面都取得了一定的突破。近年来，为了适应各种工程环境中三维测量的需要，国内外相继出现了一些高度集成、自动化、高精度的商用三维 DSPI 测量仪器。国外主要以德国 DANTEC ETTEMEYER 公司生产的三维 DSPI System Q-300 TCT 为代表，如图 5-10 所示。它主要利用面内位移正交组合测量光路，结合离面位移测量光路实现三维位移场的测量，且具有高度集成化、数据实时输出、操作简便等优点。因此，很好地满足了科研院所科学研究和工程实际测量的需求。

由于 Q-300 TCT 价格非常昂贵，成本高，国内许多科研单位和公司相继研制出了多种满足不同用户需求的三维 DSPI 测量系统。其中，上海大学利用光纤传光、分光，研制了三维光纤 DSPI 测量系统，极大地避免了周围环境对光路的干扰。中国船舶重工集团公司第七一一研究所也成功研制了一套三维 DSPI 测量系统，该系统集成了时、空间相移技术，

扫一扫
查看彩图

图 5-10　三维 DSPI System Q-300 TCT 示意图

使得测量结果可以数字化输出，提高了实时性。苏州卓力特光电有限公司研制了集成相移技术的三维 DSPI 测量系统，如图 5-11 所示。这套系统的三维位移场测量原理与 Q-300 TCT 系统的测量原理类似。

扫一扫
查看彩图

图 5-11　三维 DSPI System TS-SI-3P 示意图

5.1.5　激光三角法

激光三角法测量是通过激光器将点或线激光按一定角度发射到需要测量的物体表面，

然后通过一定角度的反射或散射，在光敏器件上进行成像，根据被测物表面物点发生的位移与物点相对应的像点产生的偏移所对应的比例关系，可以算出物点的实际位移，进而得到被测物体整体的三维信息。在测量方法上，相对于其他非接触式测量而言，激光三角法较为简便，只需单个相机，不需要像双目视觉法那样既需要两个相机，而且还要考虑立体匹配中的高复杂度计算问题，所以激光三角法成本较低，且其操作原理较为简易，可运用范围宽泛，测量结果极为精准。此外，还不易受其他因素影响，对物体材质要求低，受物体表面纹理影响也较小，测量速度快。因此在三维测量领域得到了广泛的应用，基于激光三角法的测量仪主要包括：激光位移传感器、激光轮廓仪、结构激光扫描仪等。

激光位移传感器具有精度高、稳定性好以及多功能等特点，因此市场上有众多国内外的成熟产品，其中知名厂家有日本的基恩士，拥有 LJ、LK 等多个高性能系列产品。

图 5-12 为 KEYENCE 激光轮廓仪，主要利用激光位移传感器结合运动平台来实现被测物体表面的三维扫描。

图 5-12 KEYENCE 激光轮廓仪

扫一扫
查看彩图

结构激光扫描测量技术是应用最为广泛的 3D 轮廓测量技术，其结构简单、算法稳定，已经广泛应用在工业生产中。结构激光 3D 扫描是根据激光三角法测量原理，将具有一定特性的结构光投射到被测轮廓表面，利用 CCD、CMOS 等传感器获取反射回来的图像，根据被测对象在感光元件中的像素位移获取其空间位置，通过三角几何和视觉图像处理技术，即可解算出被测物体轮廓的 2D 坐标，再配合精密位置控制系统，带动线激光扫描传感器与被测对象进行空间相对运动，便可扫描整个被测对象的轮廓，所以又称为结构光扫描技术。这种测量方法虽然具有无接触、响应速度快、精度高、点云密度大的特点，能细致地表达被测对象的细节特征，但是其测量要依靠精密位置控制系统，使获取完整的轮廓信息较难，需要该位置控制系统具有较高的精度和较多的自由度，从而得到完整的 3D 轮廓模型。

结构光扫描技术已经在 3D 轮廓测量领域取得了较大的发展，如航空航天、智能制造、工业检测等众多领域。图 5-13 是 METRIS 公司发布的 LC-50 线激光扫描仪，它可以安装在精密位置控制系统上完成被测对象的 3D 轮廓扫描，其扫描速度可达到 19200pts/s，还可根据不同扫描表面进行激光强度设置和相机设置。

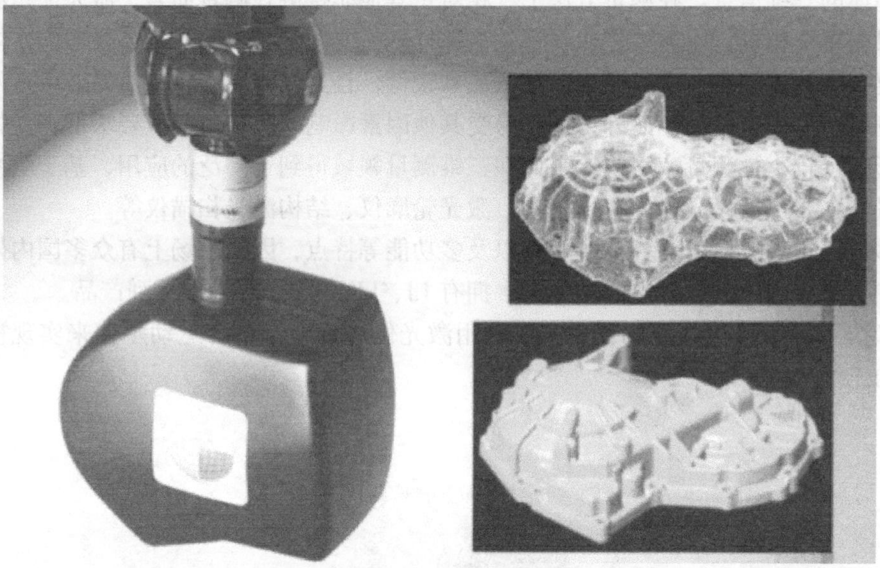

扫一扫
查看彩图

图 5-13　LC-50 线激光扫描仪

图 5-14 是 SICK 公司生产的 IVC-3D 线激光扫描仪，其采用 658nm 的红色激光作为光源。IVC-3D 将拍摄、照明和分析功能集成于一个单独的相机内，基于激光三角测量法进行三维形貌测量。

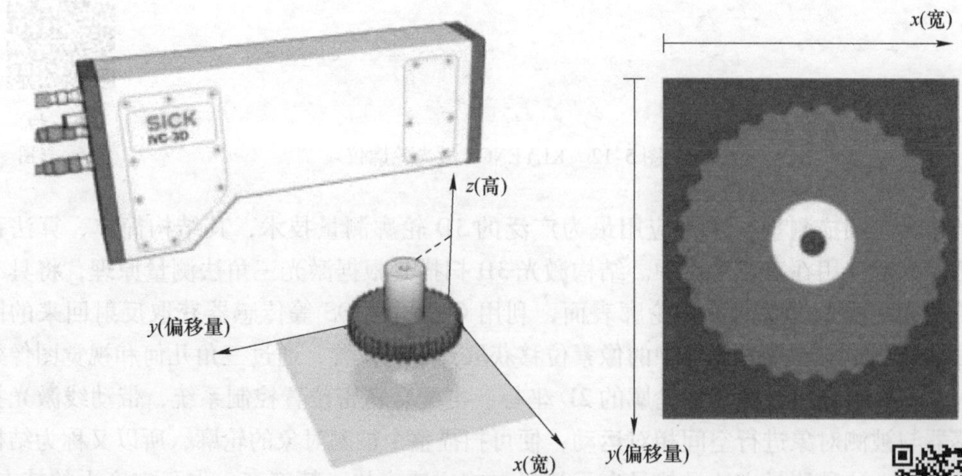

图 5-14　IVC-3D 线激光扫描仪

扫一扫
查看彩图

图 5-15 是 NIKON 公司的 XC65D 多线激光扫描仪，可以在一次扫描中捕捉复杂的 3D 几何特征和自由曲面的全面信息，它结构紧凑安装方便，可以无缝地配置到大多数先进的三坐标测量机（CMM）上，同时 XC65D 从三个方向投射激

光束，测量范围大，不需要使用不同的扫描方向进行多次扫描，测量效率较高。

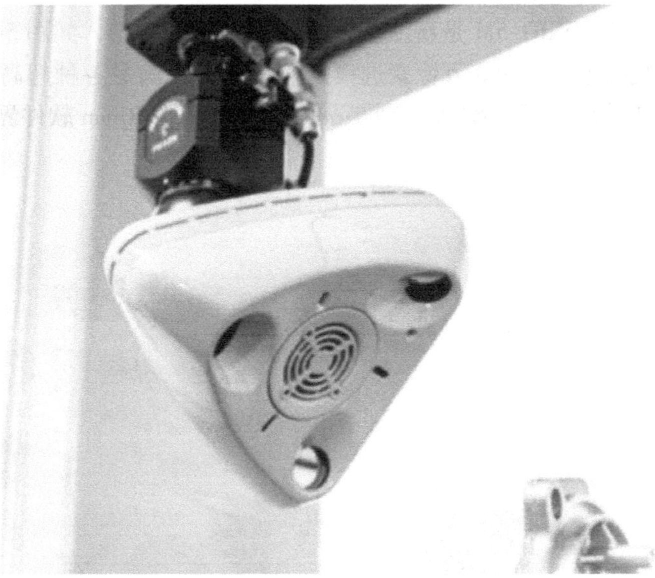

扫一扫
查看彩图

图 5-15　XC65D 多线激光扫描仪

图 5-16 是日本 KEYENCE 公司推出的 LJ-X8000 线激光扫描仪，轮廓测量速率高，最高可达每秒 64000 次拍摄，采用蓝色激光光学系统，使用 2D Ernostar 物镜将 405nm 的短波激光极限聚焦，拥有较大的动态测量范围和感光性能，对加工中的工件都可实现稳定的高精度测量，非常适用于在线检测。

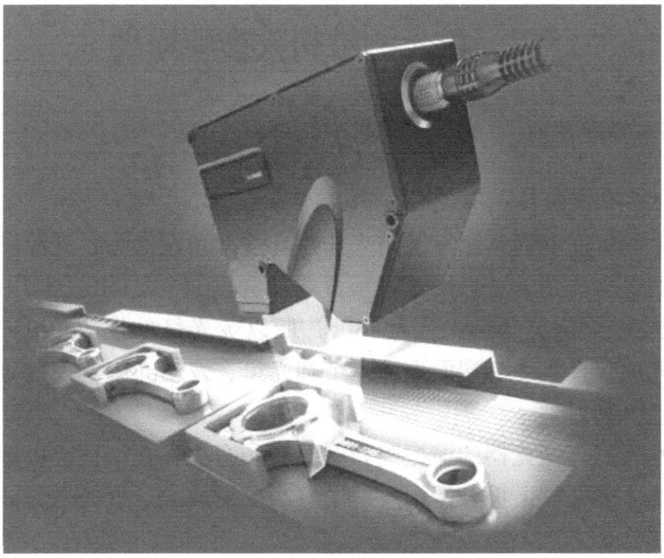

扫一扫
查看彩图

图 5-16　LJ-X8000 线激光扫描仪

国内厂商先临三维，研发了 FreeScan X3 激光手持三维扫描仪，如图 5-17 所示。该扫描仪使用方便、精度高、速度快，可适用于各种形状、材质的物件扫描，并可以与 DigiMetric 摄影测量系统搭配使用进行大型物件扫描。

先临三维的另一款 OKIO-5M 是新款蓝光高像素三维扫描仪，如图 5-18 所示。OKIO-5M 使用先进的蓝光技术配合 500 万像素进口工业相机，可满足各种超高精度工业三维测量的需求，扫描速度较快，最高精度达到 5μm，并拥有全新 Ribon 软件界面，可以实时显示网格化模型。

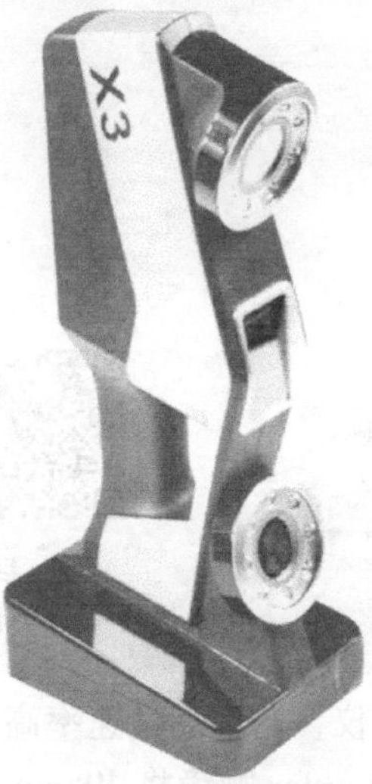

扫一扫
查看彩图

图 5-17　FreeScan X3 激光手持三维扫描仪

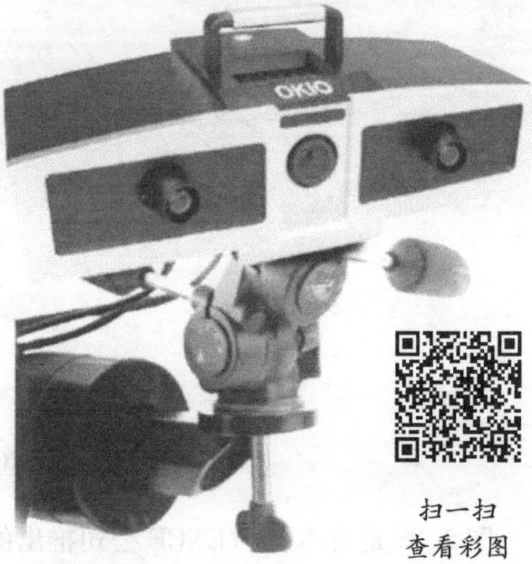

扫一扫
查看彩图

图 5-18　OKIO-5M 激光扫描仪

5.2　激光测量相关物理原理

5.2.1　激光的基本物理性质

5.2.1.1　激光的方向性

光源发出光束的方向性通常用发散角来描述。发散角定义为：光源发光面所发出光线中，两光线之间的最大夹角，一般用 θ 表示，单位为度（°）。如图 5-19(a) 所示，荧光灯发出光线 *OA* 和 *OE* 之间夹角最大，为 180°，所以荧光灯的发散角 $\theta=180°$；而激光器则不同，它的发光面仅仅是一个端面上的一个圆光斑，发出光束的发散角 θ 很小，一般约为 0.18°，如图 5-19 所示。

激光器方向性较好与激光器的谐振腔和增益介质有关，在谐振腔中传播的光子只有平行于谐振腔的轴线才能在被谐振腔两端反射镜多次反射放大，形成激光输出，其中气体激光器的方向性最好。

5.2.1.2　激光的高亮度性

亮度为单位面积的光源在单位时间内向着其法线方向上的单位立体角范围内辐射的能量，可表示为：

$$B = \frac{\Delta E}{\Delta S \Delta \Omega \Delta t} \tag{5-1}$$

式中 B——亮度，W/(cm^2 · sr)；

$\Delta\Omega$——激光光源所占的空间立体角，单位为 sr，$\Delta\Omega = \pi\theta^2$。

由上式可见，光源发光立体角 $\Delta\Omega$ 越小，发光时间 Δt 越短，亮度越高。

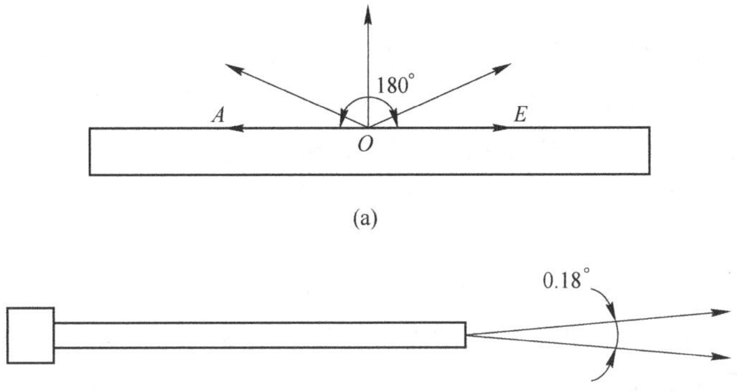

图 5-19 常见光源发散角

(a) 荧光灯；(b) 激光器

常见的激光器 $\Delta\Omega$ 大约为 $\pi \times 10^{-6}$sr，目前的超短脉冲激光器能产生飞秒级的超短脉冲，光功率密度可高达 10^{20}W/cm^2，其亮度就更高了。

5.2.1.3 激光的单色性

激光的单色性指的是激光光束中光波的频率或波长比较纯净且一致。由于激光是一种受激辐射，受激辐射发出光的波长受到跃迁能级的限制，再加上谐振腔的选模作用，只有符合谐振腔谐振频率的光才能输出，所以激光器发出的光具有很好的单色性。

5.2.1.4 激光的相干性

激光具有很高的相干性，也称为光束的相干性。相干性指的是光波之间的相位关系和干涉特性的度量，衡量了光波振动的一致性和稳定性。激光的相干性包括时间相干性与空间相干性。时间相干性与波的线宽有关；而空间相干性则与波源的有限尺寸有关。

(1) 激光的时间相干性。激光的时间相干性指在同一空间点上，由同一光源分割出来的两光波之间位相差与时间无关的性质，即光波的时间延续性。可以理解为，同一光源发出的两列光波经不同的路径，在相隔一定时间 τ_c 后在空间某点会合，尚能发生干涉。τ_c 称为相干时间。

(2) 激光的空间相干性。激光的空间相干性是指激光光束在空间传播过程中的相位关系和干涉特性。在杨氏双缝干涉实验中，若光源为理想光源（点光源），则在观察屏上将观察到等距排列的亮暗相间的条纹。空间相干性可以认为是研究来自空间任意两点的光束，能够产生干涉的条件和干涉程度。

5.2.2 激光的基本技术

激光的基本技术包括激光偏转技术、选模技术、稳频技术等，这些技术改善激光的输出特性，把激光与测量技术联系起来。例如，稳频技术是激光作为长度测量基准的关键；选模技术可提高激光光束的质量，使其具有良好的方向性和单色性来提高测量精度。

5.2.2.1 激光偏转技术

激光偏转技术具体可分为两大类：机械式和非机械式。其中，机械式光束偏转技术有扫描振镜、快速控制反射镜和微机电系统变形镜等类型；非机械式光束偏转技术包括声光偏转、电光偏转等。

旋转多面棱镜和激光振镜是两种常用的机械偏转方法。旋转多面棱镜是将一个具有反射表面的正多面棱体安装在旋转轴上，如图5-20所示，多面棱镜上有多个反射面，在其旋转的过程中每个反射面依次对激光进行反射，根据激光入射角度的改变使激光最终的投射方向发生偏转。为了使激光偏转的角度稳定可靠，对多面棱镜旋转速度和旋转轴稳定性的要求较高。

激光振镜是一种较为成熟的机械偏转技术，振镜的本质是一个步进响应时间可达毫秒/亚毫秒级、指向精度为微弧度量级的光反射镜，如图5-21所示。激光振镜结构主要由两个相互垂直的反射镜构成。

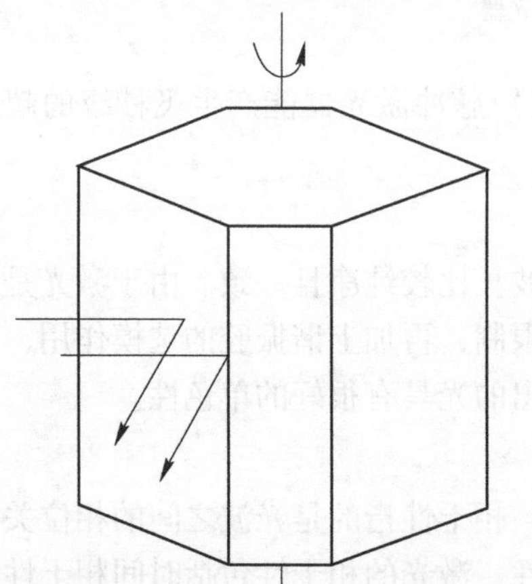

图5-20 旋转多面棱镜激光偏转

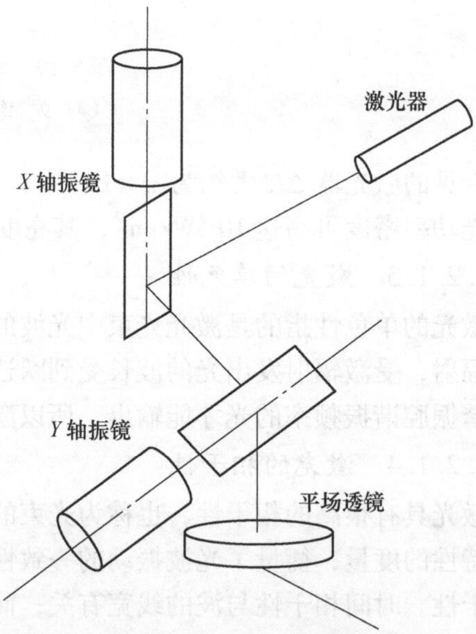

图5-21 激光振镜偏转

5.2.2.2 激光选模技术

从激光的横模和纵模来说，为保证激光良好的单色性和方向性，激光光束应该是单横模和单纵模的。但是实际的激光器输出中包含多个横模和纵模，因此需要通过选模技术改进激光光束的质量。选模技术分为两类，一类是横模选择技术，改善激光光斑的质量，压缩光束的发散角，使激光器输出光束的横模为TEM_{00}，改善激光的方向性；另一类是纵模选择技术，限制激光的振动模数，保证激光输出频率的单一性及激光波长的单色性。

5.2.2.3 激光稳频技术

在精密测量中，如干涉测长 $\Delta l = n\lambda/2$，实际是把激光的波长作为一种标准值，测量的精度很大程度上取决于波长的准确程度，这就需要维持激光输出频率稳定。常用的激光主动稳频技术有：兰姆（Lamb）下陷法、饱和吸收法。

5.2.3 常用激光器

激光器按其工作介质可以分为固体激光器、气体激光器、半导体激光器、液体染料激光器等。

5.2.3.1 固体激光器

最早实现激光束输出的激光器是红宝石激光器。固体激光器的基本结构如图5-22所示，主要由增益介质、泵浦光源、聚光腔和光学谐振腔组成。

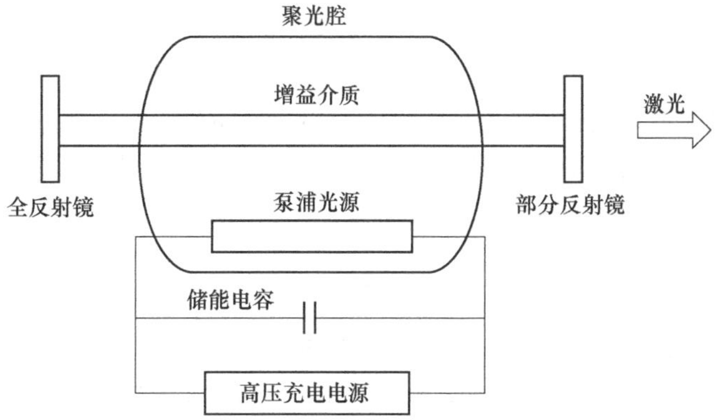

图5-22 固体激光器基本结构示意图

泵浦光源是指用于向固体激光器提供能量的光源。常见的泵浦光源包括惰性气体放电灯、半导体激光二极管、金属蒸气灯和卤化物灯。这些光源能够产生特定波长或频率的光，并将其输送到聚光腔中。聚光腔的作用是将泵浦光源发出的光有效、均匀地传输到增益介质上。增益介质由基质和激活离子（通常为金属）组成，光照射到激活粒子上被激活离子吸收，不同激活离子的吸收光谱不同，需要对应光谱的泵浦光源。光学谐振腔由全反射镜和部分反射镜构成，用于在激光器中反射和放大光信号，形成激光输出。除此以外，固体激光器还需要冷却和滤光系统，固体激光器工作时会产生比较严重的热效应，因此需要对增益介质、泵浦光源和聚光腔进行冷却。

固体激光器有红宝石、铷玻璃、掺铷钇铝（石榴石YAG）激光器等。固体激光器具有许多优点，如高功率、高能量转换效率、高稳定性和较长的寿命。它们广泛应用于材料加工、激光切割、激光打标、激光医疗、科学研究和国防等领域。同时，随着技术的不断进步，固体激光器也在不断发展，涌现出各种新型固体激光器，如飞秒激光器、倍频激光器和超连续波激光器，以满足不同应用的需求。

5.2.3.2 气体激光器

气体激光器是以气体或蒸气作为增益介质的激光器，根据增益介质的不同，分为原子（如He-Ne）、分子（如CO_2）、离子（如Ar^+）激光器。在电泵浦方式下，气体分子（原子）电离而导电，高速电子对发光粒子直接碰撞激发，或与辅助气体原子碰撞激发，产生能量的转移。气体激光器中的发光气体，如 Ne、CO_2、Ar^+，吸收能量后产生粒子数反转。

以 He-Ne 激光器为例,其谐振腔分为内腔式、外腔式、半内腔式三种,如图 5-23 所示。

内腔式谐振腔（Internal Cavity）如图 5-23(a) 所示，内腔式谐振腔是指气体激光器的谐振腔完全位于激光器内部。它由两个反射镜组成，一个是全反射镜，另一个是部分反射镜。内腔式谐振腔可产生高质量的激光束，具有较小的发散角和较高的空间模式纯度。

外腔式谐振腔（External Cavity）如图 5-23(b) 所示，外腔式谐振腔是指在激光器的输出端添加一个附加的光学腔。这个附加的腔体可以包括反射镜、光栅或衍射光栅等。外腔式谐振腔可用于进一步调节激光器的输出特性，例如频率选择性应用或频率调谐。外腔式谐振腔提供了更大的灵活性和调节能力。

半内腔式谐振腔（Semi-Internal Cavity）如图 5-23(c) 所示，半内腔式谐振腔结合了内腔式和外腔式的特点。它在激光器内部具有一个反射镜，并在输出端添加一个附加的光学腔。半内腔式谐振腔结构简单，同时具有一定的调节能力。

选择合适的谐振腔类型取决于激光器的应用需求，例如输出功率、频率选择性、横向模式控制等。通过适当设计和调节谐振腔结构，可以获得所需的激光器性能和输出特性。

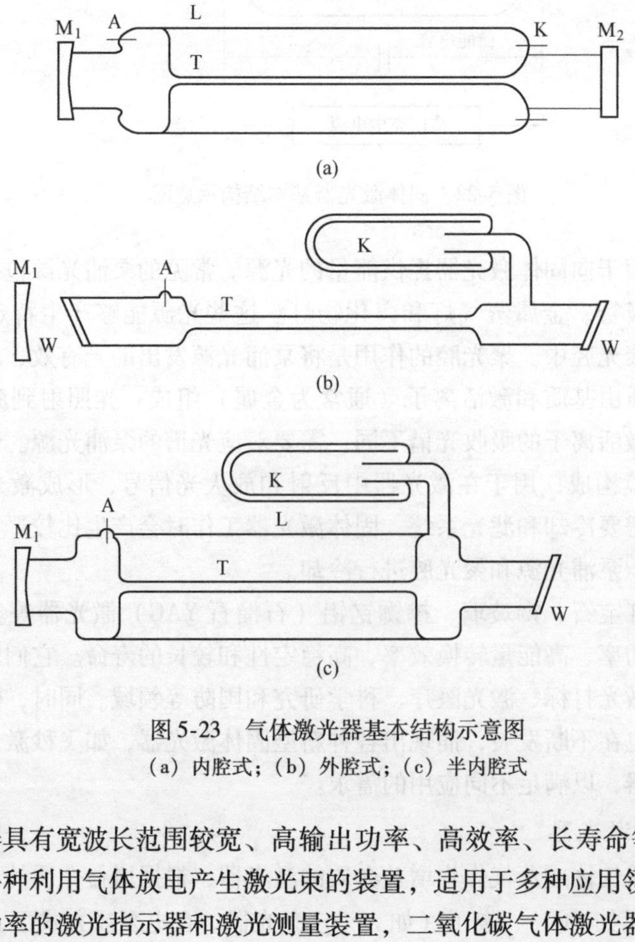

图 5-23　气体激光器基本结构示意图

（a）内腔式；（b）外腔式；（c）半内腔式

气体激光器具有宽波长范围较宽、高输出功率、高效率、长寿命等特点。总的来说，气体激光器是一种利用气体放电产生激光束的装置，适用于多种应用领域，氦氖气体激光器通常用于低功率的激光指示器和激光测量装置，二氧化碳气体激光器常用于高功率的切割、焊接和医疗手术等应用。

5.2.3.3 半导体激光器

半导体激光器是以半导体材料作为激光增益介质的激光器，其基本结构如图 5-24 所示。PN 结是半导体激光器中的重要的结构，它用于实现电子和空穴的注入和复合，从而产生激光光子的发射。通过控制注入电流的强度和调节谐振腔的结构，可以调节半导体激光器的输出特性，包括激光的波长、功率和模式等。半导体激光器的 PN 结的结构使得电子和空穴能够有效地注入和复合，产生高度单色、方向性好的激光输出。

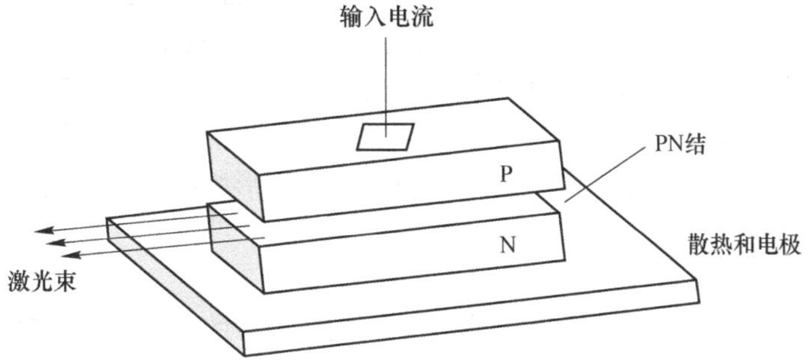

图 5-24 半导体激光器基本结构示意图

半导体激光器具有小型化、高效率、低功耗、长寿命等特点，半导体激光器在许多应用领域中具有广泛的应用，如光通信、激光打印、光存储和医疗设备等。

5.2.3.4 液体染料激光器

液体染料激光器是一种使用液体染料作为增益介质的激光器。与固体激光器或气体激光器不同，液体染料激光器使用溶解在溶剂中的染料作为增益介质，通过泵浦源激发染料分子并产生激光输出。液体染料激光器基本结构示意图如图 5-25 所示。

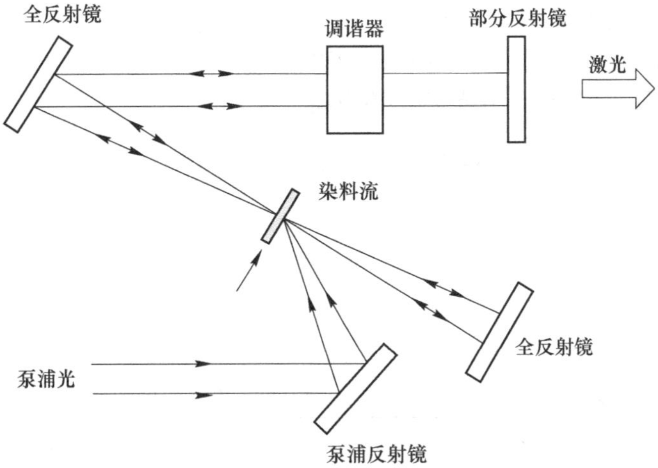

图 5-25 液体染料激光器基本结构示意图

液体染料激光器具有调谐范围广、输出波长可调、短脉冲宽度和高频率等特点。由于染料溶液可以更容易地实现波长调谐，因此液体染料激光器在光谱分析、生物医学研究、光谱学、光化学和激光显微镜等领域中得到广泛应用。

5.3 激光干涉测量

在前面的章节中，预先介绍了激光测量技术的基础知识。在本节及以下节中会介绍激光测量技术的一些重要方法，首先对激光干涉测量进行介绍。干涉测量的基础是叠加原理和光波干涉原理，根据叠加原理，不同的光波不会相互影响，并且可以不受干扰地叠加，而光波干涉是指在两个（或多个）光波叠加的区域形成强弱稳定的光强分布的现象。近年来，随着激光技术的发展，激光干涉测量的信号质量和测量精度得到了显著提高。同时，电子信息技术的成熟为激光干涉测量系统的数据处理、控制和自动化提供了强大的支持。这些进步和创新使得干涉测量技术在多个领域得到了广泛应用，比如在制造业中，激光干涉测量技术被广泛用于精密零件的尺寸测量、表面形貌的检测和质量控制等方面。

5.3.1 激光干涉仪的原理

从广义上讲，干涉仪是用来引起两个或多个光波干涉的光学仪器。激光干涉仪使用激光作为光源，将入射激光束分成两个相干子光束，子光束在经过不同的长光路后再次叠加。最后，分析产生的干涉图样，如果两个光束彼此精确地偏移一个波长的整数倍，则干涉图案与偏移前相同。因此，激光干涉仪以激光波长的倍数来确定距离。

5.3.1.1 干涉测长原理

迈克尔逊干涉仪（Michelson Interferometer）是一种经典的激光干涉测量仪器，由美国物理学家阿尔伯特·迈克尔逊于1881年发明。测量原理如图5-26所示，测量开始时光源发出的一束激光经分束器B分成两束，分别经参考反射镜M_1和目标反射镜M_2反射后返回，并在分束点O处重新汇聚，这两束经过不同光路的光的光程差为：

$$\Delta_1 = 2n(L_m - L_c) \tag{5-2}$$

式中 n——空气的折射率；

L_m——目标反射镜M_2到分光点O的距离；

L_c——参考反射镜M_1到分光点O的距离。

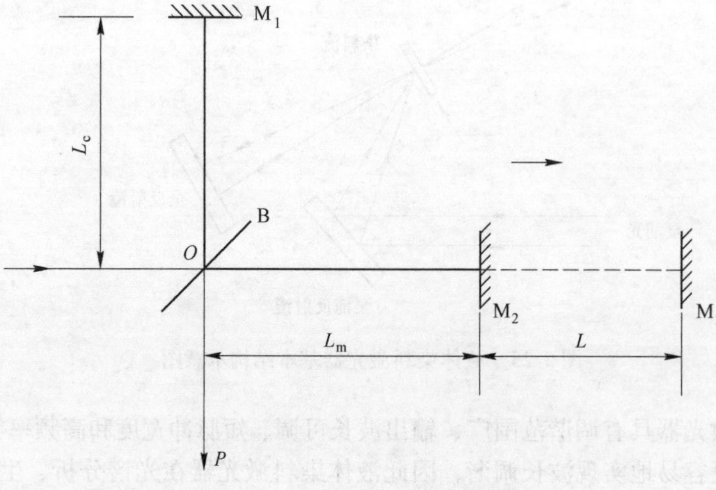

图5-26 迈克尔逊干涉仪长度测量示意图

测量结束时，目标反射镜从初始位置 M_2 移动到被测位置 M_2'，M_2 与 M_2' 之间的长度为 L。此时两光束的光程差为：

$$\Delta_2 = 2n(L_m + L - L_c) = 2nL + \Delta_1 \tag{5-3}$$

在测量开始和结束这段时间里，随着移动距离的变化，这两束光的光程差也会相应变化，这会导致干涉条纹的移动，即发生条纹明暗交替，这意味着光程差的变化量与干涉条纹的变化次数之间存在一个简单的线性关系。具体地说，当光程差变化量为 $d\Delta$ 时，干涉条纹的变化次数可以通过将光程差变化量除以光的波长 λ 来得到。因此，与光程差变化量 $d\Delta = 2nL$ 相对应的干涉条纹的变化次数为：

$$K = \frac{d\Delta}{\lambda_0} = \frac{2nL}{\lambda_0} \tag{5-4}$$

式中　λ_0——激光光波中心波长。

在实际测量中，通常采用干涉条纹计数法来确定被测长度 L。这种方法通过将干涉条纹的变化次数 K 与被测长度 L 建立对应关系，从而进行测量。具体而言，测量开始时将计数器置零，然后观察干涉条纹的变化过程。当测量结束时，计数器的示值即为与被测长度 L 相对应的干涉条纹的数目 K，因此由式（5-4）可得：

$$L = K \cdot \frac{\lambda}{2} \tag{5-5}$$

式中　$\lambda = \lambda_0 / n$——激光光波在介质中的波长。

简化干涉条纹图案示意图如图 5-27 所示。

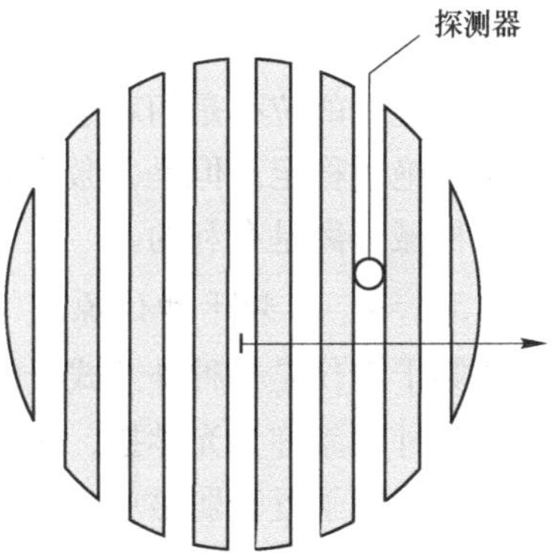

图 5-27　简化干涉条纹图案示意图

5.3.1.2　偏振干涉仪原理

图 5-28 为偏振干涉仪的基本结构。氦氖激光器（He-Ne 激光器）产生线偏振光束，其偏振方向与图中的投影平面呈 45°。通过使用望远镜，使光束直径扩大到几毫米，从而减少光束发散。为了使激光的频率稳定，随后的分束镜 1 将反射激光束的一小部分。通过下一部分的分束镜 2，将未偏转的光束分成辐照度相等的参考光束和测量光束。测量光束和参考光束由逆向反射器反射，两个返回的光束再次分开并叠加。使用探测器 A 和 B 进行干涉测量。

假设暂时忽略图 5-28 结构中的四分之一波片。如果用 φ 表示探测器 A 处两个光波之间的相移，那么探测器 B 处两个波的相移是（$\varphi + \pi$）。相位差 π 是波在分束器上经历的不同数量的反射和透射的结果。例如，如果检测器 A 处的强度为零，则由于存在相位差 π，则检测器 B 处的信号最大。但是，真实情况并非如此，四分之一波片将线偏振测量光束转换为圆偏振波，即两个垂直定向的线偏振光束。这两个光束之间的相移为（$\pi/2$）或（$-\pi/2$）。实际符号取决于四分之一波片。这就是为什么两个光波的相移在探测器 B 处是（$\varphi + \pi \pm \pi/2$），而在探测器 A 处是 φ。为了使光波能够在探测器 A 和 B 上产生干涉，需要在探测器前添加偏振片。偏振片的方向分别为平行或垂直于投影平面，参见图 5-28。

当反光镜 2 在 x 方向上的位移距离为 Δx 时，根据式（5-6），改变测量光束在两个探测器位置的相位 φ。

$$\Delta\varphi = 4\pi \frac{\Delta x}{\lambda} \tag{5-6}$$

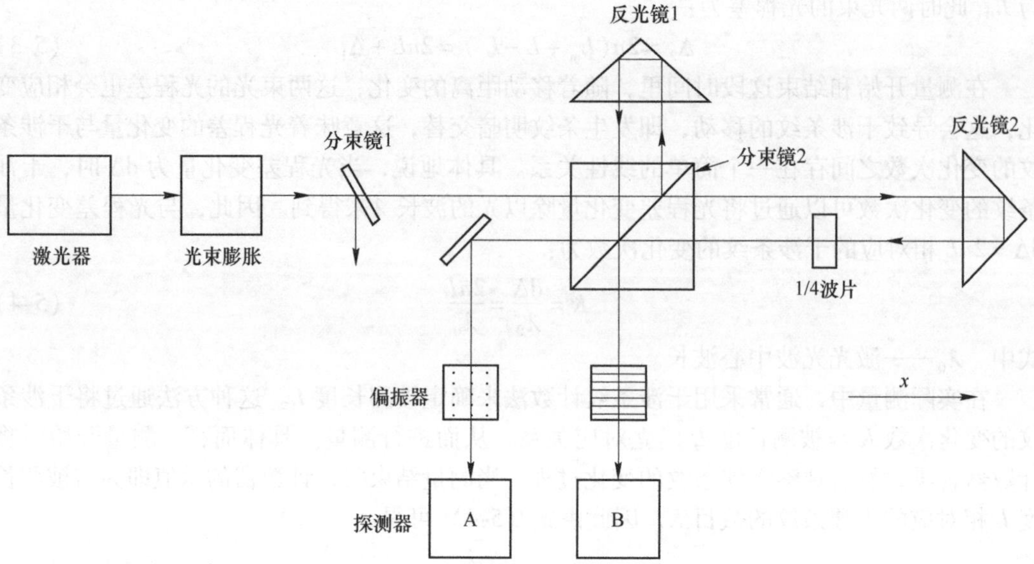

图 5-28 偏振干涉仪的基本结构示意图

反光镜 2 的位移是相对于分束镜 2 的位置测量的。因此，分束镜 2 和反光镜 1 的位置必须保持绝对稳定。但是，激光源的移动不会影响测量，因此，将激光器与分束镜 2 和反射器 1 机械分离是有利的。

5.3.1.3 双频干涉仪原理

双频干涉仪是一种外差式干涉仪。双频激光干涉的结果是一个强度随时间余弦变化的信号，这种现象称为光学拍，拍频为两束光的频率差，光学拍的起始相位就是两束光波的相位差。当原子置于弱磁场中时，会出现塞曼分裂现象，导致辐射和吸收的谱线发生相应的分裂。原来的单一谱线被替代为几条塞曼谱线，这些新谱线与原谱线之间具有微小的频率差异，在实际使用中，将单频 He-Ne 激光器放置在一个轴向磁场中。由于塞曼效应的作用，激光的谱线会被分裂成两个旋转方向相反的圆偏振光，即左旋和右旋光。这两束光的振幅相等，但频率之间存在一个很小的差异，通常为 1.2 ~ 4.0MHz。利用这两束光作为测量光源，就可以构成塞曼双频激光干涉仪，如图 5-29 所示。

设左旋圆偏振光频率为 f_1，右旋圆偏振光的频率为 f_2，初始位相为零，这两个方向相反的圆偏振光的振动方程为：

$$\begin{cases} x_i(t) = a\sin(\omega_i t) \\ y_i(t) = a\cos(\omega_i t) \end{cases} \quad (i = 1,2) \tag{5-7}$$

这两个圆偏振光经分光器 B_1 后，反射光在通过放在一个特定位置的偏振片 P_1 时，f_1 和 f_2 的垂直分量 $y_1(t)$ 和 $y_2(t)$ 通过，而水平分量被截止。垂直分量通过 P_1 后，按光波叠加原理将合成为：

$$y(t) = a\cos(\omega_1 t) + a\cos(\omega_2 t) = 2a\cos\left(\frac{\omega_1 - \omega_2}{2}t\right)\cos\left(\frac{\omega_1 + \omega_2}{2}t\right) \tag{5-8}$$

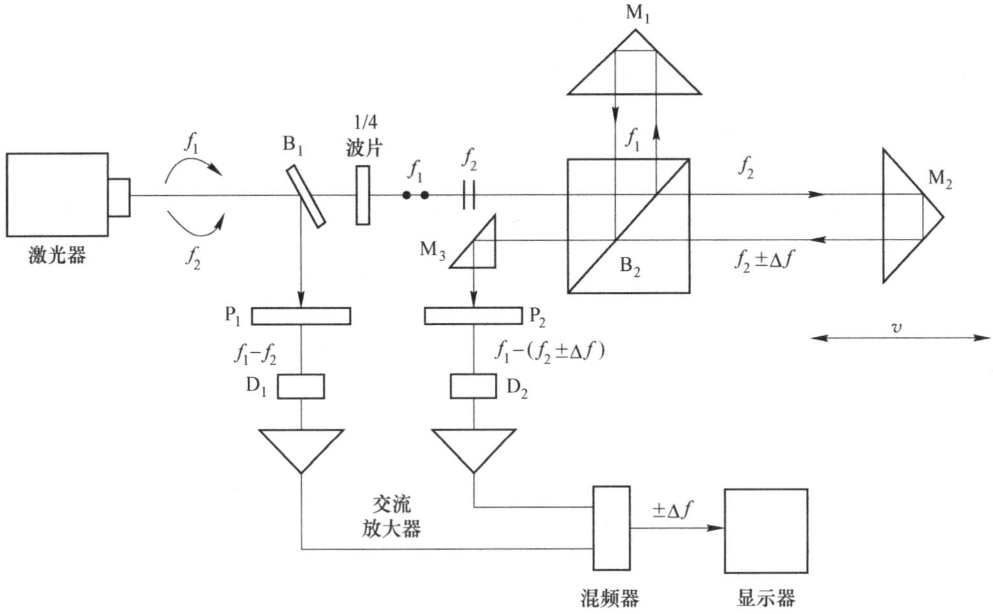

图 5-29 塞曼双频激光干涉仪结构示意图

合成波的振幅为 $2a\cos\dfrac{\omega_1-\omega_2}{2}$，则光强为：

$$I=4a^2\cos^2\frac{\omega_1-\omega_2}{2}=2a^2[1+\cos2\pi(f_1-f_2)t] \tag{5-9}$$

合成波的强度随时间 t 在 $0\sim4a_2$ 做缓慢的周期变化，这种强度时大时小的现象称为“拍”，拍频为 f_1-f_2。此拍频信号被广电探测器 D_1 接收，经滤波放大后送入混频器作为测量过程中的参考信号。

通过分光镜 B_1 的另一束光沿原方向通过 1/4 波片后，这束光被分为两个互相垂直的线偏振光，分别表示为 f_1（垂直于纸面）和 f_2（平行于纸面）。这两束光射向偏振分束镜 B_2 后，由于其偏振方向的差异，被彻底分开。f_1 被反射至参考角锥棱镜 M_1，而 f_2 则透过偏振分束镜到达测量角锥棱镜 M_2。当测量角锥棱镜 M_2 以速度 v 运动时，多普勒效应会导致返回光束的频率发生变化，变为 $f_2\pm\Delta f$，其中正负号取决于测量角锥棱镜的移动方向。

返回光束重新通过偏振分束镜后，与频率为 f_1 的返回光束相遇，然后被直角棱镜 M_3 反射至检偏器 P_2 上，产生拍频信号。拍频信号的频率为 $f_1-(f_2\pm\Delta f)$。拍频信号被光电探测器 D_2 接收后，进入前置放大器，经过滤波放大后送入计算机。计算机同时接收来自光电探测器 D_1 和 D_2 的信号，并进行同步相减运算，从而得到多普勒频移 $\mp\Delta f$。最后，通过倍频和累积计数的处理，可以求得测量角锥棱镜 M_2 的移动位移。

设测量棱镜移动速度为 v，则由多普勒效应引起的频差 Δf 为：

$$\Delta f=\frac{2v}{c}f=\frac{2v}{\lambda} \tag{5-10}$$

式中 c——光传播的速度；

f——激光频率；

λ——激光波长。

若测量所用时间为 t，则测量镜移动距离 L 为：

$$L = \int_0^t v\mathrm{d}t = \int_0^t \frac{\lambda}{2}\Delta f\mathrm{d}t = \frac{\lambda}{2}\int_0^t \Delta f\mathrm{d}t = \frac{\lambda}{2}N \tag{5-11}$$

式中 $N = \int_0^t \Delta f\mathrm{d}t = \sum_0^t \Delta f\Delta t$——记录下来的累计脉冲数。

为了保持塞曼双频激光干涉仪中被测信号 Δf 的准确性，一般建议选择激光器的双频频差 $f_1 - f_2 \geqslant 3\Delta f$。

5.3.2 激光干涉测量应用

5.3.2.1 角度测量

激光小角度干涉仪是利用激光干涉测位移和三角正弦原理来测量角度的仪器。图5-30(a) 是激光小角度干涉仪角度测量原理图。激光器1发出的激光光束经分光镜3分成两路，一路沿光路 a 射向测量棱镜2，一路沿光路 b 射向参考镜4。当棱镜在位置Ⅰ时，沿光路 a 前进的光束经角锥棱镜反向后，沿光路 c 射向反射镜5，并从原路返回至分光镜，与从 b 路返回的参考光束汇合而产生干涉。当棱镜移到位置Ⅱ后，沿光路 a 前进的光束由于棱镜Ⅱ及平面反射镜的作用，使它们仍按原路返回，不产生光点移动，从而干涉图形相对接收元件的位置保持不变。根据干涉测位移原理可以测出角锥棱镜在位置Ⅰ和位置Ⅱ的位移 H，若已知棱镜转动半径 R，即可根据三角正弦关系求出被测角 α。

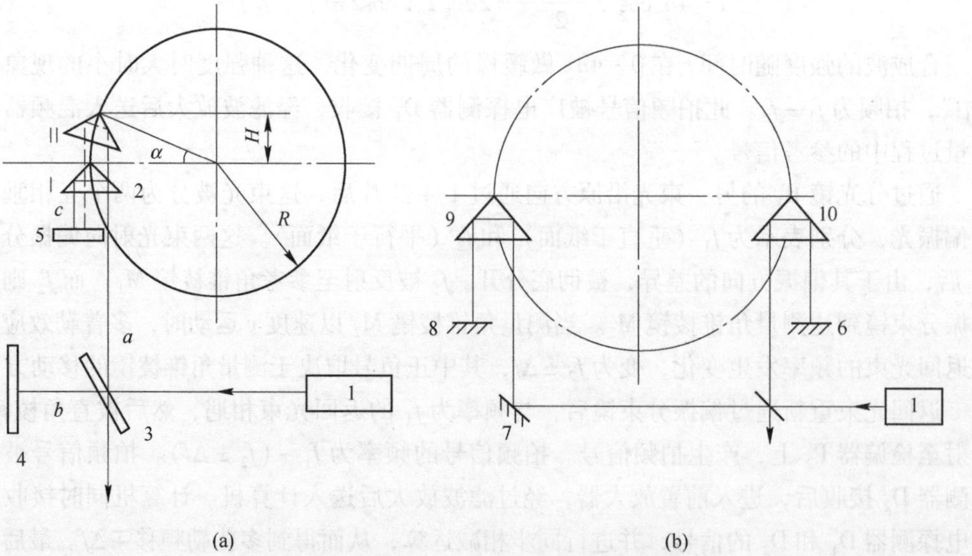

图5-30 激光小角度干涉仪角度测量原理图

（a）激光小角度测量原理；（b）对径读数小角度测量原理

1—激光器；2，9，10—测量棱镜；3—分光镜；4—参考镜；5～8—反射镜

棱镜在位置Ⅰ和位置Ⅱ的光程差为 $\Delta L = K\lambda$，则位移 H 为：

$$H = \frac{1}{4}\Delta L = K \cdot \frac{\lambda}{4} \tag{5-12}$$

则被测角度为：

$$\alpha = \arcsin(H/R) \tag{5-13}$$

式中 R——棱镜转动半径。

在实际应用中为消除偏心和轴系晃动等误差，并提高灵敏度，可以在对称直径位置上布置两个角锥棱镜，干涉仪测角原理如图 5-30(b) 所示。在这种情况下，干涉仪经过两次光倍频，使得每一条干涉条纹相应的光程差为 $\lambda/8$。若可逆计数器采用四倍频，则每计一个数对应的长度为 $\lambda/32$，则：

$$H = K \cdot \frac{\lambda}{32} \tag{5-14}$$

根据式（5-13），便可求出被测角 α。

利用激光干涉测角原理可以制成激光干涉小角度测量仪，测量光路如图 5-31 所示。激光器 1 发出的光经分光棱镜 4 后分成两路光束。一路反射，射向正弦臂 10 一端的直角棱镜 8；一路先透射，然后经反射镜 5 反射，射向正弦臂 10 另一端的直角棱镜 6。直角棱镜 6 和 8 与正弦臂 10 绕转轴同步旋转。两路光束分别经过直角棱镜 7 和 9 等距离平移后反射回来，反射光束在分光棱镜 4 处汇合产生干涉条纹，由光电探测元件 2 和 3 接收。干涉条纹变换一个周期，对应 H 长度变化 $\lambda/8$，当干涉条纹数变化 K 时，被测角度为：

$$\alpha = \arcsin \frac{K\lambda}{8R} \tag{5-15}$$

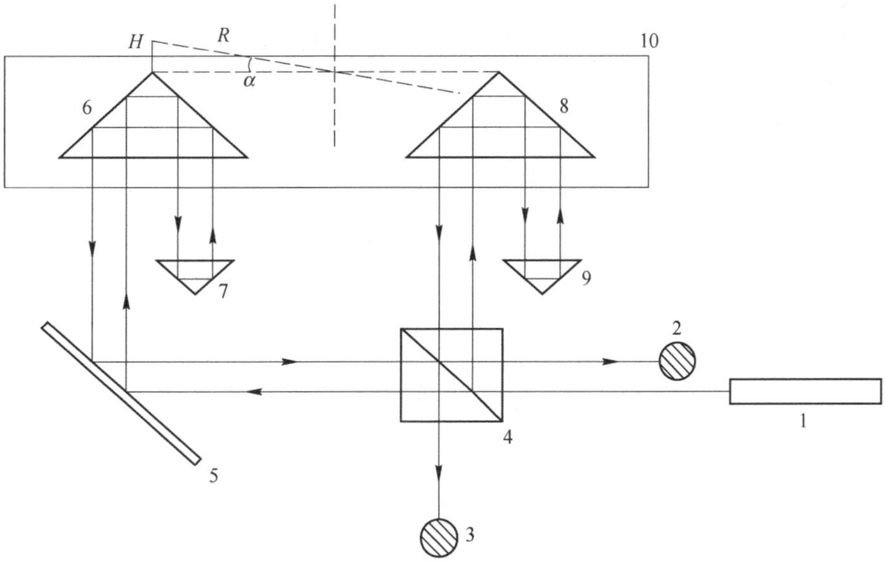

图 5-31 激光干涉小角度测量仪光路示意图

1—激光器；2，3—光电探测元件；4—分光镜；5—反射镜；6～9—直角棱镜；10—正弦臂

激光干涉小角度测量仪器的测量范围为 ±5°，在 ±1°内激光干涉小角度测量仪的最大误差为 ±0.05″。为了实现更大范围角度的测量，可采用图 5-32 所示的装置。由激光器 1 发出的激光光束经移动式转向反射镜 2 反射至分光镜 3，激光束被分成两束，其中一束经

五棱镜4转向，其后，这两束光分别射向两个角锥棱镜5上，经角锥棱镜反射后，在分光器上汇合并产生干涉。角锥棱镜被固定在旋转工作台6上，它的旋转改变了上述两光束的光程差。移动式转向反射镜2可有效扩大测量量程，这种装置的测量范围可达95°，测量误差可控制在±0.3″以内。

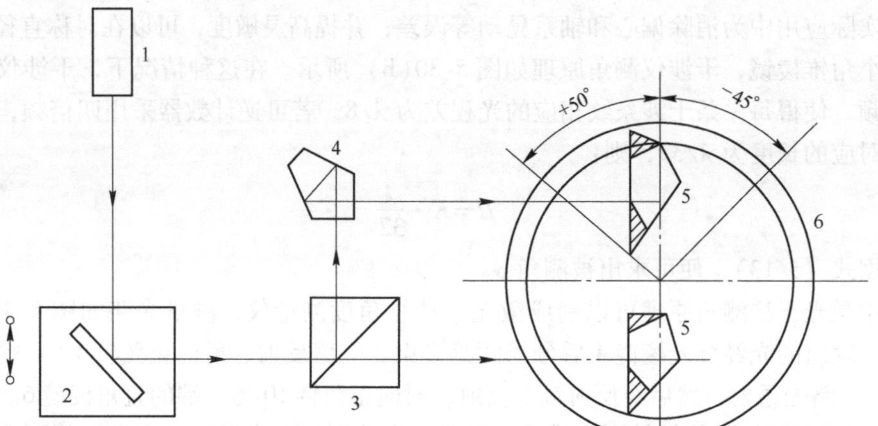

图5-32 激光小角度干涉仪量程扩大装置

1—激光器；2—转向反射镜；3—分光镜；4—五棱镜；5—角锥棱镜；6—旋转工作台

为实现更大角度测量，需要对激光干涉测角的方法进行相应的改进。由于双光线经过楔形平板时光程差的变换与平板转角存在对应关系，因此可以通过测量光程差的变化实现对角度的测量。激光楔形平板干涉角度测量原理如图5-33所示。激光器1发出的光经分光棱镜2后分成两路，一路透射光线经反射镜3后通过楔形平板6，一路反射光线直接通

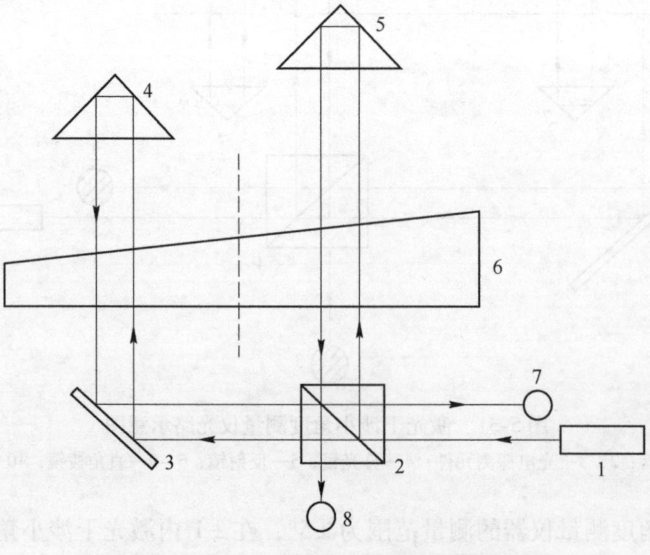

图5-33 激光楔形平板干涉角度测量原理

1—激光器；2—分光棱镜；3—反射镜；4，5—直角棱镜；6—楔形平板；7，8—光电探测器

过楔形平板 6。两路光线经直角棱镜 4 和 5 反射后在分光棱镜 2 处汇合产生干涉条纹，由光电探测器 7 和 8 接收。

这两路光线的光程差与楔形平板的入射位置有关，如图 5-34 所示。楔形平板的楔角为 θ，两束入射光之间的距离为 L，楔形平板的折射率为 n，则 AB 和 CD 两光束通过一次楔形平板的光程差 Δ 与楔形平板转动角度 α 之间的关系为：

$$\Delta = L \cdot (n-1) \cdot \tan\theta \cdot \cos\alpha \tag{5-16}$$

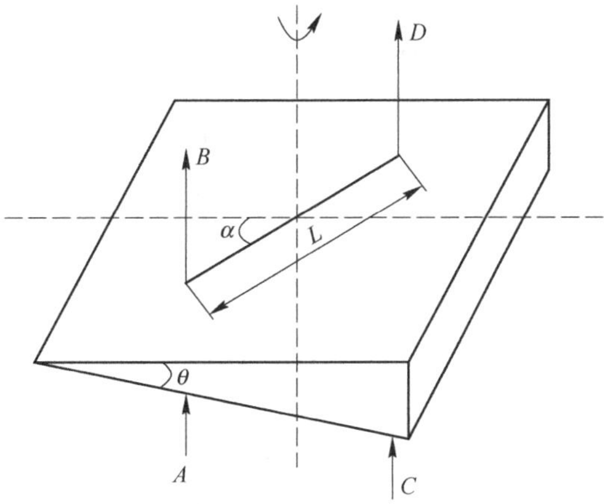

图 5-34 楔形平板光程差计算示意图

在楔形平板干涉测角过程中光程差为 2Δ，光程差变化 λ，对应干涉条纹明暗变换一个周期。当干涉条纹明暗变化 N 次时，则被测角度为：

$$\alpha = \arccos\left[\frac{N\lambda}{2L(n-1)\tan\theta}\right] \tag{5-17}$$

激光楔形平板干涉角度测量方法可以实现 360°范围内的角度测量，而且能够实现对转动角度的连续测量。

5.3.2.2 直线度测量

对于直线度，选择使用双频干涉仪来测量。沃拉斯顿棱镜将入射激光束分成两个线性偏振光波，其正交偏振方向分别为 f_1、f_2。两个光束以角度 θ 发散并分别行进到角度镜的两个平面，如图 5-35 所示。反射光束经过沃拉斯顿棱镜重新结合，最后通过偏振器引导至检测器。

在测量中，可以使沃拉斯顿棱镜移动，而保持角度镜静止；或者可以移动角度镜，而沃拉斯顿棱镜是固定的。在这里简单解释移动角度镜的测量原理。如果角度镜以速度 v_x 在 x 方向上精确移动，则反射在移动镜上的两个激光束，都会经历相同的多普勒频移：

$$\frac{\Delta f_i}{f_i} = -2\frac{v_x}{c}\cos\left(\frac{\theta}{2}\right) \tag{5-18}$$

因此，两个检测器的测量拍频相等，指示的计数器差为零。

当角度镜以垂直于 x 方向的速度 v_y 移动时，情况则完全不同，如图 5-35 所示。在这种情况下，上平面镜 1 以 $v_y\sin(\theta/2)$ 的速度离开光束 1，而下平面镜 2 以相同的速度向光

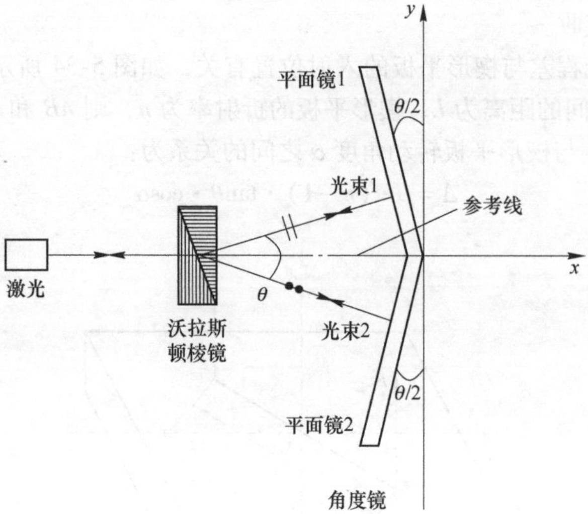

图 5-35　用于直线度测量的干涉仪装置

束 2 运行。两个反射光束都是多普勒频移的，符号相反：

$$f'_1 = f_1 - 2\frac{v_y}{\lambda_1}\sin\left(\frac{\theta}{2}\right) \tag{5-19}$$

$$f'_2 = f_2 + 2\frac{v_y}{\lambda_2}\sin\left(\frac{\theta}{2}\right) \tag{5-20}$$

检测器会产生信号，这些信号以不同的拍频进行调制，可以得到两个计数之间的差值：

$$\Delta N = \frac{8\Delta y \cdot \sin\left(\frac{\theta}{2}\right)}{\lambda} \tag{5-21}$$

计数器差 ΔN 是参考线的偏差 Δy 的量度，由激光束确定。如果角度镜或沃拉斯顿棱镜在 x 方向上精确移动，则计数器差异始终为零。通过这种方法，可以检测运动的直线度。

为了检测垂直于 xy 平面的偏差，必须使用沃拉斯顿棱镜和角度镜重复测量，角度镜需要绕 x 轴旋转 90°。

5.3.3　影响测量精度的因素

影响测量精度的因素如下所述。

（1）环境因素：环境空气的波动、温度变化、湿度变化等会对激光干涉仪的测量精度产生影响。这些因素可以导致光路长度的变化，从而引起测量误差。因此，为了提高测量精度，应尽量减少环境因素的干扰，如保持稳定的温度和湿度条件。

（2）光源稳定性：激光干涉仪的测量精度受到光源的稳定性影响。如果光源的功率或频率发生变化，会引起干涉图样的变化，从而影响测量结果。因此，使用稳定的光源是提高测量精度的关键。

(3) 仪器的稳定性和振动抑制：仪器本身的稳定性和对振动的抑制能力也会影响测量精度。使用稳定的支撑结构、隔离振动的措施和减少外部干扰等方法可以提高测量的稳定性和精度。

(4) 光学器件的清洁：要保证光学镜组及附件尽量干净。使用高品质透镜拭纸、玻璃清洁液，按照使用要求清除灰尘、手印等，但要尽量减少使用拭纸和清洁液，避免光学镜组的磨损，最关键是注意对光学镜组的正确保管和合理使用。

5.4 激光全息测量

1948 年，英国物理学家 Gabor 为了克服电子显微镜清晰度低的问题，提出了全息术(Holography)。全息术主要用于记录物光波和参考光波产生的光程差，进而得到被测物体的振幅（Amplitude）和相位（Phase）分布。全息术的实现过程使用记录干板（卤化银乳胶、重铬酸明胶等介质）记录波前相位信息，然后使用化学湿处理完成重建。值得一提的是，随着计算机与电荷耦合器件（CCD）的迅速发展，Goodman 和 Lawrence 等人发明了数字全息技术（DH）。其与光学全息的不同之处在于，使用高分辨率的 CCD 取代传统的记录干板，再利用计算机进行全息重建，使得全息术的发展有了全新的突破。其中，全息术最为重要的工程应用是干涉测量，其可以精准地实现待测物体的三维形貌测量，并能够对物体变形、振动、表面轮廓以及因热、化学或生物过程而产生的折射率变化等实现无损检测。

5.4.1 光学全息干涉测量

5.4.1.1 光学全息干涉基本原理

全息技术包括两个主要步骤：全息图的记录和物光波的再现。相比于普通的照相技术，全息技术的特点在于它不仅可以记录物光的光强变化，还能同时记录下物光的相位变化。这使得全息技术能够完整地记录下物体的光学信息，并通过再现过程来获得物体的立体像。

A 全息图的记录

全息记录利用干涉原理将物体散射的光波在波前平面上的复振幅分布记录下来。如图 5-36 所示，在记录过程中，使用相干光照射物体，物体散射的光波和同一光源发出的参考光波在全息干板上发生干涉。通过感光乳胶的作用，干涉条纹被记录下来。经过适当的显影、定影处理，干板就转变为全息底片。这个过程称为“记录过程”。

干涉法将物体光波在波前的位相分布转换成光强的分布，并被照相底片记录下来。干涉条纹的强度分布由两束干涉光波的振幅比和相位差决定。因此，在干涉条纹中包含了物体光波的振幅和相位信息，即物光波的全部信息。为了得到干涉条纹，通常使用照相底片记录物光波和参考光波的干涉图样。这样，全息记录能够以图像形式保存物体的光学信息，并能够通过再现过程重新观察物体的全息图像。

B 物光波的再现

物光波的再现利用衍射原理进行光波的再现。如果用肉眼直接观察全息底片，只能看

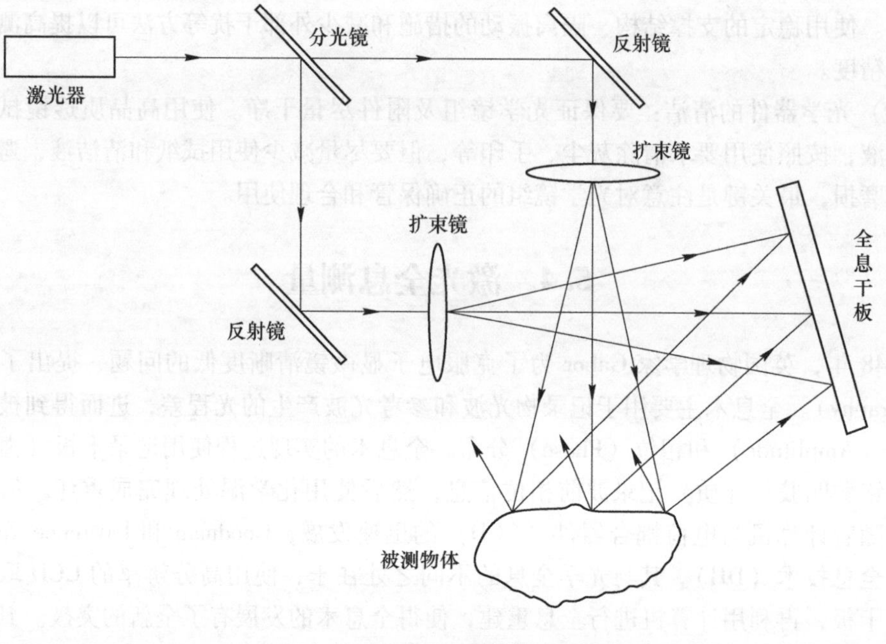

图 5-36　全息图的记录过程示意图

到复杂的条纹和光栅，但是用一束与记录激光光束相同波长的激光再次照明全息图时，就会衍射出成像光波，得到的光波具有原始光波所具有的一切性质。如果迎着这个光波观察，就会看到一个和原来一模一样的"物体"，这个光波就好像是它发出的一样。所以，这个透射波是原始物体波前的再现。由于再现时实际物体并不存在，该像只是由衍射光线的反向延长线所构成的，把它所形成的像称为原始物体的虚像或原始像，如图 5-37 所示。

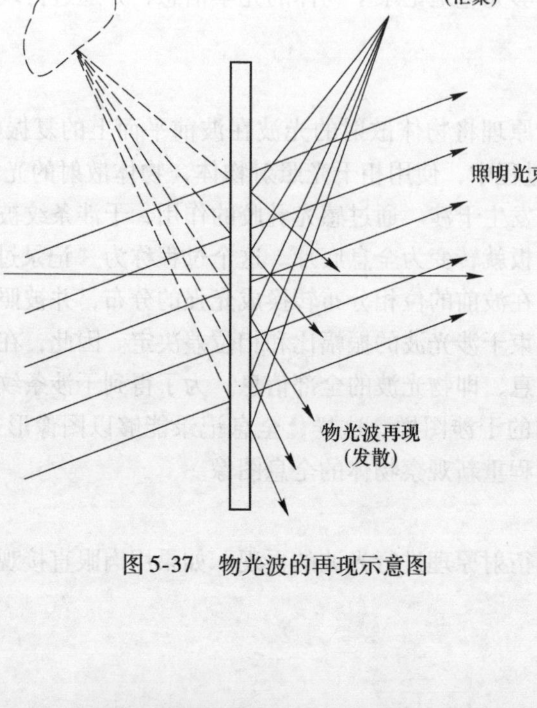

图 5-37　物光波的再现示意图

5.4.1.2 光学全息干涉测量方法

光学全息干涉测量方法是将不同时间、不同物光记录在全息干板上，然后将波前再现形成干涉，获取测量信息。全息干涉测量方法分为实时法、二次曝光法和时间平均法。

A 实时法

实时法是一种常用全息干涉测量方法，它基于物体一次曝光的全息图进行测量。在实时法中，经过显影和定影处理后，全息图被精确地复位回原始摄影装置。在再现全息图的过程中，再现像会重叠在原来的物体上。如果物体发生微小的位移或变形，就会观察到干涉条纹的变化。由于这种干涉测量方法是即时发生的，因此被称为实时全息干涉测量法，简称实时法。

实时法只用一张全息图，可以随时改变物体的变形条件（如应力、温度），实时地观察不同条件下物体产生的任何微小的运动或变形情况，在工程系统的自动检测中具有实用价值。但在实际应用中要求全息图必须严格复位，否则复位精度不高，将直接影响测量精度。实时法使用方便，节省测量时间，特别适用于测试透明物体中的一些现象。

B 二次曝光法

二次曝光法全息图的制作和实时法全息图的制作在第一步是完全类似的，只是在第二步二次曝光法拍摄了第一次未变形物体的全息图后，全息底片并不立刻进行处理，而是在原来的位置不动，让加载系统对物体加载使物体变形，当物体变形到所要观察的状态时，再在同一张全息干板上对变形后的物体进行第二次曝光记录，然后将干板进行处理。这样全息干板上就记录了物体在两个状态时的全息图。当用和记录时参考光束入射方向相同的照明光波照明二次曝光全息图后，再现的原物体光波和变形后的物体光波发生干涉，在再现像上会看到由变形或位移引起的干涉条纹。

由于二次曝光法的干涉条纹是两个再现光波之间的干涉，故不必考虑物体与全息图的位置精度，而且获得的是物体两个状态变化的永久记录。二次曝光法用于研究许多材料的性能参数，如检查材料内部缺陷，两个不同时刻材料或物体的变形量等。另外，二次曝光中干涉条纹往往是由两个因素引起的，一个因素是两次曝光中间物体状态的变化，另一个因素是两次曝光时光波频率的变化。后一种因素往往使问题复杂化，有时频率的变化甚至使干涉条纹消失，所以为保证测量的准确性，要严格控制激光器输出光波频率的稳定性。

C 时间平均法

多次曝光全息干涉测量技术的概念可以推广到连续曝光这一极限情况，结果得到所谓“时间平均全息干涉测量技术”。这种方法常用来研究特殊振动的物体，对周期振动物体做一次曝光。当记录的曝光时间远大于物体振动周期时，全息图上记录的是振动物体各个状态在这段时间中的平均干涉条纹。当这些光波又重新再现出来时，它们在空间上必然要相干叠加。由于物体不同点处的振幅不同而引起的再现波相位不同，当这些光波又重新再现出来时，它们在空间上相干叠加的结果是在现像上必然会呈现和物体的振动状态相对应的干涉条纹，即会产生和振动的振幅相关的干涉条纹。

时间平均法可用非接触方法来获得振动体的振动模，能对整个二维扩散的表面精密地测出振动的振幅，测量对象以粗糙面较为适宜。同时，可对小至晶体振子，大至扩音器、乐器、涡轮机翼等进行振动分析。

5.4.2 数字全息测量

数字全息是一种基于光学全息原理的技术，它利用光的干涉和衍射现象来记录和再现物体的光波信息。通过数字全息技术，可以对物体光波进行精确的记录和重建，并且可以定量地描述和处理光信息。

5.4.2.1 数字全息基本原理

数字全息成像与传统光学全息一样，可以分为记录和再现两个过程。在记录过程中，数字全息采用电荷耦合器件（如 CCD 或 CMOS）取代传统全息术中的银盐干板。这是数字全息与传统光学全息的主要区别。在图 5-38 所示的数字全息的记录过程中，物体光束 $O(x, y)$ 与参考光束 $R(x, y)$ 在全息平面上进行相干叠加，形成全息图。全息图通过干涉的方式记录下物光波前上各点的全部光信息，包括振幅和相位信息。

相比传统全息中的银盐干板记录，数字全息使用电荷耦合器件能够更准确地记录光波的振幅和相位信息，并将其转化为电信号进行记录。在再现过程中，通过适当的算法和处理，可以从记录的全息图中重建出物体的光波信息。通过与适当的光源相互作用，可以再现物体的三维形态、表面形貌和其他相关信息。

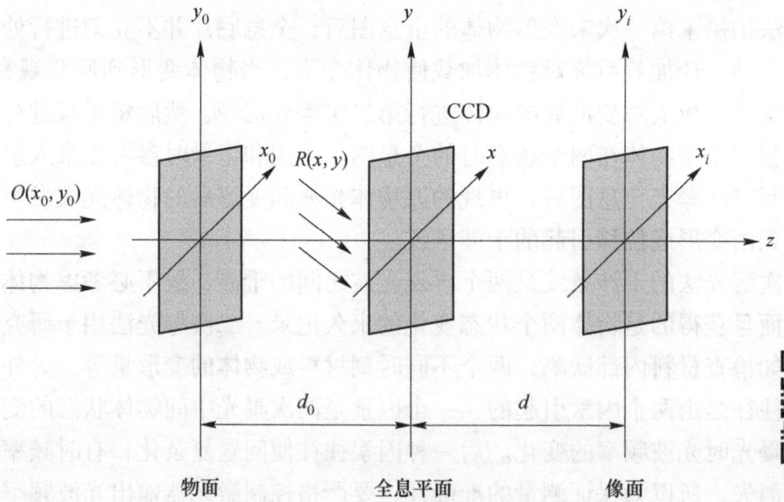

图 5-38　数字全息记录原理图

扫一扫
查看彩图

全息图的光强分布 $I(x, y)$ 可以表示为：

$$I(x,y) = |O(x,y)|^2 + |R(x,y)|^2 + O(x,y)R^*(x,y) + O^*(x,y)R(x,y) \tag{5-22}$$

式中　*——复共轭。

由上式可知，全息图由四项组成，前两项构成了零级像，第三项 OR^* 是正一级像，第四项 O^*R 是负一级像。为了保证零级像与正负一级像不发生频谱混叠，满足 Nyquist 采样定理，物光束和参考光束之间的角度 θ 需要满足以下关系：

$$\theta \leqslant \theta_{max} = \arcsin\left(\frac{\lambda}{2\Delta x}\right) \tag{5-23}$$

式中　λ——光波长；

Δx——CCD 像元尺寸。

由 CCD 记录的离散数字全息图 $I_H(k,\ l)$ 表示为：

$$I_H(k,l) = I(x,y)\mathrm{rect}\left(\frac{x}{L_x},\frac{y}{L_y}\right)\sum_{k=-M/2}^{M/2-1}\sum_{l=-N/2}^{N/2-1}\delta(x-k\Delta x,y-l\Delta y) \tag{5-24}$$

式中 k，l——整数；

$L_x \cdot L_y$——CCD 靶面尺寸；

$M \cdot N$——CCD 像素数量；

Δy——CCD 像元尺寸，通常有 $\Delta y = \Delta x$。

5.4.2.2 全息图再现

传统全息再现是一种基于光学原理的技术，通过光路中直接使用参考光照射全息图，使得在全息图中记录的物体光波信息能够通过肉眼观察得到再现的物体实像和共轭像。而数字全息再现是一种基于计算机技术的方法。首先在计算机中生成数字参考光 $C(x,\ y)$，然后使用该数字参考光来照射全息图，即通过将数字参考光与全息图相乘得到复合图像 $C(x,y)\cdot I(x,y)$。根据光波的衍射传播理论，在计算机中模拟物光波从全息图平面传输到像平面的衍射过程，数值再现出物光波的复振幅函数 $U(x_i,\ y_i)$。最后，通过计算机显示，可以展示出物光波的再现强度图和相位分布。

数字全息图的再现算法是数字全息技术的核心之一。目前的数字全息再现经典的算法有基于衍射角谱理论的角谱算法和基于菲涅尔衍射原理菲涅尔变换算法。

5.4.3 全息测量技术应用

5.4.3.1 三维形貌测量

数字全息三维形貌测量技术利用全息记录和再现的原理，通过数字化处理和数值算法重建物体的复振幅和相位信息，进而提取物体的三维形貌，其原理如图 5-39 所示。

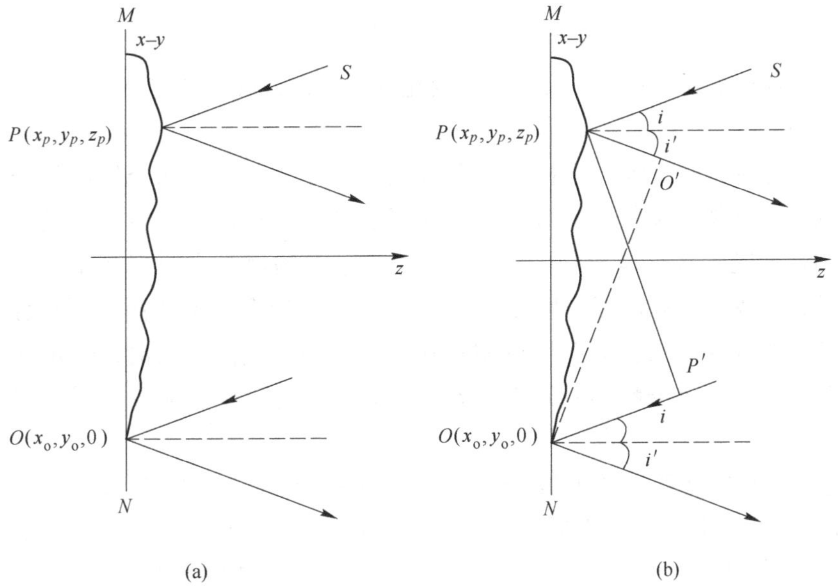

图 5-39 数字全息三维形貌测量示意图

(a) 反射光路示意图；(b) 测量原理示意图

这里以反射型物体为例，平面波以微小角度沿 S 方向传播照射到一微结构物体上后，被物体反射，其中 MN 平面$(x,y,0)$为基准平面，也是零相位面。在空间坐标系 xyz 中定义物体表面任一点 P 的坐标为(x_p,y_p,z_p)，相位零平面上取物体高度为零的点 $O(x_o,y_o,0)$为参考点，则 P、O 两点的光程差可以表示为：

$$OPD = OP' - PO' = z_p(\cos i + \cos i') + \sqrt{(x_p - x_o)^2 + (y_p - y_o)^2}(\sin i - \sin i') \quad (5\text{-}25)$$

从而，P 的相位可以表示为：

$$\phi_p = \frac{2\pi}{\lambda}OPD = \frac{2\pi}{\lambda}\left[z_p(\cos i + \cos i') + \sqrt{(x_p - x_o)^2 + (y_p - y_o)^2}(\sin i - \sin i')\right] \quad (5\text{-}26)$$

当照明方向垂直于 MN 面时，有 $i = i' = 0$，从而：

$$\phi_p = \frac{4\pi}{\lambda}z_p \quad (5\text{-}27)$$

通过测量相位分布 $\phi(x_p,\ y_p)$，就可以确定微小物体的高度信息 z_p：

$$z_p(x_p,y_p) = \frac{\lambda}{4\pi}\phi_p(x_p + y_p) \quad (5\text{-}28)$$

根据式（5-27），可以给出原始物光波 $O_0(x_0,\ y_0)$ 的复振幅表达式：

$$O_0(x_0,y_0) = A_0(x_0,y_0)\exp\left[\mathrm{j}\frac{4\pi}{\lambda}z(x_0,y_0)\right] \quad (5\text{-}29)$$

式中　$A_0(x_0,\ y_0)$——原始物光波的振幅值。

数字全息研究过程中，选用反射型记录光路的居多，以上原理同样适用于透射型光路，求解过程大体相同，只是在表达光程差时需要考虑被测物体内部折射率。当已知被测物体内部折射率时，同样可以得到物体三维轮廓的高度信息。

5.4.3.2　复合材料缺陷检测

利用被测件在承载或应力下表面微小变化的信息，就可以判定被测件某些参量的变化，发现缺陷部位。

复合材料是用特殊纤维树脂材料（硼素或碳素复合）或特殊金属胶片纤维黏结而成的。研究复合材料相关技术对发展燃气轮机、航空发动机具有重要意义，其中检测复合材料内部的脱胶状态是十分关键的。全息干涉法检测复合材料是基于脱胶或空隙会产生振动这一现象，并由振型区分缺陷。图 5-40 是用全息干涉法检测复合材料两表面的光路图，当叶片两面在某些区域中存在不同振型的干涉条纹时，表示这个区域的结构已遭到破坏。如果振幅本身还有差别，则表示这是可疑区域，表明该复合材料结构是不可靠的。

用全息干涉法检测复合材料的缺陷不仅能测量脱胶区的大小和形状，而且还可以判定深度。全息干涉法在缺陷检测方面其他的例子还有：断裂力学研究中采用实时全息干涉监测裂纹的产生和发展，用于应力裂纹的早期预报；利用二次曝光采用内部真空法对充气轮胎进行检测，可以十分灵敏、可靠地检测外胎花纹面、轮胎的网线层、轮胎边缘的脱胶、缩孔以及各种疏松现象。

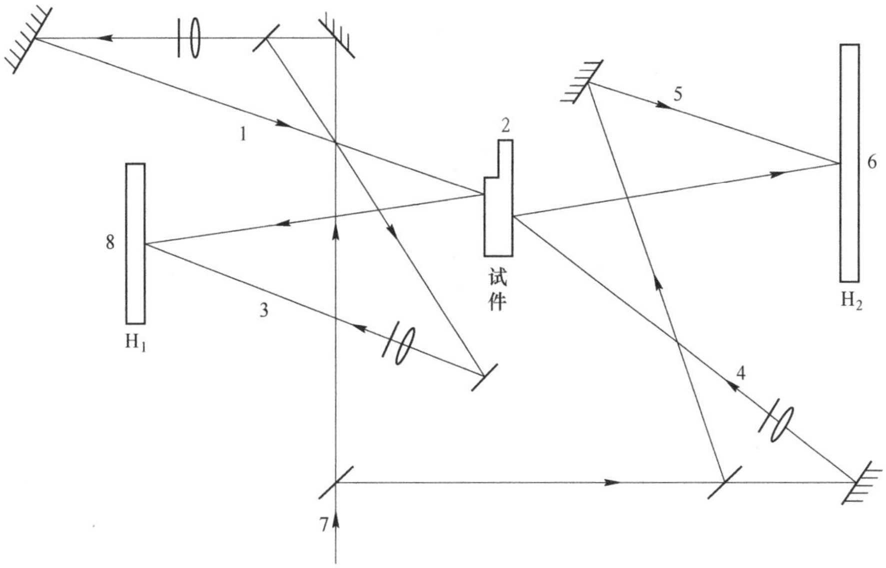

图 5-40　复合材料叶片两表面全息干涉检测光路示意图

1，4—物光束；2—被测叶片；3，5—参考光束；6，8—全息片；7—入射激光束

5.5　激光散斑测量

散斑现象是在光学成像过程中普遍存在的现象，早在牛顿时代就引起了人们的关注。随着激光器的问世，散斑技术得到了快速的发展。在 1968 年，Bruch 和 Tokski 提出了散斑照相术，这标志着散斑技术进入了一个新的阶段。散斑干涉测量形式较为灵活，可以通过光学、电子和数字方法来实现。散斑干涉测量技术在科学研究、工程应用和非接触测量等领域发挥着重要的作用。其灵活性和精确性使其成为一种强大的测量工具，广泛应用于光学制造、表面形貌测量、材料力学性能分析等领域。

5.5.1　激光散斑的基本原理

散斑是由于激光光束经过粗糙表面后，其反射和散射光线的干涉引起的。粗糙表面的微小起伏和表面特征导致光的相位差，从而形成了亮斑和暗斑的分布。这些散斑的分布模式是不可预测的，每次照射都会出现不同的斑点图案，如图 5-41 所示。

5.5.1.1　散斑形成的条件

散斑形成的条件主要包括以下几个方面。

（1）相干光源：散斑现象需要使用相干光源，如激光光源或相干光束。相干光源能够保持一定的相位关系，使光波能够进行干涉和衍射。

（2）不规则表面或介质：散斑现象通常出现在具有不规则表面或介质上。表面的微小起伏、不均匀介质的折射率变化等都会导致光的相位差，从而产生散斑。

5.5.1.2　散斑的大小

散斑的颗粒状结构是由于粗糙表面的微小不均匀性导致的光的相位差，使得在空间中

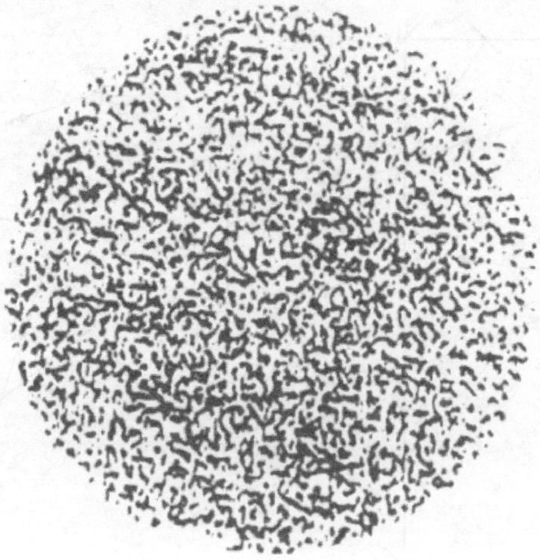

图 5-41　激光散斑图

形成亮斑和暗斑的分布，一般称这种散斑为直接散斑。亮斑和暗斑之间的距离被定义为散斑颗粒的尺寸，也称为散斑间距。这个尺寸是通过统计相邻亮斑间的距离的平均值来计算得到的。在实际应用中，常用散斑颗粒的平均直径来表示散斑的大小。平均直径可以通过激光的波长 λ 和粗糙表面的照明区域对散斑的孔径角 u' 来确定。孔径角 u' 表示了光束在照明区域内的角度范围。从而描述散斑的大小特征的数学表达式为：

$$\langle \sigma \rangle \approx \frac{0.6\lambda}{\sin u'} \tag{5-30}$$

而成像散斑是在光学成像过程中形成的散斑结构。当相干光通过图 5-42 所示的光学系统并在成像平面上形成图像时，由于光的波动性和物体表面的不规则性，散斑现象就会出现在图像中。成像平面上 P 点散斑直径取决于光学系统出射光瞳对 P 点的孔径角 u'，即：

$$\langle \sigma \rangle \approx \frac{0.6\lambda}{\sin u'} = \frac{0.6\lambda}{NA} \tag{5-31}$$

式中　NA——光学系统的数值孔径。

上式说明，孔径角较小时散斑较大。

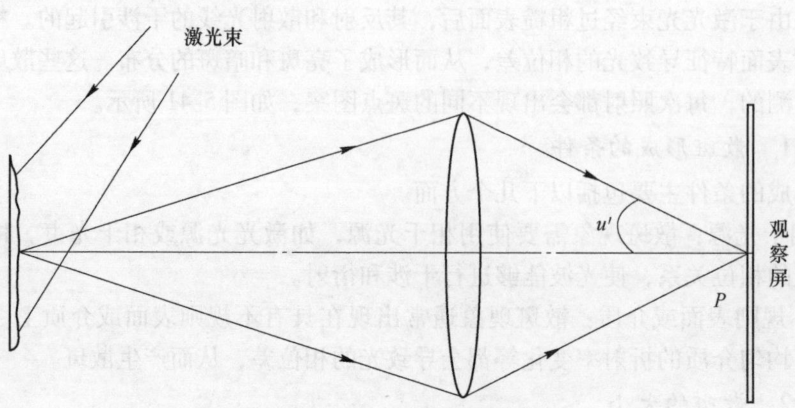

图 5-42　成像散斑光路

5.5.2 散斑干涉测量原理

5.5.2.1 散斑干涉测量

散斑干涉技术是一种基于散斑现象的测量和分析方法，利用光的干涉和衍射效应来获取物体的信息。其基本原理是，在光的照射下，物体表面的微小不规则性或波前的畸变会导致光的干涉和衍射效应，形成明暗交替的散斑图案。这些散斑图案包含了物体的振幅和相位信息，可以通过分析散斑的变化来获取物体的相关参数。利用散斑干涉技术可以测量物体的位移、应变及振动、物面的变形和粗糙度等，在各种工程技术中应用十分广泛，在光学上用来检验感光材料的分辨率，测定透镜焦面位置及焦距等；在医学上，可用散斑技术做视力检查；在天文学方面，用散斑技术揭示星体的构造和超巨星的亮度分布等。按散斑测量位移的方法，可以分为测量物体纵向位移的干涉法和测量物体横向位移的干涉法。

A 纵向位移测量

图 5-43 是散斑干涉测量表面纵向位移的原理图。从迈克尔逊干涉仪的一支光路中去掉反射镜，换成被测物体，则该物体表面产生散射光。在另一支光路中保留反射镜 M，由 M 的反射光作为参考光。在物体表面的散射场与参考光重叠的区域发生干涉，散斑上出现光强度亮暗起伏变化的现象。若物体沿法线方向（设为 z 方向）有一微小位移 Δz，则两个光场之间的相位差改变为 $\Delta\varphi$，则有：

$$\Delta\varphi = \frac{2\pi}{\lambda} \cdot 2 \cdot \Delta z \tag{5-32}$$

当 $\Delta z = m\lambda/2(m=0, m=\pm1, m=\pm2, \cdots)$ 时，散斑条纹与 $\Delta z=0$ 时相同；当 $\Delta z = (m+1/2)\lambda/2$ 时，散斑条纹的对比度反转，即亮暗反转。当物体沿法线方向缓慢移动时，散斑条纹也发生移动，这种方法适合测量物体表面变形及振动物体的振动模式。在振动节

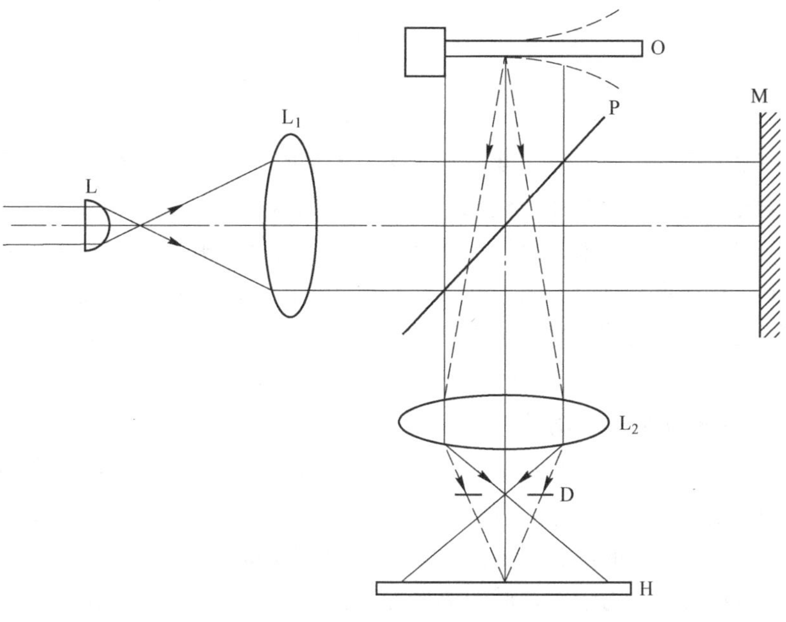

图 5-43 散斑干涉仪表面纵向位移测量原理图

点处出现高对比度的散斑，在有振动处散斑的对比度降低。对比度为常数的区域表示振动的振幅相同。图 5-43 中的可变光阑 D 用来调整散斑的大小。

B 横向位移测量

用于测量表面横向位移的散斑干涉仪原理，如图 5-44 所示。干涉仪对垂直于观察方向（图中 x 方向）的位移敏感，而对 z 方向的位移不敏感。在这种干涉仪中，被测表面由两束准直光对称照明，并用一个透镜将其像聚焦在全息底片上，在底片上记录下散斑图。

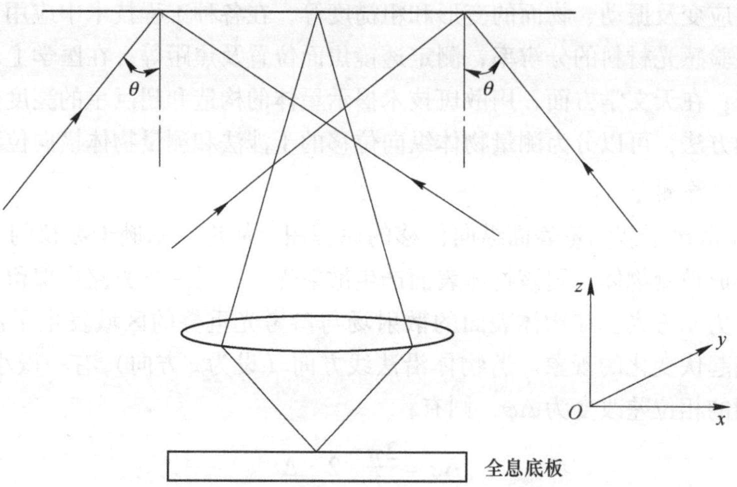

图 5-44 散斑干涉仪表面横向位移测量原理图

为进行实时观察，把经过处理的底片放回原来的位置。底片如同一个影屏，它抑制了来自明亮散斑区的光，因而视场呈均匀的黑色。若表面沿观察方向（z 方向）运动，则两个照明方向上的光束光程变化一致，因而散斑图保持不变，且仍和原来的记录相匹配。若表面横向（沿 x、y 方向）移动一距离 d，则照明光程差的变化为：

$$\Delta = 2d\sin\theta \tag{5-33}$$

由于光程差的出现引起散斑亮度发生变化，于是照片就与散斑图样不匹配而出现透射光。每个散斑的亮度都是周期性变化的，且与相邻散斑无关。但是在满足式（5-34）的情况下，散斑图样将恢复原来的形状，并且和影屏上的负片相匹配。在一个这样的成像系统中，凡是横向移动距离对应于波长整数倍的那些表面上的区域就表现为暗区，中间区域则为亮区。因此，可以用被观察到的散斑干涉图来测定表面上各个区域的变形情况。

$$2d\sin\theta = n\lambda (n = 1, 2, \cdots) \tag{5-34}$$

5.5.2.2 电子散斑干涉测量

早在 20 世纪 70 年代，电子散斑技术已经开始崭露头角。在电子散斑干涉技术（ESPI）中，视频摄像系统取代了传统的照相处理，电子技术和计算机技术取代了光学记录技术，成为一种更实用的散斑测量方法。ESPI 具有非接触、高精度和实时测量的优势，适用于工程、材料科学、力学等领域的形变和位移分析。它在应力分析、材料研究、振动分析、结构检测等方面具有广泛的应用。通过 ESPI 技术，可以实现对物体表面形变和位移的可视化、定量化和动态监测。

图 5-45 所示为电子散斑干涉仪的原理图。在这个仪器中，激光器发出的光束经过分束镜 B_1 分成两束光。其中一束光通过透镜 L_2 扩束后照明物体表面，物体表面散射的激光经透镜 L_3 成像到摄像机的成像面上。另一束光经过角锥棱镜反射到反射镜 M_3 上，通过透镜 L_1 扩束后被分束镜 B_2 转向，并与物体散射的光束在摄像机的成像面上合束，形成参考光 R。角锥棱镜可以调节光程，以确保参考光和散斑光之间的相干性。在摄像机的成像面上，物体表面散射的激光与参考光发生干涉，形成散斑场。摄像机记录下散斑场的图像，通过电子技术和计算机处理和分析图像数据，可以提取出物体表面的形貌信息和位移信息。上面介绍的测量纵向位移的干涉仪和测量横向位移的干涉仪，都可以改造为电子散斑干涉仪。

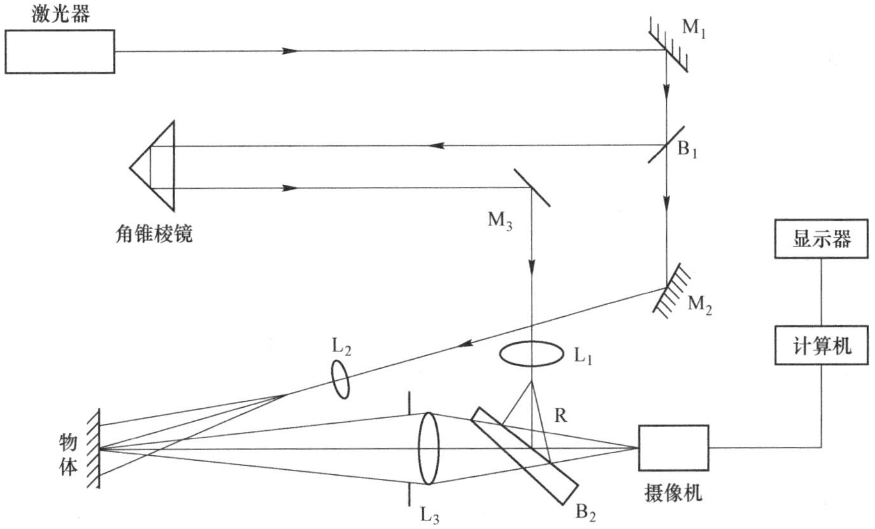

图 5-45 电子散斑干涉仪原理图

5.5.2.3 数字散斑干涉测量

随着电子技术、计算机技术以及激光技术的发展，出现了数字散斑干涉技术（Digital Speckle Pattern Interferometry，DSPI），如图 5-46 所示。数字散斑干涉是指利用数字图像处理和计算机技术对散斑干涉图像进行分析和提取信息的方法。它是电子散斑干涉技术的一种变体。在数字散斑干涉中，原始的散斑干涉图像由光电器件（如 CCD 相机）捕捉并转换为数字图像。通过图像处理和计算机算法，可以对散斑图像进行滤波、傅里叶变换、相位解析等操作，提取出物体表面的形貌、位移和变形等信息。

数字散斑干涉具有许多优点。首先，数字图像处理可以实现自动化和高速处理，提高了测量的效率和准确性。其次，通过计算机的计算和分析，可以对散斑图像进行更复杂的处理和提取更丰富的信息。此外，数字散斑干涉可以结合其他图像处理技术，如数字全息术、相位重建等，进一步提高测量的精度和灵活性。数字散斑干涉技术在光学测量、材料科学、生物医学等领域得到广泛应用。它可以用于表面形貌测量、物体变形分析、振动模态分析、光学非接触检测等应用，为科学研究和工程实践提供了重要的工具和方法。

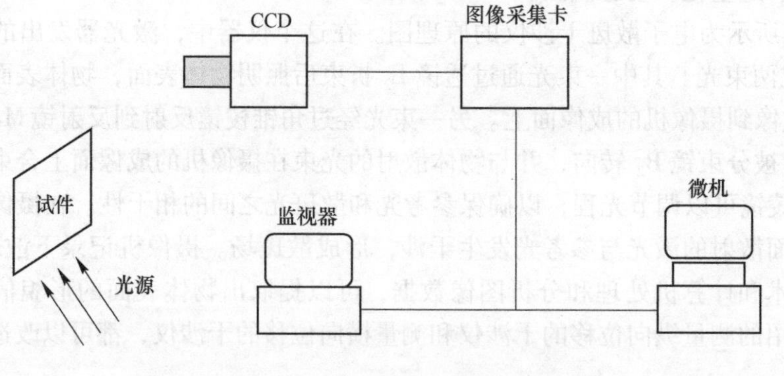

图 5-46　数字散斑测量示意图

5.5.3 散斑干涉测量的应用

5.5.3.1 散斑干涉表面粗糙度测量

如图 5-47(a)所示，被测表面 S 用 He-Ne 激光器的相干平面光波照射，θ_0 是入射角，在无限远处记录由表面散射的散斑。将底片 P 放在无像差的傅里叶变换透镜 L 的焦平面上。用二次曝光法连续在同一张底片上记录入射角为 θ_0 和 $\theta_0+\Delta\theta$ 的散斑图。处理后的底片放在聚焦激光束中，如图 5-47(b) 所示。在焦平面上观察由两个记录在底片上的斑点产生的干涉条纹，用狭缝和光电探测器测量这些条纹的对比度。条纹的对比度 V 与表面粗糙度均方值 σ 的关系为：

$$V=\exp\left[-\left(\frac{2\pi}{\lambda}\sigma\sin\theta_0\Delta\theta\right)^2\right] \tag{5-35}$$

当 V、θ_0、$\Delta\theta$ 已知时，由上式便可求出表面粗糙度 σ。此方法适用于 $\sigma>\lambda$(光波长)的情况，一般测量范围为 1 ~ 30μm。

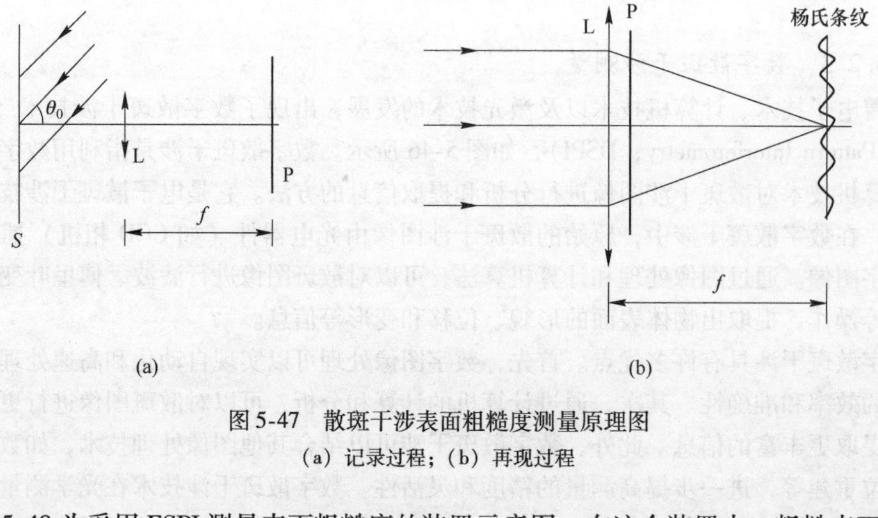

图 5-47　散斑干涉表面粗糙度测量原理图
(a) 记录过程；(b) 再现过程

图 5-48 为采用 ESPI 测量表面粗糙度的装置示意图。在这个装置中，粗糙表面同时被两束相干激光束照明。这两束激光是从激光器射出经干涉仪 I_1 分开成一角度 $\Delta\theta_1$ 的两束

光。照射到被测表面后按 $\Delta\theta_2$ 角产生两束散射光，在双束干涉仪 I_2 里产生干涉，并在透镜 L 的焦平面 P 上形成散斑图样。散斑的对比度与表面的性质有关，对比度可用视频摄像系统来进行实时测量。

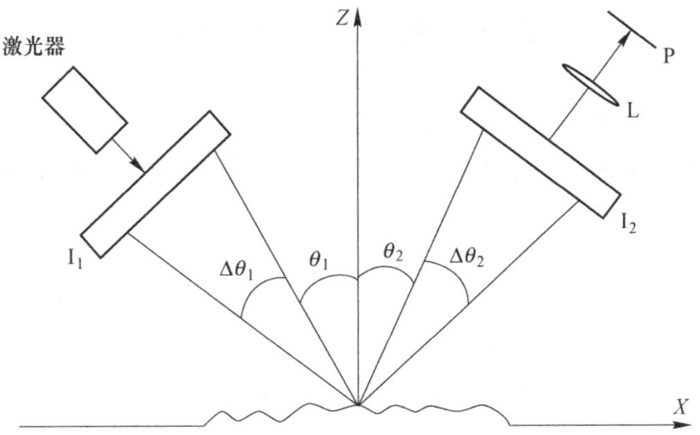

图 5-48 采用 ESPI 测量表面粗糙度的装置示意图

5.5.3.2 圆柱内孔表面质量测量

在许多工业部门中，都需要有检验圆柱内孔表面质量的自动化检测仪，如汽车和航空工业的汽缸内表面，发动机部件中的孔或轴承的内表面等。图 5-49 是一台利用激光散斑技术制成的测量内孔表面质量的仪器原理示意图。仪器包括三部分：探头转动式激光扫描器、安装被测缸筒的滑道和信息接收与处理系统。

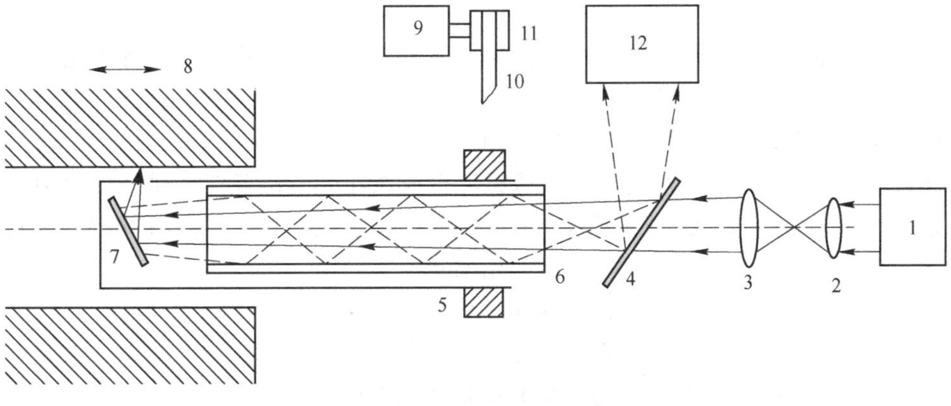

图 5-49 激光散斑测量内孔表面质量原理示意图

1—He-Ne 激光器；2，3—透镜；4—中空反射镜；5—探头外壁；6—玻璃棒；7—反射镜；8—缸筒；9—电动机；10—带；11—带轮；12—光探测器

由一低功率 He-Ne 激光器 1（1MW）发出的光通过中空反射镜 4 的中心未镀膜部分，然后穿过包有镀层的玻璃棒 6，两端是经过抛光的平行端面，再经过反射镜 7 反射，穿过探头外壁 5 的窗口射向被测孔的内表面，调整透镜 2 使激光束到达孔表面时正好聚焦。探头部件由高速旋转（600r/min）的电动机 9 通过带轮 11 和带 10 带动旋转。光束由被测内

孔表面反射和散射进入探头孔，并由反射镜 7 反射进入玻璃棒，多次反射后回到中空反射镜 4，这些光包含了表面质量的信息。扫描工作是由探头旋转与缸筒 8 平移来完成的。带有表面质量信息的散射光通过光探测器 12 进入计算机处理后，显示内孔的表面质量。

5.6 激光三角法测量

激光三角测量是一种测量物体绝对距离的方法。首先，本书介绍了三角测量的原理，包括对二维和三维测量的扩展；之后讨论了激光三角测量中的影响量，并列举了应用示例。

三角法基于相似三角形的几何光学原理，反应速度快、精度和分辨率较高。三角测量是一种面向点的方法，类似于机械探头。激光三角测量方法的一般化是所谓的激光切片技术。在这种情况下，一条激光线被投射到要测量的物体上。从另一个方向观察这条线，通过测量线的移动，可以确定其路径中物体部分的二维轮廓。激光三角测量法原理和结构简单，对硬件的要求低，而测量范围和测量精度可满足大部分应用场景需求，应用效果的性价比极高，因此得到了更普遍的应用。

5.6.1 激光三角测量法的基本原理

激光三角测量法是利用光线空间传播过程中的光学反射规律和相似三角形原理，在接收透镜的物空间与像空间构成相似关系，同时利用边角关系计算出待测位移。根据入射激光和待测物体表面法线之间的夹角，可以将激光三角法测量分为正入射和斜入射两种情况。

5.6.1.1 正入射

激光正入射的测量原理，如图 5-50 所示。在这个情境下，我们可以将激光器入射光线与成像透镜光轴的交点 A 定义为基准位置。当激光器发出的光线经过汇聚透镜聚焦后，垂直地入射到被测物体表面上。当物体垂直移动时，入射光点会沿着入射光轴进行移动。根据沙姆定律，光斑的漫反射光经成像透镜汇聚成像在光电位置探测器（如 PSD、线阵 CCD 等）的敏感面上。若光点在成像面上的位移为 x，按式（5-36）可求出被测面的位移 y：

$$y = \frac{Lx\sin\beta}{L'\sin\alpha - x\sin(\alpha + \beta)} \tag{5-36}$$

式中 α——激光束光轴与成像透镜光轴之间的夹角；

β——接收角，光电探测器感光面和成像透镜光轴之间的夹角；

L——激光器的光轴和成像透镜的光轴交点的物距；

L'——激光器的光轴和成像透镜的光轴交点的像距。

5.6.1.2 斜入射

激光斜入射的情况如图 5-51 所示。在这个情境下，当激光器发出的光与被测面的法线成一定角度入射到被测面上，并使用成像透镜接收光点的散射光或反射光时，如果光点的像在探测器的敏感面上沿着某个方向移动了 x 距离，那么物体表面沿着法线方向的移动距离 y 可以表示为：

$$y = \frac{Lx\sin\beta\cos\varphi}{L'\sin\alpha - x\sin(\alpha + \beta)} \tag{5-37}$$

式中 φ——激光器入射角，即激光束光轴和被测面法线之间的夹角，由激光器安装位置决定。

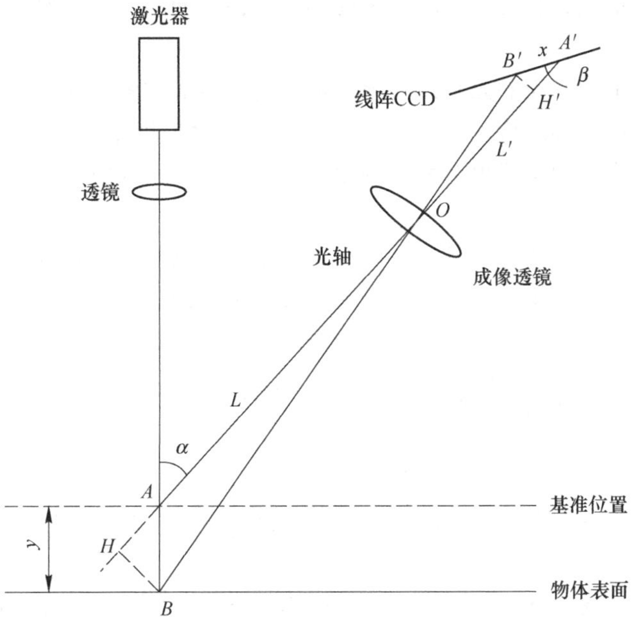

图 5-50 激光正入射三角测量法原理图

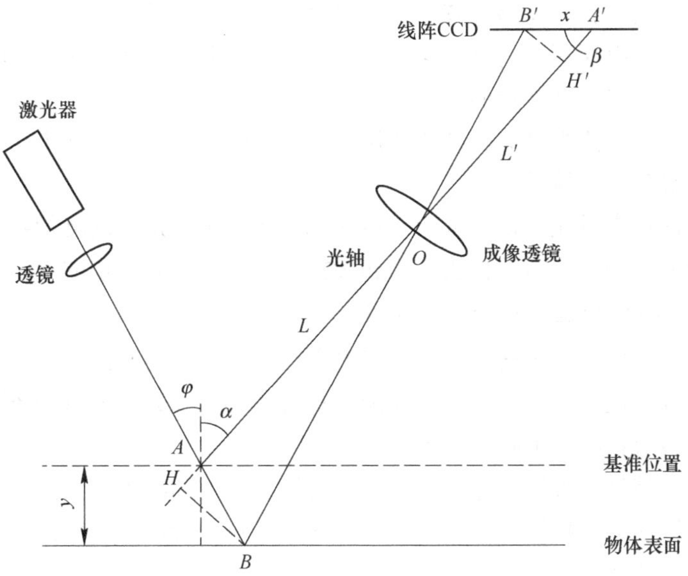

图 5-51 激光斜入射三角测量法原理图

比较式（5-36）和式（5-37），正入射与斜入射三角法的物像位移公式只相差一个乘

积项 $\cos\varphi$，当 $\varphi=0$ 时，斜入射即变为正入射，故正入射三角法可看成斜入射三角法的一种特殊形式。

5.6.1.3　两种入射情况的比较

在实际测量过程中，激光正入射和斜入射是两种不同的情况，它们在性能上存在显著差异。激光正入射情况具有更好的测量精度和稳定性，而斜入射情况对于复杂的测量场景更具适用性。

在斜入射情况下，激光的倾斜角会导致被测物体表面的激光光斑变大且能量分布不均匀，从而增加了光斑中心的检测难度，降低了测量精度。此外，当被测物体发生位移时，斜入射情况下激光光斑的位置也会发生变化，这使得使用斜入射方法来测量特定点的距离或位移变得困难。

因此，采用正入射方法具有设备结构小巧紧凑、光路简单、测量精度高和性能稳定等优势。目前，在许多应用领域中，正入射方法被广泛应用于快速测量。而斜入射方法主要应用于那些不适合采用正入射方法的场景。

5.6.2　激光三角测量中的影响因素

5.6.2.1　影响测量准确度的内部因素

在激光三角测量中，存在一些内部因素会对准确度产生影响。以下是一些主要的内部因素：

激光器稳定性：激光器的稳定性对测量准确度至关重要。激光器的输出功率和频率应保持稳定，以确保光斑的亮度和对比度不变。

光路对齐：光路中的各个光学元件（如透镜、反射镜等）需要正确对齐，以确保激光光斑聚焦到正确的位置。光路对齐的不准确会导致测量误差。

探测器特性：光电探测器的响应速度、灵敏度和线性度等特性对测量准确度有影响。较高的探测器性能可以提高测量的精度。

光斑形状和尺寸：激光光斑的形状和尺寸会影响测量的精度。如果光斑形状不均匀或尺寸过大，可能导致测量偏差。

数据处理算法：在激光三角测量中，对激光光斑位置和角度的测量数据进行处理的算法对准确度有重要影响。合适的算法选择和参数设置可以提高测量的准确度。

5.6.2.2　影响测量准确度的外部因素

环境光干扰：周围环境的光照会对激光测量产生影响。强烈的环境光可能会干扰探测到的激光信号，导致测量误差。因此，在测量过程中需要采取措施来降低环境光的影响，例如使用滤光片或遮挡物来屏蔽环境光。

被测目标表面特性：被测目标表面的反射特性、颜色和纹理等因素会影响激光的反射或散射情况。不同的表面特性可能会导致测量误差。对于特殊表面特性的目标，可能需要采用不同的测量方法或校准方法来提高准确度。

环境温度变化：温度的变化可能会导致光学元件和光电探测器的性能变化，进而影响测量结果的准确度。温度的变化可以导致光学元件的膨胀或收缩，改变光路长度和焦距，从而引起测量误差。因此，在测量过程中需要控制温度变化或进行温度补偿。

大气折射：大气中的折射会对激光传播路径产生影响。尤其是在长距离测量或室外测量时，大气折射效应可能会导致测量误差。需要考虑大气折射的影响，并进行适当的校正。

5.6.3 用于轮廓测量的三角测量技术

传统的激光三角法主要测量被测物体上某个点的信息，如果要测量二维或三维的信息可采用两类方式：

（1）光切法；

（2）给一维三角测量传感器附加上相对于被测物的一维或二维运动。

5.6.3.1 光切法

图 5-52 为一维距离测量扩展到物体的轮廓（二维）和形状（三维）测量。光切法是一种基于点光源入射的三角法。它利用激光光源通过柱面镜将光聚焦成一条平面光，在被测表面上形成一个明亮的光带。通过使用 CCD 摄像机来采集被测表面的数字图像，然后经过图像处理，可以获取物体在光切面上的二维信息。如果进一步沿着第三维方向进行扫描，就可以得到物体表面的形貌信息。与点光源入射的三角法相比，光切法必须采用 CCD 阵列采集图像，测量速度相对较快。

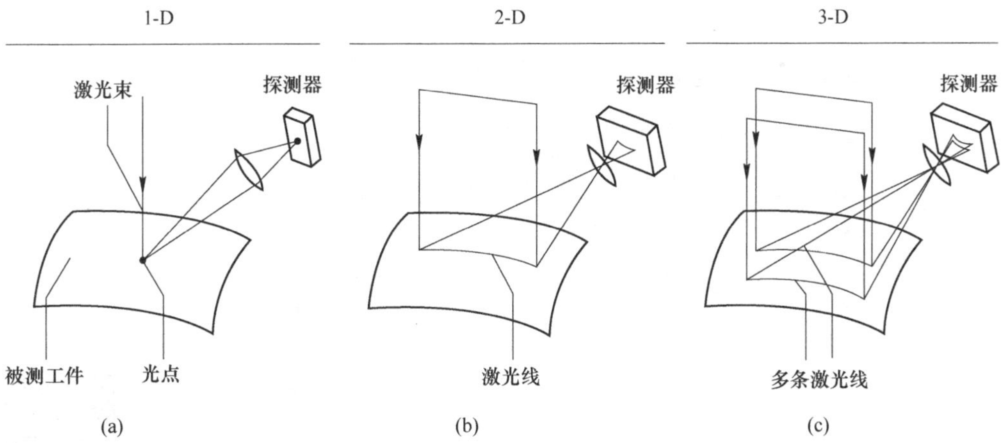

图 5-52 激光三角测量方法的变体

（a）使用准直激光束测量距离；（b）使用激光光段测量轮廓和形貌；（c）使用多条激光线来测量物体的形状

图 5-53 为基于激光截面的二维三角测量传感器的结构原理。通过使用圆柱透镜，激光束形成一条投射到测量物体上的线。

图 5-54 为用于轮廓和形貌测量的光切传感器。主要的技术数据有：测量范围 130mm × 105mm，平均测量距离 272mm，探测器阵列 1280 × 1024 像素，测量频率 200Hz，空间精度 130μm，时间精度 65μm，线性度 100μm。

5.6.3.2 移动镜组合

轮廓测量的另一种可能性是将三角测量传感器与移动镜相结合，图 5-55 为这种扫描传感器的基本结构。入射激光束通过可旋转反射镜引导到测量对象上；散射光由另一个反射镜收集，该反射镜与第一个反射镜在同一轴上共面对齐并指向物镜。激光束、物镜和探

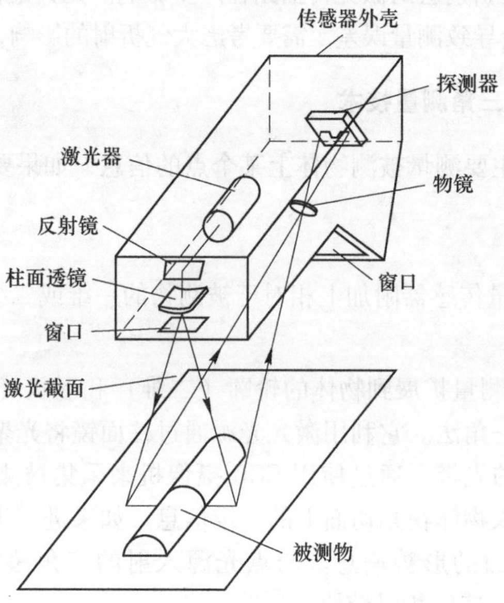

图 5-53　二维三角测量传感器结构原理示意图

图 5-54　用于轮廓测量的光切传感器

扫一扫
查看彩图

测器根据 Scheimpflug 成像原理（沙姆定律）的情况布置，探测器信号仅取决于旋转轴与测量对象上相应照明点之间的垂直距离。轴的角位置由角度变送器测量，通过这种方式，以极坐标测量物体的扫描轮廓。

另一种用于测量轮廓的三角测量传感器，如图 5-56 所示。激光束通过两个透镜和一个旋转的多棱镜引导到工件上，通过多棱镜的旋转使得激光光束在被测物体表面上平行移动，这种波束传播称为远心。

所有入射激光束在被测物体表面上彼此平行移动。光斑的散射光也经过多棱镜以远心光束传播到探测器上。这使得所有入射激光光束和成像设备的相应光轴，在物体空间中以相同的角度相交。探测器显示的信号是透镜中心平面与被测物体上的光斑之间的垂直距离

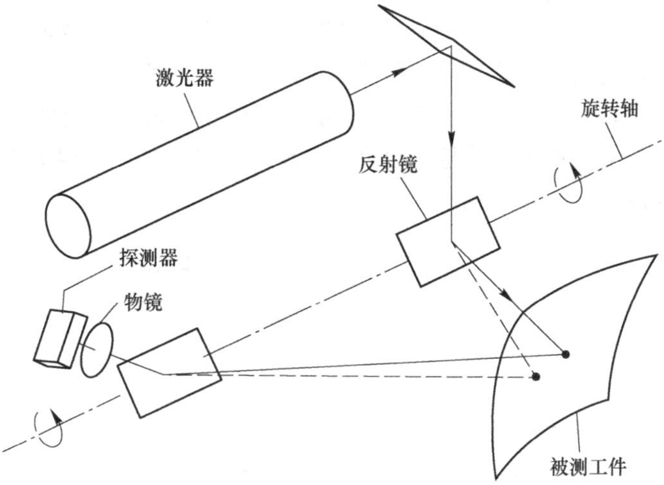

图 5-55 使用旋转镜的三角测量传感器用于轮廓测量

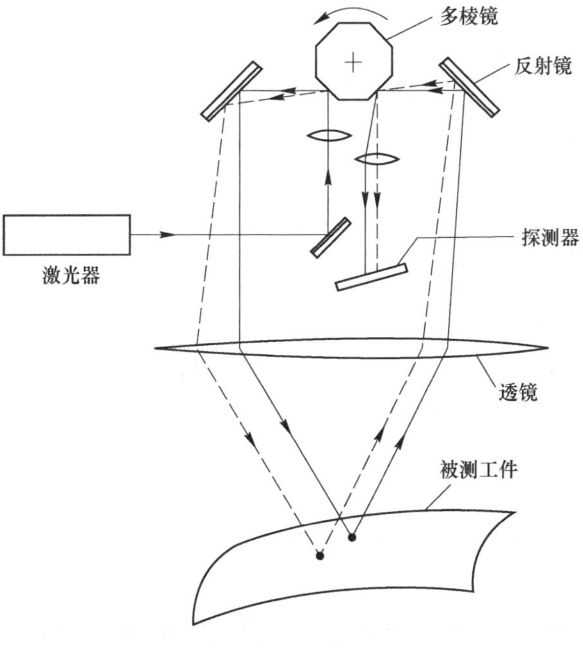

图 5-56 使用远心光路和多边形镜的三角测量传感器

的对应函数值。在垂直方向上，多棱镜的角度位置决定了光斑的位置。

5.6.3.3 回转射线簇测量方式

单点式激光三角法测量是利用一条激光线获得被测物体上一个点的相关信息，如果给激光三角位移传感器附加上相对于被测物的运动，则可以获得被测物体上一条线或一个面的相关信息；如果附加一个回转运动，可以获得一系列包含测量信息的激光线，覆盖整个投射平面。

回转射线簇测量方式是一种新颖的测量方法，它是基于激光三角法的扩展。该方法假设在空间中存在一条测量射线，这条射线能够准确测量从出射点到被测点的距离。为了获取更多的测量信息，射线会围绕着出射点旋转，并且旋转轴垂直于射线本身，从而形成一个射线簇，也称为回转射线簇，如图 5-57 所示。其中，O 为所有射线的出射点，Z 为回转轴。利用这簇测量射线提供的信息，合理构建测量模型，即可获得被测物体若干几何量值，尤其适合工件内尺寸的相关测量。

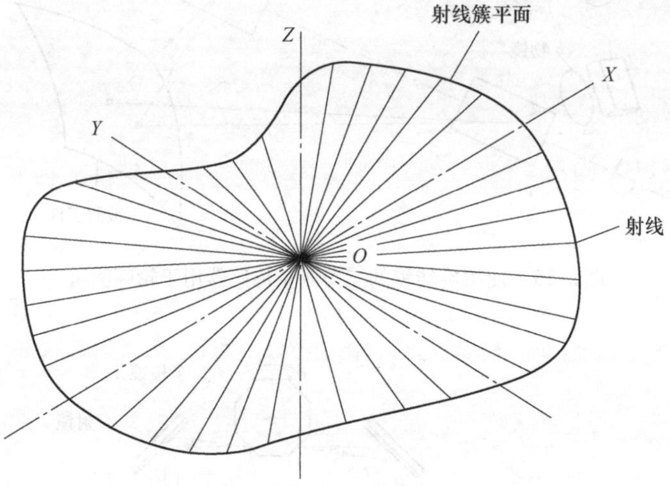

图 5-57 回转射线簇测量示意图

5.6.4 激光三角测量技术应用

5.6.4.1 孔径测量

如图 5-58 所示，D 为被测孔直径，O 为被测孔圆心，O'为射线回转轴。1 为射线簇集合 a，2 为其中最大值 $l_{a\max}$，3 为被测孔，4 为射线簇 a 中最小值 $l_{a\min}$。当采样密度足够时，显然有：

$$D = l_{a\max} + l_{a\min} \tag{5-38}$$

即，被测孔直径等于射线簇中最大值、最小值之和。

5.6.4.2 孔心定位

逼近式孔心定位原理，如图 5-59 所示。设测量射线回转中心初始位置 A，回转一周获得一簇回转射线，其中最大值为 AA'。回转中心沿 Y 向移动，并保持回转，可获得轨迹线上任一点处回转射线簇及其中最大值，如 BB'、CC'、DD'、EE'等。在所有最大值中，和 Y 向垂直的 DD'为最小。然后，测量射线回转中心沿过 D 点的 X 向移动，并保持回转，也可获得该轨迹线上任一点处的回转射线簇及其中最大值。在这批最大值中，OO'为最小，O 点即为被测圆孔中心。

5.6.4.3 线结构光三维形貌测量

线结构光测量技术是一种基于激光三角法的三维测量技术，主要由 CCD 摄像机和线结构光激光器组成。在测量过程中，线结构光激光器投射出一个空间光平面，该光平面与

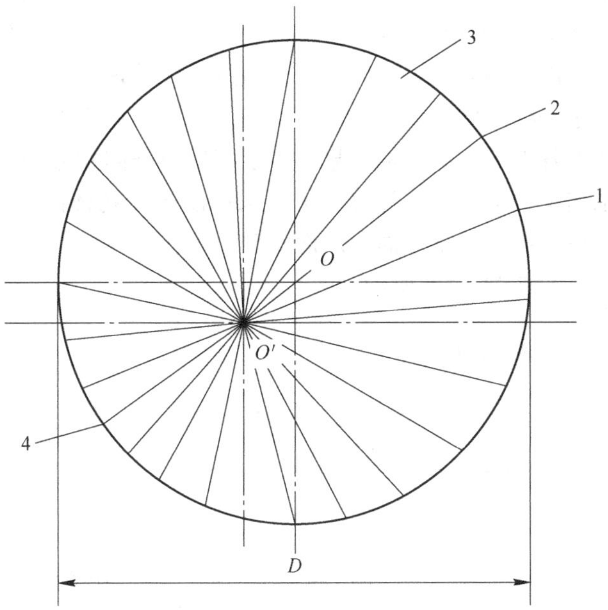

图 5-58 孔径测量原理图

1—射线簇集合；2—最大值；3—被测孔；4—最小值

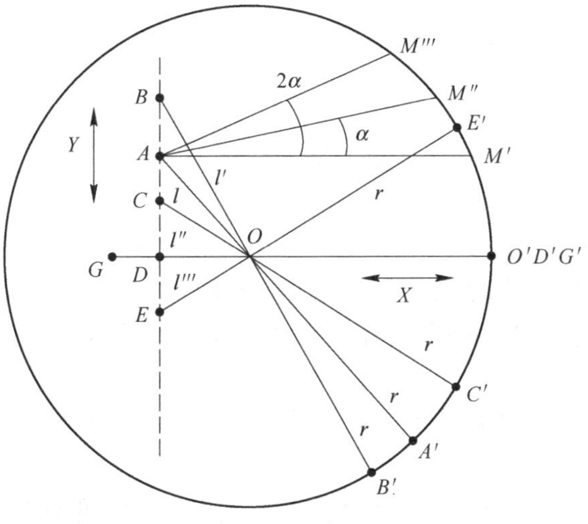

图 5-59 逼近式孔心定位原理示意图

被测物体相交，形成一条带有被测物体尺寸信息的光条纹。通过 CCD 摄像机对光条纹图像进行采集，并借助计算机对光条纹信息进行提取。根据透视投影关系，可以将光条纹图像上的某一点的像素坐标转换为世界坐标，从而获取该点在空间中的位置信息。通过计算光条纹上的所有点的世界坐标，可以获得光条纹所携带的所有尺寸信息。

在线结构光三维形貌测量中，确保 CCD 摄像机和线结构光激光器之间的相对位置保持固定非常重要。此外，尽量使得被测物体的位置与标定板位置保持一致，以确保测量结果的准确性。在测量过程中，线结构光激光器会发射一幅空间光平面照射到被测物体表面。由于被测物体表面形貌的深度变化，形成一条发生畸变的蓝色光条纹。CCD 摄像机会采集经过被测物体表面调制后的光条纹图像。通过图像处理技术和相关算法，可以提取光条纹中心的图像像素坐标。然后，这些坐标将被代入线结构光测量系统的整体数学模型中，以求得被测物体上各点的空间坐标信息。为了实现对被测物体的三维形貌测量，需要将被测物体放置在轴向平台上，并通过移动平台来控制被测物体的移动。通过移动平台，确保光条能够覆盖到被测物体的全表面，从而实现对被测物体的三维形貌测量。线结构光三维形貌测量原理示意图如图 5-60 所示。

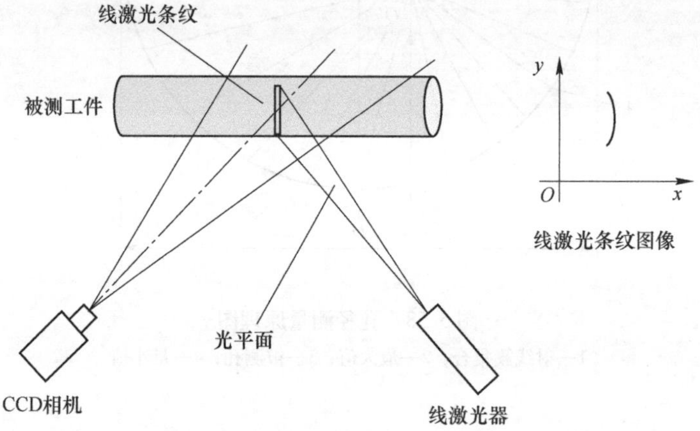

图 5-60　线结构光三维形貌测量原理示意图

本章小结

本章主要对激光测量做了详细的介绍。在 Theodore Maiman 发明了第一台激光器后，从此开启了激光的应用，近年来随着光学与信息技术的进步，激光测量也得到了快速的发展。常用的基于激光的测量方法有激光干涉法、激光全息法、激光散斑法、激光三角法等。

5.1 节首先介绍了激光测量技术的发展趋势；之后分别介绍了不同测量技术的商用产品。

5.2 节首先介绍了激光的基本物理性质；之后介绍了激光偏转等基本技术，最后根据工作介质分别介绍了不同种类的激光器。

5.3 节首先介绍了激光干涉仪的相关原理，包括干涉测长原理，偏振干涉仪原理，双频干涉仪原理；最后，介绍了激光干涉测量在直线度测量等场景中的应用。

5.4 节首先介绍了光学全息干涉基本原理及光学全息干涉测量方法；之后介绍了数字全息测量相关知识；最后，介绍了全息测量在三维形貌测量等场景中的应用。

5.5 节首先介绍了激光散斑的基本原理，散斑干涉测量中纵向和横向位移测量原理；之后介绍了电子散斑干涉测量和数字散斑干涉测量；最后，介绍了散斑干涉测量在表面粗糙度测量等场景中的应用。

5.6 节首先介绍了激光三角法测量的基本原理，分析了正入射与斜入射的特点；之后简述了激光三角测量中的内外部影响因素，介绍了几种用于轮廓测量的三角测量技术；最后，介绍了激光三角测量的应用场景。

习　题

5-1　概述激光测量的特点。

5-2　激光的基本物理性质有哪些?

5-3　简述激光干涉测长原理。

5-4　数字全息成像分为哪两个过程，角谱法和菲涅尔法的差异体现在什么方面?

5-5　简述激光散斑形成的条件。

5-6　在激光三角法测量中，正入射和斜入射相比有什么特点?

6 光学探针及扫描显微测量

6.1 光学探针显微测量发展趋势

表面三维形貌微观轮廓仪可分为接触式表面轮廓仪和非接触式表面轮廓仪两种。接触式最典型的是触针式轮廓仪，非接触式可分为非光学式扫描显微镜和光学轮廓仪。

接触式表面轮廓仪一般采用顶端半径很小的金刚石触针接触被测表面，其针尖会轻轻在被测表面上移动，由于被测物体的表面会有凹凸不平，触针式轮廓测量仪器利用触针沿着物体轮廓的垂直方向移动，并通过位移传感器将微小的位移转换为电信号，从而测量出物体表面的形貌特征。不同型号的仪器具有不同的性能指标。例如，英国 Taylor Hobson 公司的 PGI1240 轮廓仪具有以下特点：分辨率优于 0.8nm，可以检测到高达 0.8 纳米级别的表面高度变化。垂直测量范围为 8mm，适用于测量球面和非球面表面的特征。德国 HOMMEL 公司生产的 T8000 nanoscan 触针式轮廓仪具有更高的性能指标：分辨率优于 0.6nm，可检测到更小的表面高度变化。垂直测量范围可达 24mm，适用于更广泛的测量需求。国内哈量集团的 2302 型轮廓仪则具有以下特点：分辨率优于 1.25，适用于一般的表面形貌特征测量。垂直测量范围为 20mm，适用于一定范围内的表面测量需求。这些仪器在各自的领域中被广泛应用，用于测量不同类型的表面特征。接触式仪器具有测量结果重复性好和精度较高的特点，但对于超光滑表面测量，触针式轮廓仪存在一定的局限性。探针针尖有一定的大小，会滤掉一些表面高频信息。此外，触针式表面轮廓仪在接触物体表面的过程中会与表面之间存在一定的测量力，由于触针针尖半径很小，会给被测面带来轻微的划伤。若零件的表面为台阶面之类的微观结构，测量会产生较大的失真。

随着 20 世纪 50 年代光学测量技术的引入，非接触式表面形貌轮廓测量得到了快速的发展。光学测量技术借助全息投影、激光等技术的研究不断完善和提高。相比触针式表面轮廓测量技术，光学测量技术具有许多优势，并且能够克服一些不可避免的问题。近几十年来，计算机技术的飞速发展，数据的高速处理和仪器的智能化促进了光学测量技术的发展。随着理论研究的不断深入，光学测量技术逐渐应用于工业生产中。目前，光学测量技术主要有：光学探针法、偏振相移干涉法、显微干涉测量法。

光学探针法又称为聚焦法，即光学探针将汇聚的光束模拟机械触针对被测面扫描测量，然后根据不同的原理检测被测面和焦点之间的微小间隙。根据不同的光学原理，光学探针法可分为几何光学探针法和物理光学探针法。几何光学探针本质上利用像面共轭的特性来检测被测面的轮廓特征，分为共焦显微镜和离焦检测两种检测方法。物理光学探针是基于干涉的原理，分为外差干涉和微分干涉。

共焦显微镜工作原理是利用点光源对元件照明，当元件的被测面位于焦面上时，聚焦的光束被点探测器接收，此时点探测器接收的入射光能量达到最大值；反之，当被测表面偏离焦面时，光束不能完全汇聚，点探测器仅接收少量的光能。共焦显微镜的特点是光路结构简单，适用于三维微观轮廓的检测，且测量与物体表面材料基本无关，国内外的很多单位都有较成熟的产品。中国计量科学研究院于2004年将共焦显微测量法和双频激光干涉测量法相结合，其纵向分辨率优于0.1nm，能精确地反映被测表面的三维轮廓。

共焦显微镜的工作原理图如图6-1所示。

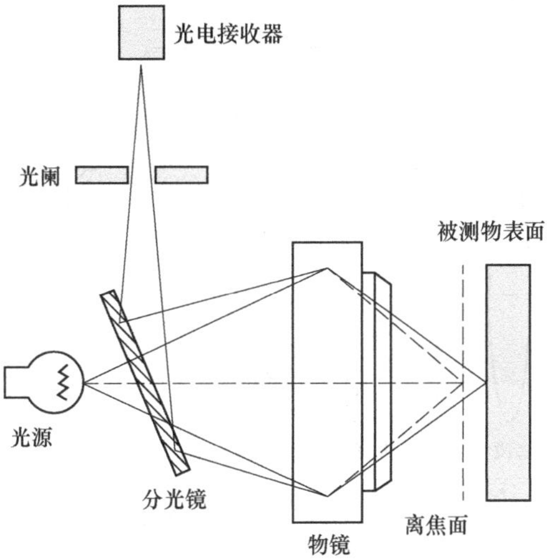

图6-1 共焦显微镜的工作原理图

外差式光学探针技术利用参考信号和测量信号沿着相同的光路入射到被测物体的表面上。这种技术能够在恢复被测面形貌时减少机械位移误差、环境振动和空气扰动等误差因素的影响。由于这些误差对两束光信号的影响是相同的，因此在测量过程中不会引入额外的误差，从而提高了仪器的测量精度和抗干扰能力。外差干涉光学探针根据测量光路的不同，可分为两种：一种是同轴外差干涉式，另一种是不同轴外差干涉式，通过沃拉斯顿棱镜将折射后的两束光分开一段距离。美国洛克希德导弹空间公司的Huang等人研制了同轴外差式干涉轮廓仪，其测量分辨率可达0.01nm。两种外差干涉式光学探针工作原理图如图6-2所示。

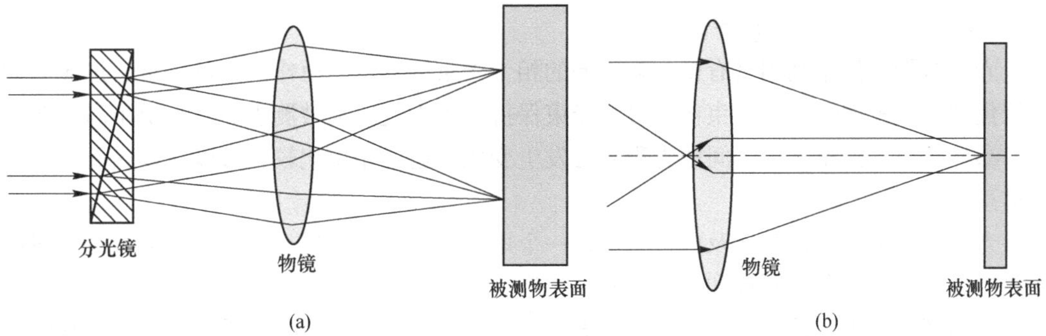

图6-2 两种外差干涉式光学探针工作原理图
(a) 同轴外差干涉式；(b) 不同轴外差干涉式

微分干涉法是一种横向对比的自相干技术，它将同一被测面发出的具有一定相位分布的光束沿横向分开一段微小的距离，或使其中一束光束沿径向缩小，从而构建出两束相干光，它们的干涉结果可反映相邻位置的表面高度变化。微分干涉法的特点是没有所谓的标准参考反射镜，测量精度不会受参考面精度的限制。微分干涉法可以获得很高的纵向分辨能力。Nomarski 干涉显微镜原理图如图 6-3 所示。

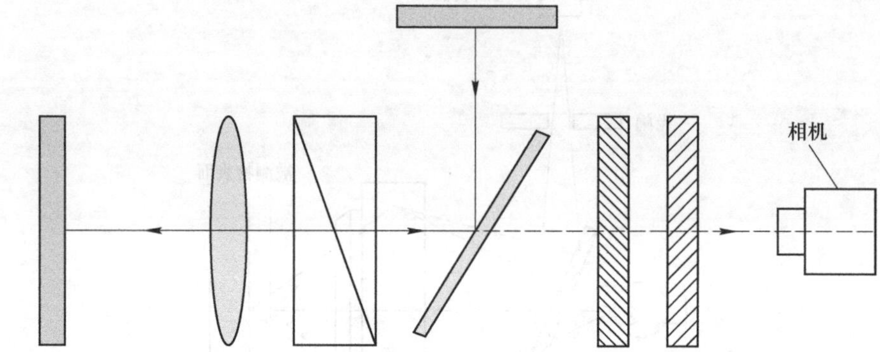

图 6-3 Nomarski 干涉显微镜原理图

6.2 物理光学探针法

探针测量技术是用探针扫描法进行测量或瞄准的一种技术，光学探针就是把聚焦光束当作探针，然后利用不同的光学原理来检测被测表面形貌相对于聚焦光学系统的微小间距变化。光学探针又有几何光学探针和物理光学探针之分，利用成像原理来检测表面形貌的光学探针称之为几何光学探针；利用干涉原理的光学探针称之为物理光学探针。

几何光学探针有共焦显微镜原理和离焦误差检测两种方法，物理光学探针有外差干涉和微分干涉等方法。

6.2.1 物理光学探针原理

6.2.1.1 外差干涉光学探针

光外差干涉技术利用具有微小频率差的相干光束，其中一束作为测量光束通过显微物镜聚焦到被测表面上，另一束作为参考光束保持光程不变。当被测表面发生微小高度变化时，参考光束与测量光束之间的光程差会发生变化。通过相位比较，可以获取表面微观高度信息。

光学外差干涉法通常涉及两个光斑，一个用作测量光斑，另一个用作参考光斑。根据光斑的分布，可以分为同轴和不同轴两种类型。

同轴型外差干涉轮廓仪：在测量表面上形成两个中心重合但大小不同的光斑，其中大光斑作为参考光斑，小光斑用作测量光斑。由于测量光路和参考光路同轴，对外界振动和扫描装置导轨的直线度误差不敏感，适用于在线检测。目前的同轴式轮廓仪中，小光斑的直径可以小于1μm，而大光斑的直径大约为2～4mm。

不同轴型外差干涉轮廓仪：两个光斑分开一定距离，有两种形式：一种是两个光斑大小相同；另一种是一个大光斑和一个小光斑。有研究人员基于沃拉斯顿棱镜设计了大小相同的光斑的外差干涉轮廓测量仪，其垂直分辨率为0.1nm，水平分辨率为2μm。哈尔滨工业大学在1998年基于这一原理开发了外差轮廓测量仪，其垂直分辨率为0.5nm，测量范围为6nm～0.2μm，测量不确定度为±2nm。

外差干涉系统中存在一个普遍问题，即激光器的双纵模之间会相互耦合，这种模耦合会引起测量误差。为了克服这个问题，超外差干涉系统逐渐发展起来，它利用两个外差干涉的再次外差形成光电拍频信号。

基于光外差的物理光学探针轮廓测量方法是一种非接触、高精度的形貌测量方法，但由于其结构复杂且对被测表面性质较敏感，因此尚未得到广泛应用。

不同轴光外差轮廓测量原理如图6-4所示。

6.2.1.2 微分干涉光学探针

微分干涉光学探针利用光束分为两束相干光束，并在被测表面上聚焦成两个非常接近的光斑。被测表面在这两个光斑之间的高度差决定了两束相干光的位相差，通过各种方法测量位相差，可以获取表面形貌的信息如图6-5所示。

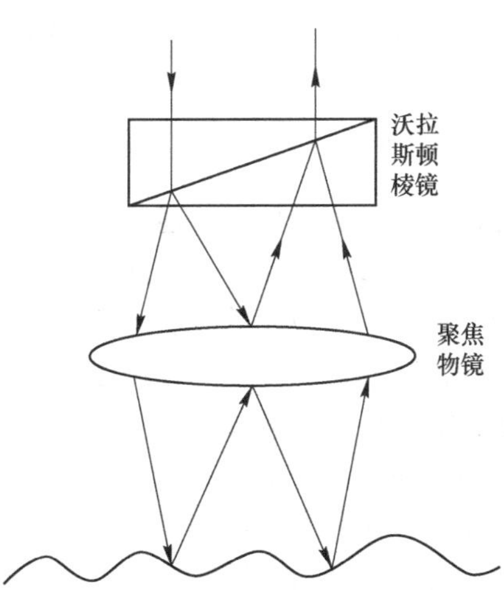

图6-4 不同轴光外差轮廓测量原理

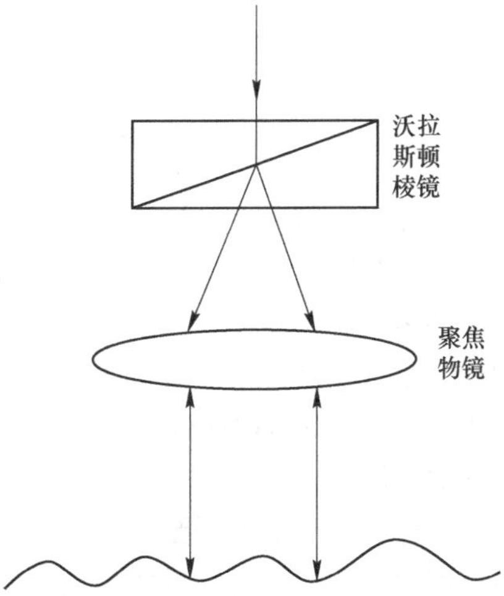

图6-5 微分干涉光学探针

微分干涉光学探针采用共光路光学系统，因此具有很好的抗干扰特性，并且无须标准参考平面，能够以0.1nm的垂直分辨率检测超精细表面。然而，由于微分干涉实际上测量的是表面斜率，而表面形貌是通过对斜率进行积分得到的，所以这种方法会引入累积误差。

干涉测量方法具有高分辨率和高测量精度的特点，但对被测表面质量要求很高，通常需要精密制造的参考镜，而且测量范围偏小。

6.2.2 物理光学探针应用

图6-6为一种基于外差干涉的探针表面检测系统，系统包括：双频激光干涉模块，微

探针模块，三维扫描模块以及系统控制模块。双频激光干涉模块，用于进行光的传输，测量探针纵向位移；微探针模块，通过微悬臂的振动，来调整微探针在物体表面的位置，从而获得样品的表面形貌表征；三维扫描模块，使样品做三维移动扫描；系统控制模块，对接收到的信号进行处理，用于样品的边缘检测、轮廓提取，从而进行特征尺寸的计算，得到样品的表面形貌。

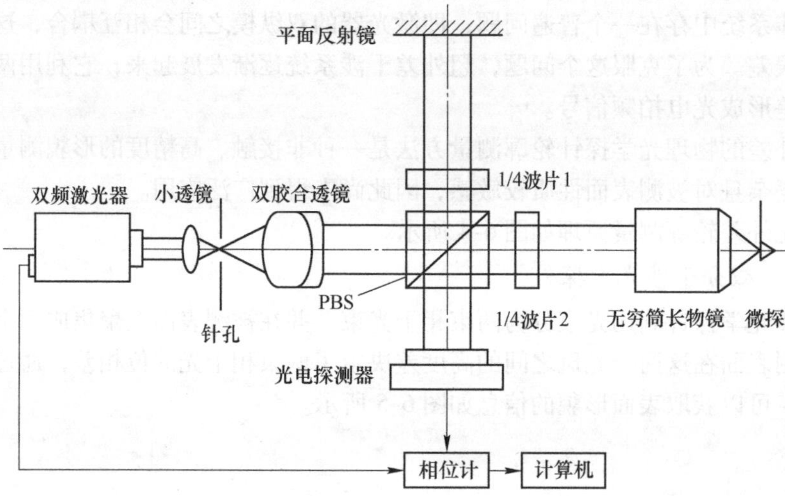

图 6-6　双频外差干涉测量系统

扫一扫
查看彩图

双频激光干涉模块，包括偏振分光，得到参考信号以及测量信号，通过比相计算微探针的位移变化。微探针模块，通过微悬臂的振动，来调整微探针在物体表面的位置，从而获得样品的表面形貌表征。三维扫描模块，用于依据系统控制模块的控制，使样品做三维移动扫描。系统控制模块，对接收到的信号进行处理，从而得到样品的表面形貌。

采用了频差为 3.6MHz 的低频差横向塞曼激光器作为光源。该激光器会输出两束正交线偏振的双频激光。为了将光分成两束，在激光器内部使用了一个分光镜。其中一束光是反射光，经过检偏后输出到激光器尾部，并连接到相位计作为参考信号。另一束光是透射光，根据准直原理，经过小透镜后会在针孔上汇聚，针孔处即为小透镜的焦点。我们使用的小透镜是凸面的，并且镀有一层增透膜，这样反射光的强度较弱，不会进入激光器；而透射光则不会通过小孔。此外，后续的反射光也几乎无法进入小孔。这样的设计有效地避免了激光回馈对激光器稳定性的影响。

从双胶合透镜中出来的平行光束，会通过 PBS 后进行偏振分光，把反射光作为参考光，透射光作为测量光。分光后的参考光首先会经过快轴沿着 45°放置的 1/4 波片 1，光束遇到平面反射镜后被反射，反射后的光再次经过 1/4 波片 1，这时参考光的偏振方向旋转了 90°，因此光束再次经过 PBS 时变成了透射光；从 PBS 分光后的测量光经过快轴同样沿 45°放置的 1/4 波片 2 以及无穷筒长物镜，光束会照射在微探针的背面；测量光经过微探针背面的反射后再次经过 1/4 波片 2，此时偏振方向也旋转 90°，再次经过 PBS 后经过反射，与参考光合光。合成光会进入光电探测器进行检偏，形成检测的相位信号，信号接着输入相位计，与激光器尾部输出的参考光进行比相，由得到的相位值计算微探针的位移变化。因为相位值反映了微探针振幅变化引起的多普勒频移，可以用来检测微探针的纵向位移量。

6.3 几何光学探针法

6.3.1 几何光学探针原理

6.3.1.1 共焦成像法几何探针

基于共焦显微镜原理的光学探针采用共轭成像系统构成。在共轭成像系统中，光源、被测物点和点探测器三者处于彼此对应的共轭位置，如图 6-7 所示。在测量过程中，物点在被测表面上进行跟踪，并在点探测器上形成像点。当被测表面与物点完全重合时，点探测器上的像点最小，此时点探测器接收到的能量达到最大值。然而，如果被测表面偏离物点，点探测器上的像点变大，相应地，点探测器接收到的能量减小。因此，通过控制物点与被测表面的重合，以确保点探测器输出最大化，可以利用微位移传感器测量物点与被测表面的重合位移量。通过这种方式，可以测量出被测表面的形貌。通过保持物点与被测表面的重合，从而保证点探测器的最大输出，并利用微位移传感器测量出使物点与被测表面重合的位移量，进而获得被测表面的形状信息。

在基于共焦显微镜原理的光学探针中，引入了共焦针孔来实现高分辨率成像。共焦针孔的作用是屏蔽掉物镜焦点以外的光信号，只接收来自焦点处的光信号。这样可以有效地抑制背景光和散射光的干扰，提高成像的信噪比和分辨率。原理如图 6-7 所示。

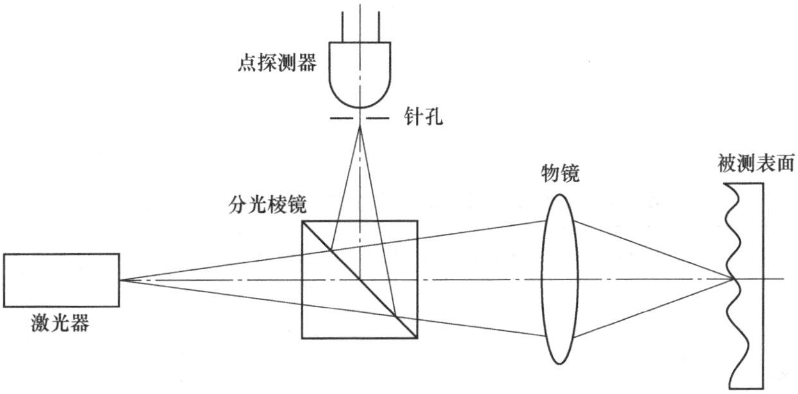

图 6-7 共焦成像法原理示意图

6.3.1.2 离焦误差检测法光学探针

离焦误差检测方法的基本原理是利用离焦检测元件将被测表面偏离聚焦物镜焦点的微小离焦量，转换为光电探测器上光斑强度、大小或形状的变化。通过对光电探测器输出信号的进一步处理，可以获得被测表面的形貌信息。离焦误差检测方法主要包括像散法、临界角法、傅科刀口法、偏心光束法等。这些方法的基本原理是通过测量光斑的偏移、变形或光强的变化来判断被测表面的离焦程度。这些方法在光路设计上比较简单，使用起来也比较方便。其纵向分辨率可以达到很高，可以达到 1nm 的级别。根据聚焦物镜在测量过程中的状态，离焦误差检测方法可分为静态离焦法和动态离焦法两种形式。静态离焦法是在测量过程中保持物镜焦点位置固定，通过测量光斑的特征变化来反推被测表面的离焦量。动态离焦法则是在测量过程中通过调节物镜焦点位置，使光斑在探测器上保持最小或最大，从而得到离焦量的信息。方法汇总如图 6-8 所示。

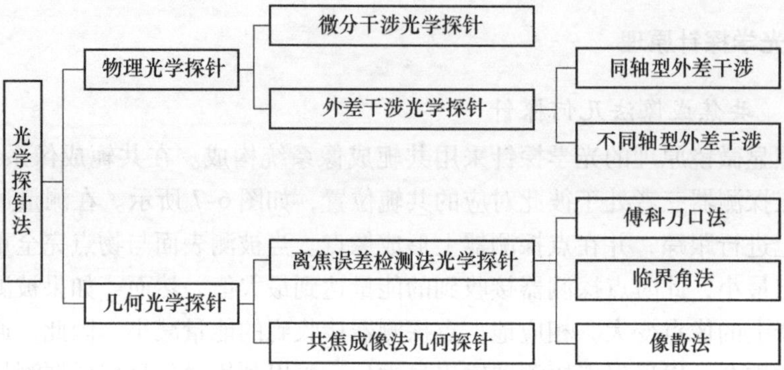

图 6-8 光学探针法汇总

离焦误差检测原理表面形貌测量方法对比和几何光学探针测量方法的不同测量原理对比见表 6-1 和表 6-2。

表 6-1 离焦误差检测原理表面形貌测量方法对比

名称	像散法	傅科刀口法	临界角法	偏心光束法
光学系统	简单	简单	简单	复杂
调节	稍难	难	易	难
有效范围	小	大	中	大
损失光能	小	大	小	中

表 6-2 几何光学探针测量方法的不同测量原理对比

原理		纵向分辨率 /nm	横向分辨率 /μm	纵向测量范围 /μm	特点
共焦成像法		10	0.35	—	纵向和横向分辨率高；散射光抑制好；可测量倾角大；分辨率受针孔尺寸限制
离焦误差检测法	像散法	1	—	1	纵向分辨率高；稳定性好；线性范围小
	临界角法	1	0.65	3	分辨率高；稳定性好；线性范围小；调整困难
	傅科刀口法	10	1	—	纵向分辨率高；线性范围小；测量倾角小
	偏心光束法	—	—	—	配置简单；工作距离大；分辨率受被测物表面特性限制；非线性误差大

A 静态离焦误差检测法

用静态离焦误差检测法，物镜在测量过程中保持固定，直接测量被测表面偏离物镜焦点而产生的聚焦误差信号。这种检测方法具有系统结构简单和垂直分辨率高的优点，通常可以达到 1～10nm 的范围。然而，它也存在一些缺点。静态离焦误差检测法的线性测量范围相对较窄，一般约为 10μm。这意味着在超出这个范围之后，测量结果可能会出现非线性响应或失真。光电探测器对被测表面的反射率和微观斜率变化较为敏感。当被测表面的反射率发生变化或存在微观斜率时，可能会引入测量误差。因此，对于具有不均匀反射率或表面形貌变化的样品，静态离焦误差检测法需要进行额外的校正或补偿。静态离焦误差检测法具有一些限制，但仍然是一种简单且有效的方法，特别适用于对小范围内的离焦误差进行高精度测量。在应用中需要考虑其适用范围，并结合实际情况进行数据解释和处理。

B 动态离焦误差检测法

为了克服静态离焦误差检测法的限制，动态离焦误差检测法引入了聚焦伺服系统，以提高测量的精度和范围。在动态离焦误差检测法中，系统在扫描测量过程中，被测表面的微观起伏导致光电探测器不断产生聚焦误差信号。这些信号被反馈用于控制聚焦物镜的上下移动，以确保聚焦光点始终位于被测表面上。

6.3.2 共焦测量技术及应用

6.3.2.1 共焦测量原理

共焦成像法（Confocal Imaging）是由 M. Minsky 于 1957 年首次提出，并于 1961 年获得专利。随后，该技术经过多次改进，在垂直和水平分辨率方面不断提高。共焦成像法具有独特的光学层析能力，这使得它成为一种被广泛关注的显微镜技术。激光共焦扫描显微镜的工作原理是将光束聚焦到样品的特定层面，并阻挡掉该层面前后的离焦光束。通过改变聚焦深度，可以获得样品各个层面的光学切片图像。这种光学层析能力使得共焦成像法能够提供高分辨率、清晰的三维图像，并且能够观察样品内部结构和细节。共焦成像法在生物学、医学、材料科学等领域得到广泛应用。它可被用于细胞和组织的观察、三维结构重建、蛋白质定位和分子动力学研究等。通过使用共焦成像技术，研究人员能够获得更加详细、精确的图像数据，有助于深入理解生物和材料的结构与功能。

如共焦成像法几何探针原理所述，普通的共焦显微镜光路中，光源、物点和像点三点处于彼此共轭位置，当物体位于焦平面时，反射光被精确聚焦于点探测器上，焦点外的光将全部被针孔屏蔽，此时探测器接收到的光强最大；当物体偏离焦平面时，反射光被聚焦于点探测器的后方或前方的某个位置，此时探测器仅能接收到部分光能量，根据接收光能量的多少来测量物体表面位移，其理想的纵向光强分布可以用式（6-1）表示：

$$I(z) = \left| \frac{\sin[kz(1-\cos\alpha)]}{kz(1-\cos\alpha)} \right|^2 I_0 \tag{6-1}$$

式中 I_0——几何焦点处的光强信号；

k——波数，$k = 2\pi/\lambda$；

λ——光波长，m；

z——物体偏离焦平面的位移，m；

$\sin\alpha$——透镜的数值孔径，m。

当探测器在纵向上有微小位移 ±Δz 时，探测器探测到的纵向光强信号如式（6-2）所示。

$$I(z \pm \Delta z) = \left| \frac{\sin\left[k\left(z \pm \frac{\Delta z}{2}\right)(1-\cos\alpha)\right]}{k\left(z \pm \frac{\Delta z}{2}\right)(1-\cos\alpha)} \right|^2 I_0 \tag{6-2}$$

当探测器正好位于像焦平面时，即 Δz＝0，它可以产生理想共焦系统纵向光强响应特性曲线。然而，当探测器存在纵向偏移时，特性曲线的形状不会发生改变，只是在响应曲线中引入了纵向偏移，即相对于理想情况下的特性曲线产生一定的相移。

6.3.2.2　差动共焦测量原理

差动共焦系统的测量原理如下：点光源发出的光束经过分光镜 1 后，由物镜聚焦在被测物体表面上，从被测面反射的光束经过物镜、分光镜 1 和 2 分成两束光。两束光分别照射在光探测器 1 和 2 上，光探测器针孔的位置分别位于像焦平面前后对称的位置上。当物面位于物焦平面时，两光探测器的针孔位置相对于像焦平面对称，此时两光探测器探测到的光斑大小相等，光强也相等，输出信号之差为零；当被测物面在一定范围内偏离物焦平面时，两光探测器探测到的光斑大小不再相等，光强也将不相同，此时输出信号的差值不为零。根据两输出信号的差值大小，便可以判断并计算出被测物面距离焦平面的距离，进而可以得到被测表面的高度信息，实现表面形貌的测量。采用差动共焦法的优点是可以扩大量程，减小光源波动影响，其原理如图 6-9 所示。

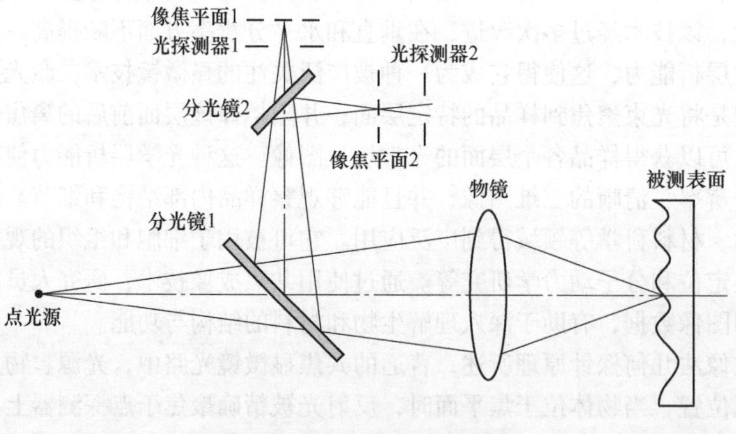

图 6-9　差动共焦系统原理图

根据差动共焦测量原理，取两光探测器输出的差值为输出信号，其表达式为式（6-3）。

$$I_D = I(+\Delta z) - I(-\Delta z) = \left\{ \left| \frac{\sin\left[k\left(z + \frac{\Delta z}{2}\right)(1-\cos\alpha)\right]}{k\left(z + \frac{\Delta z}{2}\right)(1-\cos\alpha)} \right|^2 - \left| \frac{\sin\left[k\left(z - \frac{\Delta z}{2}\right)(1-\cos\alpha)\right]}{k\left(z - \frac{\Delta z}{2}\right)(1-\cos\alpha)} \right|^2 \right\} I_0 \tag{6-3}$$

6.3.2.3　共焦形貌测量系统

共焦成像法光探针形貌测量系统是由共焦光学系统、显微光学系统、透镜轴向驱动扫描系统、位移检测系统和计算机数据采集处理及控制系统几部分组成。系统的光学原理如图 6-10 所示。

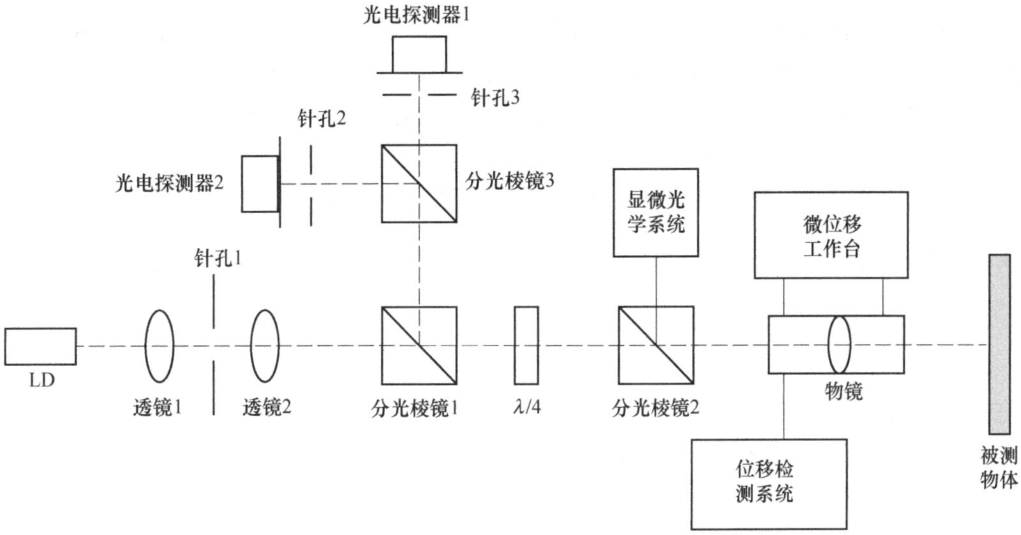

图 6-10 形貌测量系统整体结构图

（1）共焦光学系统：从 LD 光源（半导体激光光源）发出的光经准直扩束后变为平行光进入偏振分光棱镜，经 $\lambda/4$ 波片、分光棱镜 1 和 2、物镜后，会聚到被测工件表面上，反射光沿原路返回到偏振反光棱镜，此时反射光线与原入射光线的偏振方向转过 90°，不会有光束返回激光器，保证了激光器的稳定性。经偏振分光棱镜，光通过透镜和分光棱镜 3 分别由处于针孔后的两光电探测器接收，实现系统信号的瞄准。采用差动技术可有效地抑制因光源光强漂移和探测器电子漂移而产生的共模噪声，提高信噪比，实现绝对零位，避免伪焦点的产生。

（2）显微光学系统：从 LD 发出的光经过透镜和分光棱镜，照射到被测物表面，从被测表面返回的光成像于面阵 CCD 上。显微光学系统可以实现对被测物体表面细节的观察，进而从整体上了解表面形貌。

（3）位移检测系统：由 LD 光源发光，经过透镜、分光棱镜、反射镜及平面镜，最后成像于面阵 CCD，可以实现对物镜的轴向移动进行测量，物镜的位移反映到面阵 CCD 的像素上，进而反映出被测表面的高低，如果进行横向连续扫描，可以得出被测面的表面形貌。

（4）计算机数据采集和处理系统：对采集到的信号进行信号分离和信号重构，给出粗糙度、波度和形状误差值以及表面形貌图。

（5）透镜的轴向驱动扫描系统：通过物镜在轴向的扫描运动，实现了动态测量。当被测物体表面处于共焦平面上时，差动光探测器的输出为零，也就是共焦系统处于绝对零点时，记录光斑在 CCD 上的相对位置，并把检测数据送给计算机处理，可得到透镜的相对位移，即被测物体表面的高度。

当用共焦法测量台阶高度时，被测件以一定的速度相对光探针做扫描运动，在每一测量点上调焦透镜都要自动聚焦，以确保光探针正确地聚焦在被测面上。为了保证良好的响应，要求可动部分要体积小、质量轻。为此，需要把物镜及其镜座放在一个弹性支撑部件上，执行元件驱动弹性支撑部件从而带动物镜移动，是最简单而且有效的并且能够满足跟踪精度和响应特性的驱动方式。目前，用于低于1μm 定位精度的执行元件主要有：压电陶瓷（PZT）、音圈电机、音叉驱动器、电磁执行元件、静电执行元件等，前两种执行元件适合驱动物镜移动。虽然音圈电机调节范围大，应用方便，控制简单，但音圈电机的负载能力小（不超过1N），不能带动透镜组及镜座。而压电陶瓷具有体积小、质量轻、分辨率高、响应速度快、负载能力高等优点，是很好的驱动执行元件。

6.3.3 像散法测量技术及应用

6.3.3.1 像散法原理

像散法是一种离焦误差光学测量方法，其基本原理如图6-11所示。光路中的柱面镜，位于偏振分光棱镜之后。它具有“像散”作用，能将通过它的圆形光束变成形状随距离不同而逐渐变化的椭圆形光束。具体表现为：圆形光束投射在柱面镜上，透射的光束首先为纵向椭圆形，随着距离的增加，纵向椭圆逐渐向圆形转化，达到一定距离时，透射光束完全变成正圆形，超过这个距离后，透射光束由正圆形逐渐转化为横向椭圆形，随着距离的增大椭圆度变大。

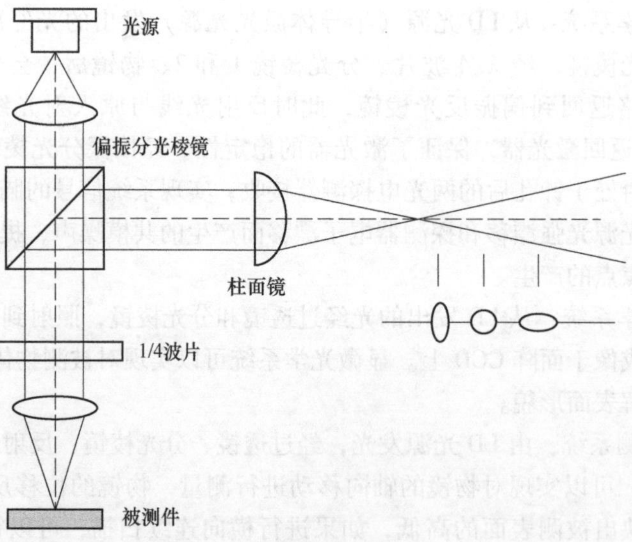

图6-11 像散法原理图

6.3.3.2 像散法形貌测量系统

基于像散法的光探针式表面形貌测量系统，利用由聚焦光点形成的“光探针”进行物体表面形貌参数的测量。在该系统中，垂直入射到被测物体表面的聚焦激光光点通过系统光路后，被反射成像到CCD表面，根据像散法原理，形成椭圆或圆形（被测物体表面刚好位于物镜焦点处）图像，图像形状随被测物体表面形貌特征的变化而变化。采集到计算机中的图像经过去噪、二值化和边缘提取后，就可得到椭圆圆弧曲线各点在计算机图像坐标系下的坐标值 $P(x, y)$。接下来的任务，就是要对这些离散点进行椭圆曲线拟合，求出对应椭圆曲线的中心点、长短轴长等参数，从而求得该椭圆对应的聚焦误差信号 FES（由椭圆各象限的面积差决定），进而通过对一系列采样点的 FES 进行综合处理，得到被测物体的表面形貌参数。测量系统组成的原理，如图 6-12 所示。

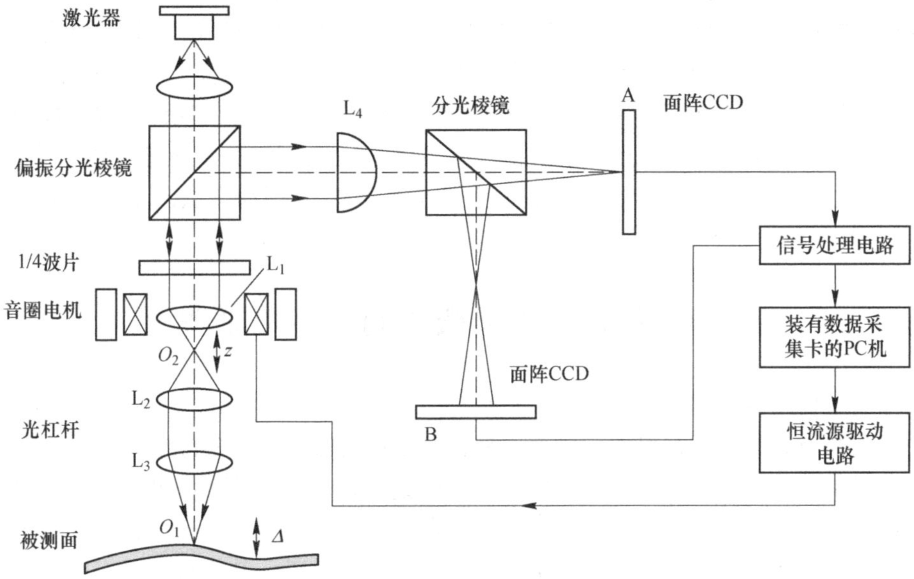

图 6-12 测量系统原理图

系统工作过程如下：从半导体激光器发出的激光束经准直、整形后，变为圆偏振光到达偏振分光棱镜。偏振分光棱镜是由两块双折射晶体——方解石棱镜组成的光学器件，两棱镜之间是一层薄薄的空气层，垂直入射的光束进入第一个棱镜后分解为两束偏振方向垂直的偏振光 o 光和 e 光，其中 o 光在空气层界面发生全反射，而 e 光则进入第二个棱镜出射。因此，通过偏振分光镜的激光变成了只在一个方向上振动的线偏振光，此线偏振光通过 1/4 波片后变成圆偏振光，经调焦物镜 L_1 和远焦光杠杆组 L_2 和 L_3 后，在被测表面聚焦成测量所需的圆光斑。从被测表面反射回的光束仍是圆偏振光，再次通过 1/4 波片后，又变回线偏振光，但偏振方向旋转了 90°，即与原来通过偏振光分光镜的线偏振光的振动方向互相垂直，这就避免了沿同一光路传播的来回两束光发生干涉，并有效防止了反射光进入激光器，即防止了回扰光。最后，从偏振分光镜出射的光束经过柱面镜和分光棱镜后分成两束光，分别入射到两个不同位置的面阵 CCD 上，根据像散法原理，两束光分别在 CCD 上成像，形状为椭圆光斑，椭圆度随被测表面离焦量的变化而变化。两束光在 CCD 上产生的输出信号之差称为“聚焦误差信号（FES）”。设两束光的光程差为 Δ，则 FES 与 Δ 在一定范围内近似呈线性关系，而 Δ 的大小和正负与被测表面的高低起伏成正比。

将 CCD 上产生的图像采入计算机进行数字图像处理，计算出相应的聚焦误差信号。聚焦误差信号与由系统光学参数确定的常数的比值即为该被测点的表面形貌测量数据。匀速移动被测产品，依据选定的取样长度和评定长度，对被测表面上相应的采样点进行上述过程的测量，即可得到被测表面在选定取样长度和评定长度内的表面形貌测量数据。

若调焦透镜 L_1 在测量过程中始终静止不动，此时系统即为静态像散测量系统。当被测表面在一定的离焦量范围内时，聚焦误差信号（FES）与离焦量之间是单调的线性关系。根据 FES 的大小和正负，便可得到被测面偏离透镜焦平面的距离和方向。采用静态法测量，线性范围窄，但分辨率高，适合光滑表面的测量。该系统采用的是差动双光路，实验证明，差动方法对提高系统稳定性，扩展系统对被测表面的适应性等有重要作用。

若调焦物镜 L_1 在每个测量点都自动调焦，则系统为动态测量法。聚焦误差信号经过处理和补偿后输出给精密恒流源驱动电路，控制音圈电机中的电流，驱动透镜上下移动，从而保证测量光探针始终聚焦在被测表面上。聚焦透镜位置的连续变化反映了被测点高度的连续变化，即被测表面形貌的信息。由于电机的移动距离与其中所通电流呈线性关系，因此 L_1 的位置变化可根据电机线圈中的电流变化得到。采用动态法测量，分辨率虽相对较低，但测量范围大。

6.4　扫描电子显微镜的特性及原理

扫描电子显微镜简称为扫描电镜，已经有 70 余年的发展历史，早期的扫描电镜由于受加工工艺的限制，使其拍摄的分辨率不高，测量速度较慢，在实际应用场景中的应用性受到一定限制。随着近些年技术的发展，扫描电镜在以上方面所存在的相关问题及不足，正逐步被学者及专家们解决与改进。扫描电镜在近些年的发展十分迅速，且应用场景也逐渐扩大，已经成为工业应用场景中必不可少的一类测量手段，其已被广泛应用于材料、医学、生物学、精密加工等领域。

6.4.1　扫描电子显微镜的特性

6.4.1.1　扫描电子显微镜的特点

传统的基于光反射原理对目标物进行测量时，易导致其放大倍率及测量范围受到一定限制。另外，采用投射电子显微镜进行微观物体测量时，可以达到较高的测量分辨率，但其制作工艺较为复杂导致成本较高，同样限制了应用性。随着扫描电子显微镜测量技术的不断发展与改进，相比于其他类型的测量显微镜，其在测量精度及制造成本方面更有优势，同时具有良好的实际应用价值。

扫描电子显微镜的主要特点有：

（1）扫描电镜测量分辨率高，放大倍率较大，其测量分辨率普遍可达到 0.4～3.0nm，实际放大倍率可达10 万～60 万倍。

（2）相比于透射式电子显微镜，扫描电子显微镜是其测量景深的 10 倍，是光学显微镜的 100 倍，使得扫描电镜可以测量表面形貌更复杂的表面。

（3）对测量物可以进行无接触式测量，对测量表面无损伤。

（4）测量限制性较小，对测量物表面的导电性测量要求具有相对应的测量方法，适用于多种测量材料属性的表面，测量过程简单。

6.4.1.2　扫描电镜的关键参数

（1）放大倍率。扫描电子显微镜的放大倍率是通过将阴极射线管电子束在银光屏上的扫描振幅 b 与入射电子束在样品表面上的扫描振幅 a 进行比值计算得到的。在测量过程中，电子束在样品表面上的扫描与阴极射线管电子束在屏幕上的扫描是精确对应的。

扫描区域是矩形，由数千条扫描光线构成。屏幕中扫描像的放大倍率与 a 成反比，所以可以根据需要，通过扫描放大器调节振幅 a，以实现放大倍率的动态调整。

（2）分辨率。扫描电子显微镜的分辨率通常可以分为：成像分辨率和能谱或波谱分辨率。其中，成像分辨率是评价扫描电镜精度的重要指标之一，其表示为测量区域中两个亮区之间的暗间隙宽度除以放大倍率的最小值。需要注意的是，扫描电镜的测量分辨率还受到实际测量场景及测量样品的性质影响。为满足精度条件，在测量时应严格限定测量条件。能谱分辨率指的是谱图中两个峰值之间的最小值，单位为电子伏特（Electron Volt，eV），是表面材料分析的重要影响因素。

（3）信号信噪比。信号信噪比可理解为，扫描电镜的图像信号强度和噪声强度的比值。通常情况下，信噪比越高，图像越清晰；另外，信号强度也是扫描电镜的关键参数，主要取决于入射电子能量和电子束流强度等，而噪声的严重程度往往与检测器和测量样品有关。

（4）景深。扫描电镜的景深是指电子束在测量物表面扫描时能获得清晰图像的深度范围，景深的产生是由于扫描电子显微镜电子束在扫描被测物表面时，具有散焦现象，所以扫描电子显微镜的电子发散度较小，使其具有较大的景深值。

（5）像散。像散是由于透镜磁场轴不对称引起的一种像差。在扫描电子显微镜中，透镜系统通过磁场来聚焦电子束，但由于制造过程中的极靴加工精度问题、材料属性的不均匀性，以及透镜内线圈的不对称或光阑的不完善，会导致透镜磁场轴不对称。当一个物点发出的电子通过这种不对称的透镜系统时，电子束的聚焦会呈现出两条互成 90°的分离聚焦线。这意味着电子束在透镜后形成椭圆状的光束，而不是理想情况下的点状聚焦。结果，圆形物点的像会变成一个圆形的漫射光斑，而不是一个清晰的点。像散会导致图像沿特定方向发生扭曲，因为不同位置的物点会被透镜聚焦成不同形状的光斑。这会影响到图像的分辨率和准确性，从而降低显微镜的成像质量。为了减少像散的影响，需要注意透镜制造过程中的精度和对称性，并进行适当的调整和校正。精确的制造和优化的透镜设计可以降低像散的发生，提高扫描电子显微镜的成像性能。

6.4.2 扫描电子显微镜工作原理

扫描电子显微镜的组成及工作原理，如图 6-13 所示。首先，通过电子枪发射电子，施加电压对电子进行加速；然后，通过会聚透镜、物镜和物镜光阑，此时电子转变为纳米级尺寸的电子束。当电子通过扫描线圈在被测物表面扫描时，另一个扫描线圈对应进行工作并扫描显示屏，通过二次电子或背散射电子探测器接收被测物上的重发射信号，并将重发射信号调制为显示屏对应亮度。因此，显示屏观察图像和被测物扫描特征点是一一对应的。

6.4.3 扫描电子显微镜的子系统构成

扫描电子显微镜主要由电子光学系统、扫描系统、信号检测放大系统、图像和显示系统和记录系统，以及真空系统等子系统构成。

（1）电子光学系统。电子光学系统由电子枪、电磁透镜、光阑、样品室构成，其可

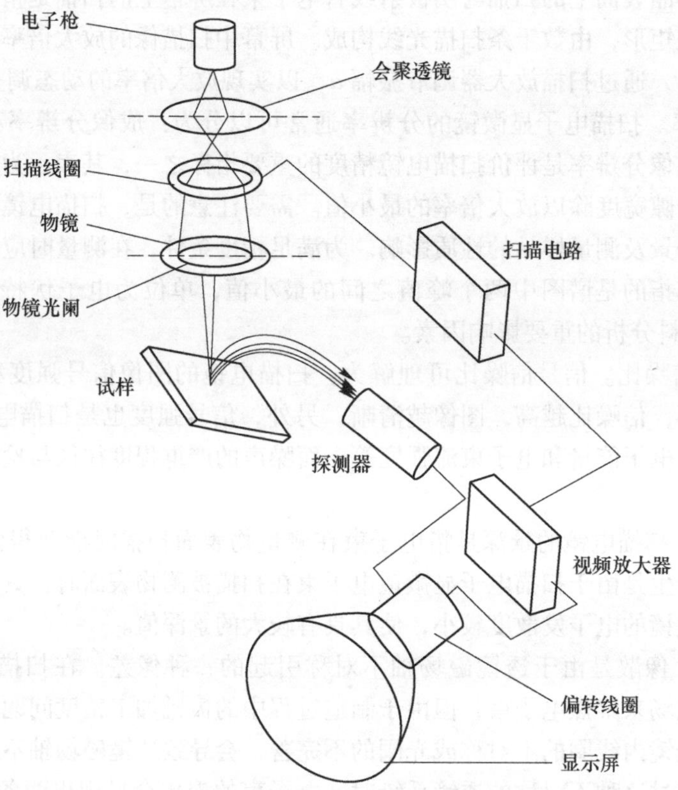

图 6-13 扫描电镜系统组成及工作原理

用于获取扫描电子束，并作为样品产生各种物理信号的激发源。为了获得较高的信号强度和扫描像分辨率，扫描电子束应具有较高的亮度和尽可能小的束斑直径。

1）电子枪。电子枪是由栅极、阴极、阳极组成。其可生成带有一定能量的电子束。利用阴极场致发射出的电子，经过栅极聚集和阳极加速后形成光束交叉点，再经过会聚透镜和物镜进行聚集之后，在被测物表面形成一个亚微米级精度的电子探针，阴极到阳极之间的电位差称为加速电压。

2）电磁透镜。电磁透镜包括会聚透镜和物镜，电子枪旁的透镜为会聚透镜。通过调整会聚透镜励磁电流，可相应的对电子束流和电子束直径进行调整。会聚透镜励磁电流与电子束直径成反比。会聚透镜通常可分为两级：一级是把电子枪形成的 10 ~ 100μm 的交叉点缩小至 1 ~100 倍后，传输到待测物上的物镜中，而下一级则采用物镜将电子束会聚到被测物上。同时为了避免杂散电子的干扰，并控制照射到被测物表面的电子束直径尺寸，会聚透镜和物镜都具有光阑。

3）消像散线圈。像散是由透镜磁场非旋转对称而引起的一种像差。当电子显微镜系统中的磁场或静电场不在轴向对称时，则会出现像散现象，即使理论上应为圆形交叉点变为椭圆图案。同时由于磁场的不对称特点也产生像散现象，这种情况可以通过控制透镜极靴的加工工艺及加工精度来减弱。静电场的不对称现象是由于光路污染引起的。所以消像散线圈是必不可少的系统部件之一，其可以产生一个和引起像散方向相反、大小相等的磁场来消除像散。常用的消像散线圈是八极电磁型，所以保持电子光路清洁，可以减小静电场引起的图像畸变。

（2）扫描系统。扫描系统是将电子束发射在被测物表面上，并提供与阴极射线管电子束在屏幕上的同步扫描信号，通过调整入射电子束在被测物表面扫描振幅，可以改变测量所需的放大倍数扫描像。扫描系统由扫描信号发生器、放大控制器等元件构成。

（3）信号检测放大系统。信号检测放大系统是将待测表面通过入射电子照射而产生的物理信号采用传输信号放大，形成可显示类型的信号。根据不同的检测信号，要合理采用相对应种类的信号检测放大系统进行处理。该系统按照相关原理可分为三类，X 射线检测式、阴极荧光式以及电子检测式。

其中，背散射电子信号、透射电子、二次电子等信号检测放大系统，是测量显微镜仪器中重要的信号处理系统。其主要由导管、闪烁体和放大器构成。当入射电子信号产生会聚并通过闪烁体后，电子间发生相互反应引起电离。同时，自由电子与电离电子交互作用，将产生的光信号通过导管传输到信号放大器中进行放大，之后再通过显示放大器处理，并成为显示类型信号。检测放大系统的特点是：频带宽、高增益、抗干扰性好。阴极荧光式检测放大器主要由放大器和导管组成。阴极荧光信号经导管直接送到放大器，之后再通过显示放大器处理，并成为显示类型信号。同样，对于 X 射线式系统，主要由谱仪和放大器构成。

（4）显示与储存系统。显示与储存系统可以将测量信息进行展示和储存，便于使用者观察。把检测放大系统中的检测信号，通过阴极射线管在荧光屏上显示出测量表面的特征图像，之后可供使用者采集和记录。

（5）真空系统。真空系统是确保电子光学系统能够正常工作的重要部分，避免测量表面受到干扰。如要使测量仪器保持良好的检测状态，电子显微镜的真空度要达到 $10^{-5} \sim 10^{-4}$Pa，而场发射电子枪系统的真空度需要达到 $10^{-8} \sim 10^{-7}$Pa 的真空度。

6.5 扫描电子显微镜的分类

扫描电子显微镜的作用主要是通过采集高分辨率图像来分析被测物表面的微观结构。为了得到高精度的图像信息，则需采用较小范围尺寸的电子束进行扫描，而电子束直径与电子束流密切相关，一般其范围为 $10^{-12} \sim 10^{-9}$A，控制相关电子束参数的方法一般与扫描电镜中电子枪的特性相关。根据其结构组成上的区别，可以将扫描电镜分为：六硼化镧电镜、钨灯丝电镜和场发射电镜。同时，根据信号入射量差异可将扫描电镜分为：高能扫描电镜、低能扫描电镜及普通扫描电镜，另外针对测量样品室真空度差异，又可将电镜分为环境扫描电镜、低真空度电镜及普通扫描电镜。

6.5.1 场发射扫描电镜

场发射扫描电子显微镜（Field Emission Scanning Electron Microscopy，FESEM），是具有高分辨率测量特性的扫描电子显微镜，其作为目前最广泛采用的扫描电镜之一，与普通的扫描电镜相比，其特点在于电镜中的信号发射器结构中，采用钨单晶作为信号发射器的发射体。而传统的扫描电镜中一般采用钨灯丝作为发射体，其存在的缺点为：信号发射效率较低，在钨灯丝发射面积较小时，难以获得理想的电流密度。为满足实际测量需求，其灯丝电子束直径一般要达到1000nm以上，但增大电子束直径的同时限制了测量的分辨率。各发射器的电子源特点总结，见表6-3。

表6-3 扫描电镜的特点总结

发射器种类	热场发射器	冷场发射器	钨灯丝	六硼化镧
工作温度/℃	1500	环境常温	2300	1500
灯丝寿命/h	1000~2000	2000	40~50	500
电子束直径/mm	10~25	3~5	1000~2000	1000~2000
真空度限制/Pa	10~7	10~8	10~3	10~5
电流密度/$A \cdot cm^{-2}$	500	1000	1.3	1.5
扩展能量/eV	1.0	0.2	2.0	1.5

其中，场发射扫描电镜的发射体为钨单晶，由于其具有较小的曲率半径（约为100nm），并在钨单晶尖端附近采用强电场使阴极尖端发射电子，电子的发射量主要与阴极表面的功函数相关。当把强电场施加于测量表面时，表面位垒（Surface-Potential Barrier）降低，导致表面材料的自由电子容易发生逸出现象。如果位垒降低到接近电子逸出功值，将导致从材料表面发射出电子，即场致电子发射现象，场发射电子枪就是利用该原理来进行信号发射的。场发射电子枪结构示意图，如图6-14所示。其由阴极、抽取电极和加速电极组成，加速电极作用是对场致发射电子进行加速。从图6-13可知：发射电子反应后形成静电透镜，并在加速电极下方形成小尺寸半径的电子光斑。

$$E = 0.695 \times 10^9 \phi^2 \tag{6-4}$$

式中 E——场强度，V/m；

ϕ——阴极材料的电子逸出功，J。

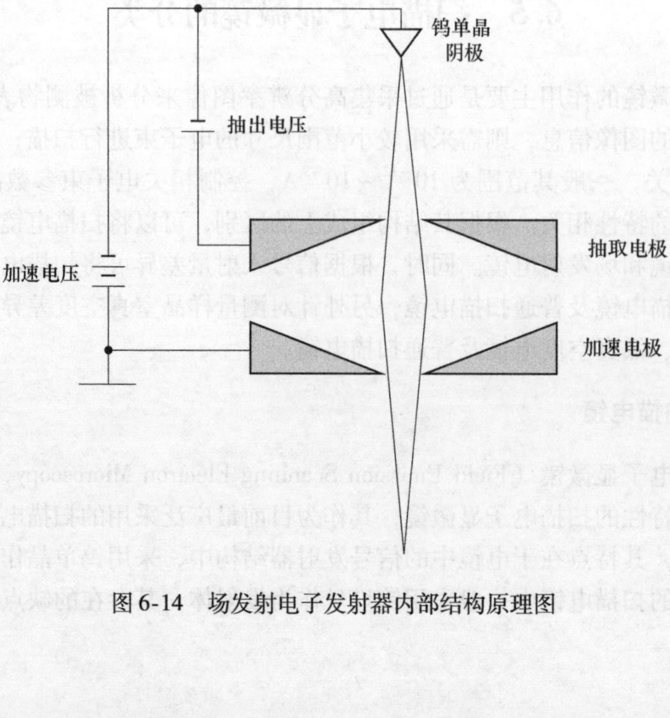

图6-14 场发射电子发射器内部结构原理图

从式（6-4）可以得出，电子发射所要求的电场强度与阴极材料逸出功在数值上成正比。其中，通常情况下通过钨单晶阴极的电子逸出功为 $10^9 \sim 10^{10}$V/m。

当对阴极施加电压时，若曲率半径表示为 R，则阴极表面的外场强度 E 与阴极曲率半径 R 之间的关系，可由式（6-5）进行表示。

$$E = \frac{V}{5R} \tag{6-5}$$

抽取电压一般为 5keV，电场强度约为 10^{10}V/m，利用式（6-5），可以得出阴极曲率半径为 100nm。所以当半径较小的阴极上施加强电场时，阴极会在其作用下吸引气体分子，产生放电并使阴极发射电子束产生不平衡现象，使测量过程产生噪声，同时此类噪声会引起电极中的电压失稳现象，最终出现测量电子流的偏移。

场发射扫描电镜通过发射体的差异，可以归为热场发射式及冷场发射式扫描电镜，冷场发射扫描电镜的阴极工作温度需要达到 1500℃。为了降低电子发射的功函数值，热场发射所采用的钨单晶表面附着有氧化锆。同时，在冷场发射体中为了抑制测量噪声，电镜内部的电子枪规定在严格的真空条件下进行测量，并采用具有周期性的快速加热阴极表面方式进行应用。

电镜测量分辨率的影响因素主要有以下几点。

6.5.1.1 电子流束直径

扫描电镜的分辨率主要与发射电子束在被测试样表面的直径相关，同时也受电子发射器亮度的影响。相对于目前各种类别的电子发射器，场发射型扫描电镜的电子发射器亮度较为理想，所以在实际测量应用中，场发射式电子发射器是目前高分辨率扫描电子显微镜使用最广泛的类型之一。目前，当加速电压为 30kV 时，场发射式扫描电子显微镜的分辨率可以达到 0.5nm 左右。

同时，依据扫描电镜的测量原理，其二次电子成像的测量分辨率与入射电子所作用得到的二次发射电子的照射范围大小相关，其主要与入射电子束的照射直径有关，所以该值大小通常可作为评价电镜测量分辨率的指标，即照射直径 d 越小测量的分辨率越高。

扫描电子束加速电压较为稳定时，当存在透镜色差导致电子束散射的直径与其他参数相比较小时，可以忽略不计，所以电子束照射直径的表达式可由式（6-6）进行表示。

$$d^2 = d_0^2 + d_\lambda^2 + d_s^2 \tag{6-6}$$

其中，各项直径计算过程为：

$$d_0 = \frac{2}{\pi}\sqrt{\frac{I_c}{\beta}}\frac{1}{\alpha} \tag{6-7}$$

$$d_\lambda = 1.22 \times 10^{-8}\sqrt{\frac{150}{V}}\frac{1}{\alpha} \tag{6-8}$$

$$d_s = \frac{1}{2}C\alpha^3 \tag{6-9}$$

式中 d_0——电子束的高斯斑直径，m；

d_λ——衍射效应造成的电子束散漫圆直径，m；

d_s——由于透镜球差导致的电子束散漫圆直径，m；

I_c——满足信噪比要求的电子束流强度下限值；mA；

β——电子发射器的亮度，cd/m^2；

V——扫描电子的加速电压，V；

α——扫描电子束的半开角，rad；

C——物镜的球像差系数。

之后，根据以上公式可推导出如下关系，如式（6-10）所示。

$$d^2=\left(\frac{4}{\pi}\left(\frac{I_c}{\beta}\right)+\frac{223.26}{V}\times10^{-16}\right)\frac{1}{\alpha^3}+\frac{1}{4}C_s^2\alpha^6 \tag{6-10}$$

综上所述，可得出电子束照射直径值与以下参数相关，电子发射器亮度、加速电压、半开角和物镜球像差系数。

6.5.1.2 球差系数

当测量条件相同时，达到信噪比标准的电子束流强度的下限值 I_c 与被测物表面的二次电子发射性能有关。研究结果表明，对已知试样标准的 I_c 范围为 $10^{-11}\sim10^{-10}$A。同时，一般情况下，场发射扫描电镜的电子发射器比传统的发射器亮度高5个数量级，其场发射电子发射器的亮度范围为 $10^{-9}\sim10^{-8}cm^2\cdot rad^2$。$I_c/\beta$ 的数值范围在 $10^{-18}\sim10^{-20}cm^2\cdot rad^2$ 变化，因此可以选择 $I_c/\beta=10^{-19}cm^2\cdot rad^2$ 用于最小电子束直径的计算。由式（6-10）可知，d 增大 C_s 同时增大，因此通过降低球差系数，也可以有效提高扫描电镜的分辨率。

6.5.1.3 加速电压和电子发射器亮度

由式（6-10）可知，增大加速电压对于降低电子束半径具有一定作用，除此以外二次电子分辨率同时与被测表面扩展区域大小及电子束最小照射直径有关。其中，分辨率随着扩展体积的减小而升高。所以在改变加速电压的过程中，需要综合考虑以上因素给测量分辨率带来的影响。

由于电子束直径与 d_0、d_λ、d_s 均相关，所以，综合以上计算公式进行分析可得到两种结论。若开始时电子束的高斯斑直径 d_0 与其他半径的比值大于1，则电子束照射直径主要与 d_0 相关，所以为了达到较小电子束直径并提高测量分辨率，可以将扫描电镜中的电子发射器亮度提高；若开始时电子束的高斯斑直径 d_0 与其他半径的比值小于1，则电子束照射直径主要与 d_λ、d_s 相关，但改变扫描电镜中的电子发射器亮度对于 d_λ、d_s 变化不明显。

6.5.2 低能扫描电镜

6.5.2.1 扫描电镜的加速电压特点

扫描电镜常用的加速电压为20～30kV，扫描电子显微镜加速电压技术的研究方向主要分为两类，一是高于40kV的扫描电镜；二是低于5kV的扫描电镜，也即低能扫描电子显微镜。

对于高电压的扫描电子显微镜，由于应用场景需求的限制，导致其技术方面的发展受到一定制约，目前相对于低能扫描电镜应用较少。而相对于低能扫描电镜技术方面，应用技术较为成熟且发展较为迅速，但其存在以下技术问题。

（1）电子束通常随加速电压降低而下降，因而信噪比难以达到超精密检测的应用需求。

（2）目前市面上的扫描电镜广泛采用场发射式电子发射器，仅主要通过增大电流发射流量，以满足较低加速电压情况下的电子流密度。

综上，研究并解决低能扫描电镜的技术难点有助于高精密材料测量技术的发展，且基于低能扫描技术的扫描技术，是目前主流的扫描电镜技术研究方向之一。

6.5.2.2 扫描电镜的应用特点

与高电压扫描电镜相比，低能扫描电镜具有一定不足，总结如下。

（1）高精度的电子束直径。实际测量应用时，仪器的色差和球差与加速电压大小成反比，且在相同测量条件下，电子束照射半径同样会随着加速电压的增加而减小。所以，在采用较低的加速电压情况下，使测量物镜的色差和球差降低，是目前低能扫描电子显微技术待解决的重点及难点。

（2）电子与物质相互作用的深度趋向表面。通过施加加速电压，使发射电子束与被测表面作用，其进入到被测物体表面的最大深度 R 与加速电压成反比，且在施加较低的加速电压时，发射电子与测量试样的作用深度趋向于表面。

（3）受外电场作用影响。通过实验发现，当施加较低的电子束加速电压时，发射电子束受到检测器电场的影响进而产生光轴偏离角，可表示为 ϕ，如式（6-11）所示。

$$\phi \propto \frac{E}{V} \tag{6-11}$$

式中 V——加速电压，V；

E——检测器产生的等效电场强度，V/m。

6.5.2.3 测量分辨率影响

电子枪亮度与入射电子能量成正比，随着电子能量降低，电子发射器的亮度降低，使图像的信噪比下降，致使检测分辨率下降。电子束中的电子间相互作用使电子产生 Boersch 效应，其与电子能量成反比，同时可改变发射电子束的尺寸，使测量分辨率降低。所以在测量时，低能扫描电镜应在能量保持及抗干扰方向上进行改进，以满足高分辨率精度的测量需求。

与不同扫描电镜相比，低能扫描电镜具有以下优点。

（1）防止非导体试样扫描电镜的表面电荷生成。在低压情况下，对于大多数材料，特别是绝缘材料，背散射电子产额的比值和二次电子产额比值均大于1，从而抑制了被测物的带电属性。由于二次电子的能量低，它们可以被样品表面的正电位重新获取，所以测量表面的电荷可以达到平衡状态。

（2）不易受测量表面的高能电子影响。当测量表面放置在低电压环境中时，测量电子束的能量较低，电子束照射到测量表面的强度较弱，因此作用于测量表面的电子辐射损伤也较小。

（3）有利于提高测量分辨率。利用低能扫描电镜进行测量时，测量表面与发射的电子束之间的相互反应体积较小，同时显示的分辨率与相互反应体积之间也具有一定联系，通常情况下相互反应体积较小时，测量分辨率较高。另外，低能扫描可获得较高的二次电子发射系数，从而使图像的信噪比提升，并提高测量分辨率精度。

6.5.3 环境扫描电镜

环境扫描电镜（Environmental Scanning Electron Microscope，ESEM）是一种发展迅速

的新型扫描电镜，其可对非导电体表面及含水表面进行测量，所以实际应用十分广泛。传统扫描电镜在进行非导电性表面测量时，通常需要在测量表面上进行导电层的涂装操作，用以去除测量表面上的残留电子，以防出现表面电荷从而对测量过程产生噪声影响。导电层较薄，对被测表面的几何特征影响较小，但涂层操作使表面材料微观排列结构及材料属性发生了改变，所以易导致被测物表面微观特征信息的测量受到影响，从而不利于扫描电镜的正常检测过程。为了克服以上不足，可采用环境扫描式电子显微镜进行测量。

环境扫描电镜的测量原理，如图 6-15 所示。电子发射器发射电子通过光阑进入样品室，并作用于被测物表面，且在被测物表面形成二次电子和背散射电子。由于测量空间中不是真空环境，当发射电子与气体分子接触时易发生反应，使之电离出电子与离子。若在被测物和电极板中间施加电场，则电离出的电子和离子会被与其极性不同的电极分别吸引，在此过程中经过受电场力作用使电子加速达到一定能量时，会产生出大量气体分子，并产生出大量电子，并继续用于电离反应过程。

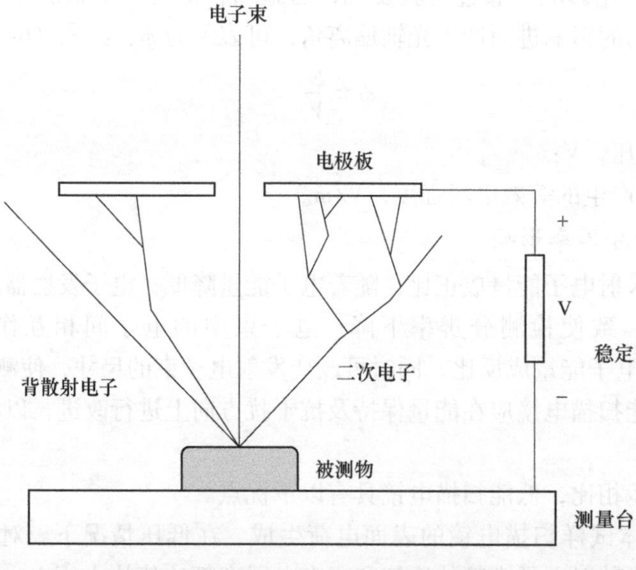

图 6-15　环境扫描电镜测量原理

环境扫描电镜通过气体反应过程进行信号放大，这种信号放大原理称为气体放大原理。气体放大原理同样存在着相应局限，当发射电子与气体分子反应并发生电离时，使部分电子的发射方向发生偏移，使原本的测量区域发生变化，导致成像误差。同时，电离产生的离子和电子会使测量过程中的环境噪声加重。

偏压电场的电压、方向及电极板形状，气体状态（种类、压力等）和发射电子路径等因素，都会对测量分辨率精度造成误差，所以需考虑合理的状态配置，使测量结果的影响降低。

所以，可将环境扫描电镜的优点总结为：

(1) 用途范围较广，相比于传统的扫描电子显微镜，可以在条件复杂的测量环境中使用，同时能够对测量表面的微观动力学特征进行持续测量；

(2) 在扫描电镜中对非导电体进行测量时无需采用镀层技术，并且在测量过程中对测量物体不会造成损伤；

(3) 相比于传统扫描电镜，环境扫描电镜可以对潮湿及带液体的被测物进行测量，且在测量过程中不易受环境因素干扰，同样无需苛刻的真空度，所以其也可在正常大气压下进行测量应用。

环境扫描电镜的缺点为：环境样品室通常要通入惰性气体或饱和水蒸气，用以使样品结构保持稳定，并减少样品表面带电。

二次电子通过气体的电离对测量表面的电子信号可产生放大作用，但当电子束经过测量空间及其介质过程中，通常会使测量分辨率降低，使测得的数据精度下降。表 6-4 为加速电压 1kV 下环境扫描电镜的分辨率精度。

表 6-4 环境扫描电镜的分辨率精度 (nm)

环境条件	常规环境下	高真空度环境下	低真空度环境
分辨率	3.5	1.2	1.5

6.5.4 扫描声显微镜

扫描声显微镜（Scanning Electron-Acoustic Microscope，SEAM）是近 20 年来较为流行的一类新式扫描电镜。其采用的测量方法及原理不同于传统的扫描显微镜，其中较为突出的特点是该种测量显微镜对测量表面的无损伤测量方式，对测量物微观表面形貌的表达效果较好。因此，在高精密加工测量等领域中具有良好的应用前景。扫描声电子显微镜是同时具有扫描电镜功能及声学显微镜功能的测量仪器，兼具了前者测量速度快、精度高，又具有后者的无损式内部检测的优点，同时能够在原位对二次电子像和电声像进行测量。

扫描声显微镜主要包括：(1) 电子发射器；(2) 波束消隐装置；(3) 可调节测量平台；(4) 压电探测器；(5) 电声信号处理器；(6) 计算机信号采集和图像处理控制系统。其是由普通扫描电镜通过原理改进研制而成。

扫描声显微镜的测量特点包括：首先，扫描声显微镜通过电子发射器发射出电子束，并作用于被测物表面，被测表面吸收电子束能量且在作用区域上产生规律性发热，即测量过程中产生的热量波源。热量波在测量表面上通过热传导在被测物内部形成快速变化的应力及应力场，当热量波到达热量边缘时会发生发射扩散，其中一部分热量波会转化为声波，且声波中包含了振幅及相位信息，并且和热量波与被测表面的作用相关。当热量波和被测表面的声波到达电声信号探测器时，此时探测信号转变为电信号，且通过传感器的密集采集即可得到探测图像。此探测图像实际上是一种带有声电信号的特征图像，其是包含声电热耦合信息的特征图。此测量方式可以对测量物表面信息及内部信息进行同时测量。声电信号是由一个和被测物表面相接触的压电传感器进行测量，之后通过放大器进行信号处理，将声电信号的关键信息（例如相位及幅值）进行显示，同时对测量的二次电子像进行展示，且二者相互对应。

本 章 小 结

本章在 6.1 节中首先介绍了关于显微探针测量的发展趋势。

6.2 节中介绍了物理光学探针的测量方法原理及实际应用。

6.3 节中介绍了几何物理光学探针的测量方法原理及实际应用。

6.4 节介绍了扫描电子显微镜的测量原理，以及扫描电镜的结构组成。

6.5 节中主要对扫描电子显微镜进行了分类，并针对各类扫描电镜的具体特征及使用场景进行了总结。

习 题

6-1 外差式探针测量分为几种方式，其特点又是什么？

6-2 外差干涉探针表面检测系统包括哪些模块，其功能分别是什么？

6-3 常用的扫描电子显微镜可以分为哪几类？

6-4 扫描电子显微镜的系统组成分别是什么？

7 光学测量仪器的校准与数据处理方法

光学仪器在仪器仪表行业扮演着至关重要的角色。它们是各个领域中必不可少的工具之一，用于观察、测试、分析、控制、记录和传递信息，包括工农业生产、资源勘探、空间探索、科学实验、国防建设以及社会生活。没有光学仪器，这些领域将无法进行有效的观测、测量和分析，因此它们被视为不可或缺的装备。特别是现代的光学测量仪器已经把人脑神经网络融入其中。

7.1 传感器误差来源及校准方法

7.1.1 传感器的概念及原理

7.1.1.1 传感器的定义及基本特性

传感器通常指能够探测力、温度、光线、声音、化学成分等物理量的装置。它们将这些物理量按照一定规律转化为易于传输和处理的另一种物理量（通常是电压、电流等电学量），或用于控制电路的开关。传感器在各个领域中广泛应用，为我们提供了实时的数据信息，支持了自动化控制和监测系统的运行。

传感器的基本特性是把非电学量转换为电学量，可以方便地进行测量、传输、处理和控制等。例如：可以用光纤传感器去测量不透明物体的位移。光纤传感器的发光二极管（LED）发出一种光信号，信号经光纤传输到物体表面并产生反射，反射的光子流再次经过光纤进入光敏二极管，光敏二极管根据光的参数产生电流，电流的大小反映了从光纤末端到物体的距离。这种传感器涉及电流到光子的转换，折射介质（光纤）中光子的传播，物体的反射，再次通过光纤传播，以及再转换回电流信号等过程。

7.1.1.2 传感器的工作原理

传感器通常用于测量非电学量，并通过转换元件将测量信号转化为电学量，例如电压、电流或电荷量。传感器通常由敏感元件、转换元件、转换电路和辅助电源四个主要组成部分构成。敏感元件负责感知和测量目标物理量，转换元件则将测量信号转换为电学信号，而转换电路则进一步处理和放大信号以供后续分析和控制使用。辅助电源提供所需的电力支持。这些组成部分的协同作用使传感器能够准确、可靠地捕捉和传输物理量的信息，广泛应用于各个领域，其工作原理如图 7-1 所示。

敏感元件用于直接测量物理量，并生成相应的物理信号。转换元件的作用是将敏感元件输出的非电信号转换为电信号。转换电路负责对转换元件输出的电信号进行放大和调节。为了确保转换元件和转换电路正常工作，它们需要辅助电源供电。通过这样的工作流程，传感器能够将非电学量转换为电学量，并进行进一步的信号处理，以便进行数据分析和控制操作。

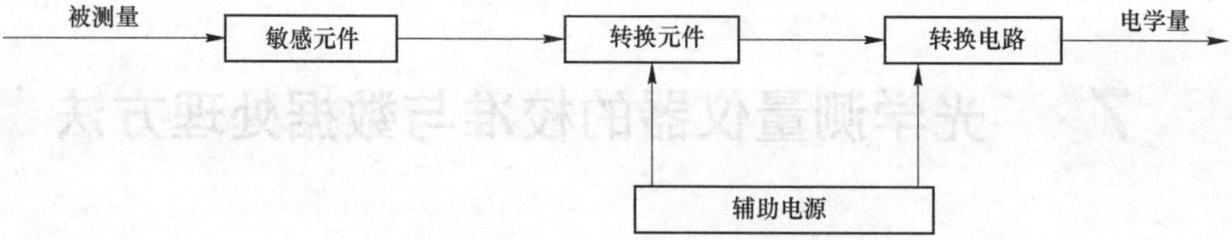

图 7-1　传感器的工作原理

7.1.1.3　传感器的特点及分类

当前应用领域中的传感器通常具有以下特点：微型化、数字化、智能化、多功能化、系统化和网络化。传感器的出现和发展赋予物体“触觉”“味觉”和“嗅觉”等能力，使物体变得更加生动活泼。

（1）按其用途可分为：压力传感器、位置传感器、液面传感器、能耗传感器、速度传感器、加速度传感器、射线辐射传感器、热敏传感器、雷达传感器等。

（2）按其原理可分为：振动传感器、湿敏传感器、磁敏传感器、气敏传感器、真空度传感器、生物传感器等。

（3）按其输出信号可分为：

1）模拟传感器——将被测量的非电学量转换成模拟电信号；

2）数字传感器——将被测量的非电学量转换成数字信号（包括直接和间接转换）；

3）膺数字传感器——将被测量的信号量转换成频率信号或短周期信号（包括直接和间接转换）；

4）开关传感器——当一个被测量的信号达到所设立的阈值时，传感器相应地输出一个设定的低电平信号或高电平信号。

（4）按照其测量目的可分为物理型传感器、化学型传感器、生物型传感器等，如图 7-2 ~ 图 7-5 所示。

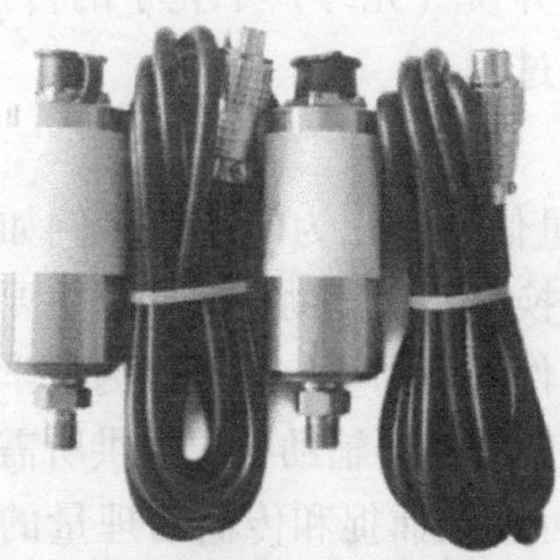

扫一扫
查看彩图

图 7-2　电磁式传感器

扫一扫
查看彩图

图 7-3　远距离传感器

7.1.2　传感器的误差来源

在使用传感器时，会有多个种类的误差，如设备或系统本身所固有的误差，包括 DC 漂移值、斜面的不正确或斜面的非线性；在机械结构上，如阻尼比太小；在制造工艺上，

扫一扫
查看彩图

图7-4 激光位移传感器

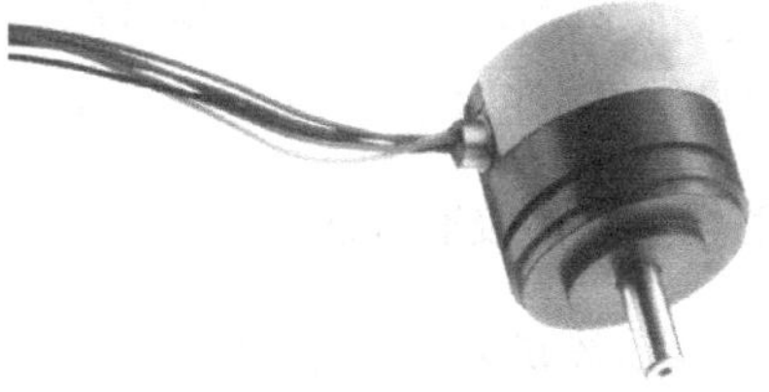

扫一扫
查看彩图

图7-5 角位移传感器

如贴片不准；在功能材料上，如热胀冷缩、迟滞、非线性等。此外，传感器的性能还受到外部环境的影响，包括温度、压力和湿度等因素。

7.1.2.1 系统误差

实验中系统误差的产生，大致有以下几方面的原因。

（1）仪器构造上的不完善。如天平两臂不等长；测量仪表转动部分偏心；滑线电阻电丝不均匀；螺旋测微计有空行程等。

（2）仪器未经很好地调整和校核。例如，仪表量具等没有调整到最佳状态，仪器未经校准等。测量时外界环境的变化也会对仪器产生影响。

（3）个人误差。这是由测量人员自身特点引起的，包括固有习惯、生理上的分辨能力和反应速度等因素。这些个人因素将造成测量人员对某一信号的记录有超前或滞后的趋势，读取数据时，有偏大或者偏小的客观效果。

（4）方法误差或理论误差。这类误差主要是因为研究方法和所使用的理论公式的近似性而产生的。如理论公式所要求的某些条件在实验中未被满足，测量方法和测量技术不完善，选用的经验公式只是各参量实际函数关系的粗略近似等。

（5）环境误差。这是因为测量仪器所处的工作环境，如湿度、气压、温度等，会随时间变化，对仪器的校准结果产生影响，从而导致误差的产生。

（6）安装误差。这是因为测量仪表的放置位置或安装步骤错误所引起的误差。例如，应严格水平放置的仪表，未调好水平位置；电气测量仪表放在有强电磁场干扰的地方和温度变化剧烈的地方等。

（7）定义误差。例如，在测量一个物体的振动平均值时，测量的时间间隔不同，所得到的平均值就不同。即使在相同的时间间隔下，由于测量时刻不同，得到的平均值也会不同。引起这种误差的根本原因在于没有规定测量时应当用多长的平均时间。

7.1.2.2 测量误差

实验中测量系统的误差来源，大致有以下几个方面。

（1）数据采集过程中可能会存在数据缺失或数据密度未达到要求的情况。如果使用这种不完整的数据进行点云拟合或测量，会导致误差增大，难以达到所需的测量精度要求。

（2）对同一表面的数据采集结果表现为多层点云。这种情况往往出现于被测对象为大型工件或透明物体。

（3）单幅采集数据不准确，影响整体测量精度。

（4）累积误差过大，使测量结果出现明显偏差。

（5）点云拼接错误，导致较大测量误差。

（6）测量结果中粗大点（噪声）数据过多。

7.1.3 传感器误差的校准方法

7.1.3.1 系统误差的校准方法

（1）从产生误差源上消除系统误差。从产生误差源上消除误差是最根本的方法，它要求在产品设计阶段从硬件和软件方面采取必要的补偿和修正措施，或者采取合适的方法将误差从根源上消除。

（2）引入修正值法。这种方法需要预先将测量器具的系统误差检定或计算出来，做出误差表或误差曲线，然后取与误差数据大小相同、符号相反的值作为修正值，将实际测得值与修正值相加，使系统误差对测量结果的影响尽可能减小。

（3）零位式测量法。零位式测量法是把标准量与被测量相比较的测量方法，测量误差的大小主要取决于参与比较的标准器具的误差，而标准器具的误差可以做得很小。零位式测量要求检测系统有足够的灵敏度，广泛应用于自动检测系统中的自动平衡显示仪表。

7.1.3.2 测量误差的校准方法

采用非接触测量技术对物体进行光学扫描生成的点云数据会具有一定的误差，通过一系列测试分析，产生较大误差的主要原因归纳为：标定不当、标尺使用不当；测头镜头组合选择不当；测量顺序不当；测量策略选择不当；工件表面标志点安放不当；测量过程中操作不当；工件被测表面预处理不当；后处理不当等，具体分析如下。

（1）标定不当、标尺使用不当。光学扫描仪由光源、CCD 摄像机及相应的镜头组构成。在进行点云数据采集之前，首先需要对扫描仪进行初始化，主要内容包括：

1）根据被测对象的大小、表面特征的多少及其复杂程度，选择不同的镜头组合；

2）根据测量现场条件、被测对象的表面形态及表面处理情况，确定主光源的光强；

3）根据系统标准工作流程对所选定的镜头组合进行标定，使标定精度值不超过0.020mm。

如果在进行测量之前未经过适当的工作，例如合适的镜头组合选择、光源光强的调整以及标定精度的符合要求等，可能无法确保测量的精度，并可能导致较大的误差。因此，在进行测量之前，应该充分考虑并进行必要的准备工作，以确保测量的精确性和可靠性。

在测量中，如果扫描仪发生损坏，应及时对扫描仪进行检查，并及时进行修理；测量时间较长也会对测量精度产生影响，如果测量时间较长，则需定时对扫描仪进行标定。

标尺是对大型工件进行数据采集时利用数码相机对整个工件上的标识点进行定位的工具，所使用标尺上的标准尺寸应与实际利用照片进行处理时所显示的尺寸数值一致。

（2）测头镜头组合选择不当。在采集大型工件表面点云数据时，可以选择具有较大测量范围的镜头组合，以便快速获取整体数据。对于其中特征较多且较小的区域，可以选择具有较小测量范围的镜头组合，以突出测量局部小特征，并获得更好的测量效果。这样的策略可以在保证测量速度的同时，满足对特定区域的精确测量需求。

对于大型工件，如选择测量范围较小的镜头组合进行测量，则要求工件表面有较多用于点云拼接的标识点，这就会延长数据预处理时间，增长测量时间，因外界环境随时间变化引起的误差就会影响测量结果，且会影响整个测量效率。如果用相机对整个工件上的标识点进行定位，测量时自动对点云进行拼接，则因标识点数较多、出现标识点之间关系相同的概率变大，容易发生拼接错误；如果不用相机对整个工件上的标识点进行定位，相邻两幅点云之间利用共同标识点进行拼接，会使点云拼接次数变多，也会产生拼接累积误差过大的现象。

反之，对于小型工件，如果选择测量范围较大的镜头组合进行测量，则无法准确反映工件上的小特征，使测量结果达不到要求的精度，需要更换合适的镜头组合，重新进行标定和测量。

(3) 测量顺序不当。测量顺序指的是在测量过程中，将相邻单幅测量结果进行叠加的顺序。为了减小累积误差，在测量时应尽量采用“以中心为基准，发射状排列”的测量顺序。通过这种顺序，可以有效降低误差的累积效应，并提高测量的准确性和可靠性。

(4) 测量策略选择不当。测量时，应将被测工件按大型工件、中型工件、小尺寸多特征工件、内腔工件等进行分类，对于每类工件应相应采取不同的测量策略。

测量大型工件时，可首先用相机对标识点进行总体定位，然后选择使用单幅测量范围较大的镜头组合；如果工件尺寸过大，可分多次进行测量，然后利用共同的参考点对点云进行拼接；如果大尺寸工件中存在较多的局部小特征，则可在首次测量完成后，再选用一组测量范围较小的镜头组合进行局部测量。为便于小范围测量的点云自动拼接，对该局部进行预处理时应增加参考点的密度。

测量中、小型工件时，应注意采用正确的测量顺序，以减少累积误差。实际上，对中、小型工件也可以采用对大尺寸工件的测量策略，但必须配备用于对参考点进行总体定位的相机及相关软件。

测量工件内腔表面时，为克服光学扫描测量设备的景深限制，可采取一些技术手段将内腔测量转化为外形测量，如可将硅胶注入工件内腔中，待其凝固后取出，对其外形进行测量。

(5) 工件表面标志点安放不当。不管是大型工件还是中、小型工件的测量，都会遇到工件表面标志点的安放问题。

大型工件的数据采集一般需要使用标尺和数码相机，测量可分两步进行：第一步，利用大的数码点对用于单幅测量点云拼合的标志点进行整体构造，以保证通过正常运算获得单幅测量用的标志点点云；第二步，以标志点点云作为参考系，系统会将测得的每个单幅点云中的标志点与已有参考点云中的标志点进行比较，如二者吻合，则自动进行拼合，两个相邻单幅点云之间不必再有重叠部分。也可以进行近距离测量，但前提是每个单幅点云都必须包含至少三个标志点，此时需对被测区域适当粘贴标志点，否则会使测量精度下降。

中型工件的标志点粘贴与大型工件有所不同，由于相邻两幅点云的自动（或手工）拼合需要根据相邻单幅点云的共同标志点来完成，因此中型工件的标志点粘贴密度应大于大型工件，否则难以实现相邻两幅点云的拼合。

由于小型工件标志点的安放会不同程度地掩盖工件上的特征，因此工件表面应尽量少贴或不贴标志点，以获得较完整的扫描数据。

此外，一般应将标志点粘贴在工件上较平整的位置，以减小对标志点处点云补缺的难度及相应的测量误差。

(6) 测量过程中操作不当。在测量过程中，应注意以下操作要点：

1) 调整扫描仪方位，使被测部位在扫描仪的测量范围之内。

2) 调整光源的光强，提高标识点和工件表面的清晰度。

3) 测量过程中应尽量避免对测头的冲击或碰撞。如不慎发生这种情况，应及时对测头进行检查和重新标定，以保持后续测量的精度。否则，测量结果会显示测量部件数据缺失，甚至使测量无法继续进行。

(7) 工件被测表面预处理不当。开始测量前，需要对工件表面进行预处理。如果工件形状简单，且工件尺寸较小，通过单幅测量即可完成数据采集，则只需使工件表面能在主光源照射下形成漫反射即可。但通常情况下，仅仅通过单次扫描测量很难完成对一个完整工件的数据采集，且一般的工件表面在主光源照射下也很难形成符合测量要求的漫反射，因此必须在工件表面预设一些参考点，利用共同的参考点对各次测量的点云进行拼合。

被测工件表面预处理不当主要是指：

1) 工件表面某些部位反光过强或吸光过多，在主光源的照射下不能产生扫描要求的漫反射，导致无法形成有效的点云，测量结果显示该部位数据缺失；

2) 缺乏足够的参考点，导致无法进行拼合，即使能形成点云，也只是分散点云而不是整体点云；

3) 工件表面参考点的粘贴一致性太强，缺少特点，使系统无法有效识别单幅点云的拼合位置，从而容易产生拼合错误，难以形成被测工件的整体点云。

工件被测表面预处理不当还包括未对工件表面不能正确反映设计意图的部分进行修正、工件表面在测量中被碰伤而未及时修复、工件安放状态不当（如工件受力）等非测量因素。此外，在对工件内腔（如发动机气道）进行硅胶注射以形成模型时，注射量不足或硅胶中气泡过多，也会使形成的模型不能正确反映工件内腔实际形状。

(8) 后处理不当。在光学扫描测量中，并非测量所得数据即为点云数据，测量的过程实际上是形成工件影像的过程，要获得点云数据，还需利用 ATOS 系统对形成的影像数据进行后处理。对于用单幅点云进行拼合生成的结果，首先需要利用几个共同的标识点将所有的单幅数据对齐，以减少累积误差；然后，利用对齐后的点云进行重运算，将影像数据转换为点云数据。此时的点云数据可能还存在密度不均匀、粗大误差点多等问题，可再经过三角网格化处理，最终获得质量较好的点云数据。

当然，后处理不仅仅包括上述内容。在实际测量中，扫描获得的数据点并不一定只局限于所测实物模型，一些不属于该模型的、测量环境中的随机点也被同时获取，因此在进行后处理时必须去除这些不需要的点，以减少其在基于点云数据进行三维 CAD 模型构造时产生错误的可能性，点云数据处理会在本章后面几节详细介绍。

此外，后处理还包括对点云的简化处理。在一个实物反求点云中，对工件各个部位的精度要求并非完全相同，因此，对一些不太重要的部位可作降低点云密度的简化处理，对一些比较重要的部位则可提高其点云密度。这样不仅能保证三维模型构造的精度要求，而且可大大提高建模效率。

7.2　精度评价方式

7.2.1　精度的定义

精度是传感器非常重要的评价指标，它实际上指的是“不精确度”。不精确度表示的是，传感器所表示的激励值与其输入端理想的激励值之间的最大偏差。目前，传感器精度可叙述如下。

（1）精密度：测量结果中随机误差的大小程度，即仅考虑了随机误差的大小。

（2）正确度：测量结果中系统误差的大小程度，即仅考虑了系统误差的大小。

（3）精确度：综合考虑了测量结果中系统误差和随机误差的一致程度，也被称为精度。在工程领域中，精确度是评估测量质量的重要指标之一。它综合了系统误差和随机误差的大小，用于反映测量结果与真实值之间的一致程度。高精确度表示测量误差较小，低精确度表示测量误差较大。

精度是反映仪表误差大小的术语，如式（7-1）所示。

$$\delta = \frac{\Delta_{\max}}{A_{\max}} \times 100\% \tag{7-1}$$

式中　δ——精度等级；

$\Delta_{\max}$——最大测量误差；

$A_{\max}$——仪表量程。

传感器的静态精度需经校准确定。校准是在传感器的测量范围内，用一个标准仪表进行测量结果对比，并进行读数修正和数据处理，以确定该传感器的静态精度。

7.2.2　常用的精度评价参数

常用的精度评估参数有线性度、迟滞、重复性、灵敏度、分辨率和漂移等。

7.2.2.1　线性度

线性度是用于描述传感器的实际输入输出特性曲线相对于理想线性输入输出特性的接近程度或偏离程度。它通过比较实际输入输出特性曲线与理想输入输出特性曲线的最大偏差量和满量程输出值的百分比来表示。线性度评估了传感器在整个测量范围内的线性性能，即其输出是否与输入成比例关系。因此，线性度指标对于评估传感器的准确性和可靠性非常重要，如式（7-2）所示：

$$\delta_L = \frac{\Delta L_{\max}}{Y_{FS}} \times 100\% \tag{7-2}$$

式中　Y_{FS}——满量程输出；

$\Delta L_{\max}$——最大偏差；

δ_L——线性度。

线性度示意图如图 7-6 所示。

可知，线性度越小，传感器的性能越好。实际工作中经常会遇到非线性度较为严重的

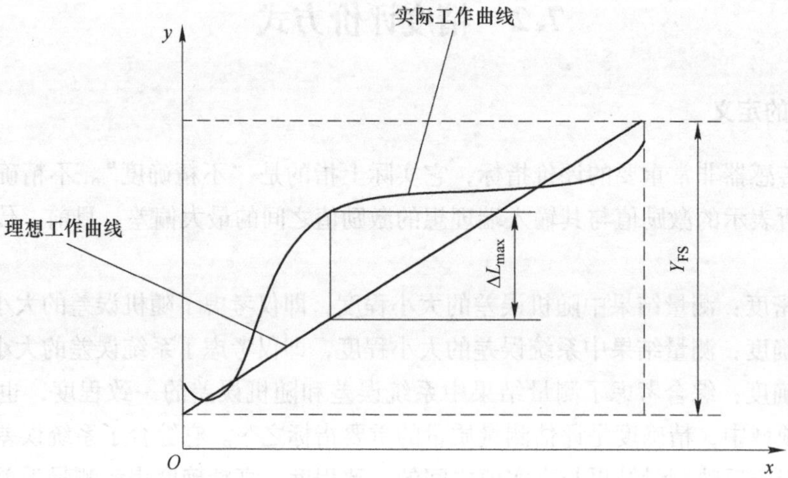

扫一扫
查看彩图

图 7-6　线性度示意图

系统。此时，可以采取限制测量范围、采用非线性拟合或非线性放大器等技术措施，来提高传感器的线性度。

7.2.2.2　迟滞

迟滞（也称滞后量、滞后或回程误差）是用来描述传感器在整个量程范围内，在输入量由小到大（正行程）或由大到小（反行程）时的静态特性不一致程度的指标。图 7-7 展示了迟滞误差的示例，其数值上通过将各个标定点中的最大迟滞偏差 δ_H 与满量程输出值 Y_{FS} 的比例表示为百分率。即：

$$\delta_H = \frac{\Delta H_{max}}{Y_{FS}} \times 100\% \tag{7-3}$$

式中　ΔH_{max}——各标定点上正反行程输出平均值之间的最大偏差。

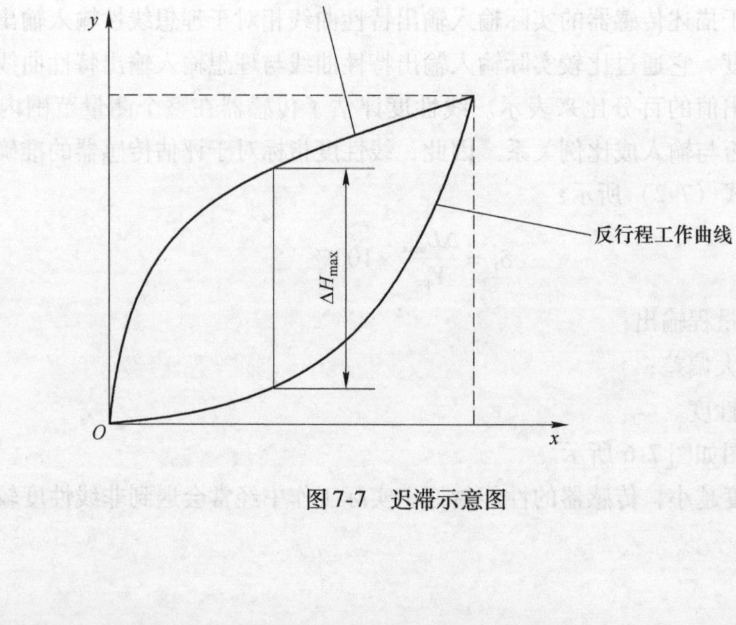

扫一扫
查看彩图

图 7-7　迟滞示意图

7.2.2.3 重复性

重复性是指在相同工作条件下，进行多次全量程测量（至少3次）时，对于相同的激励量，测量结果的一致程度。它用来描述传感器在重复测量过程中的稳定性和可靠性。重复性评估了传感器在相同输入条件下的测量结果的变异程度。通过对重复性的分析，可以了解传感器的稳定程度和测量结果的一致性。重复性误差为随机误差，引用误差表示形式为：

$$\delta_R = \frac{\Delta R}{Y_{FS}} \times 100\% \tag{7-4}$$

式中 ΔR——同一激励量对应多次循环的同向行程响应量的绝对误差。

重复性是指标定值的分散性，是一种随机误差，因此可以根据标准偏差来计算 ΔR，如图7-8所示。

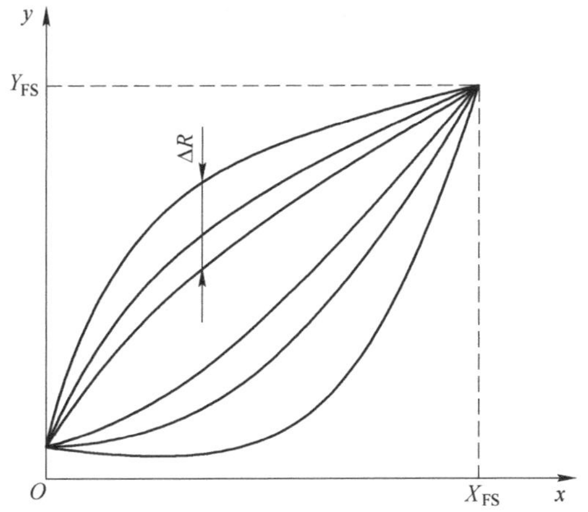

图7-8 重复性示意图

扫一扫
查看彩图

7.2.2.4 灵敏度

灵敏度是指在静态条件下，传感器输出量的变化 Δy 与相应的输入量变化 Δx 之间的比值。灵敏度描述了传感器对输入变化的响应程度。当激励和响应都是不随时间变化的常量时（或者变化非常缓慢，在所观察的时间间隔内可以近似为常量），可以使用灵敏度来度量传感器的性能。则：

$$y = \frac{b_0}{a_0}x \tag{7-5}$$

理想的静态量测量传感器应具有单调、线性的输入输出特性，其斜率为常数。在这种情况下，传感器的灵敏度 k 就等于特性曲线的斜率，如式（7-6）所示。

$$k = \frac{\Delta y}{\Delta x} = \frac{y}{x} = \frac{b_0}{a_0} = 常数 \tag{7-6}$$

静态灵敏度如图7-9所示。

当特性曲线无线性关系时，灵敏度的表达式为：

$$k = \lim_{\Delta x \to 0}\frac{\Delta y}{\Delta x} = \frac{dy}{dx} \tag{7-7}$$

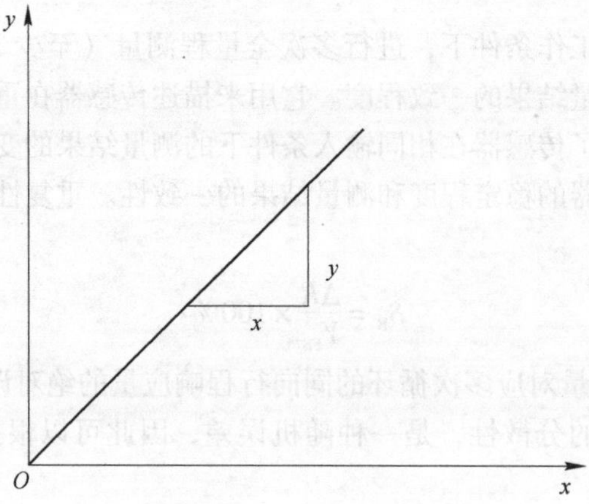

图 7-9　静态灵敏度

如图 7-10 所示，它表示单位被测量量的变化引起的传感器输出值的变化。

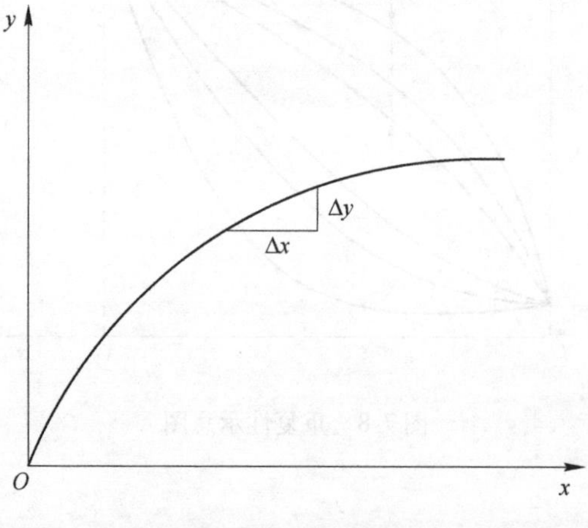

图 7-10　静态灵敏度

7.2.2.5　分辨率

分辨率是指传感器所能测量到物理量最小变化的能力，即能引起响应量发生变化的最小激励变化量，用 Δx 表示。由于传感器或测量系统在全量程范围内，各测量区间的 Δx 不完全相同，因此常用全量程范围内最大的 Δx，即 Δx_{max} 与传感器满量程输出值 Y_{FS} 之比的百分率表示其分辨能力，称为分辨率，用 F 表示，即：

$$F = \frac{\Delta x_{max}}{Y_{FS}} \times 100\% \tag{7-8}$$

7.2.2.6　稳定性

稳定性可分为短期稳定性和长期稳定性，其中长期稳定性常用来描述传感器的稳定性。长期稳定性指的是在室温条件下，经过较长时间间隔后，传感器的输出与初始标定时的输出之间的差异。因此，常常使用不稳定度来评估传感器输出的稳定程度。

7.2.2.7 漂移

传感器的漂移是指在输入量保持不变的情况下，传感器输出量随着时间的推移而发生变化的现象。漂移的产生原因主要可以归结为两个方面：一是由于传感器自身的结构参数变化所导致的漂移；二是由于周围环境条件的变化（如温度、湿度等）而引起的漂移。

7.3 点云测量数据格式分类

通过光学测量仪器测量获得的离散数据点称为点云数据，可以把点云视为一种数据集。数据集中的每个点代表一组 *X*、*Y*、*Z* 几何坐标，其次还可以带有颜色信息、光照强度、类别标签、法向量、灰度值、点之间的连接关系（拓扑结构）等信息，这些信息可有可无。当这些点组合在一起时，就会形成一个点云，即空间中代表3D形状或对象的数据点集合。点云也可以自动上色，以实现更真实的可视化。

在众多存储点云的文件格式中，有些文件格式与点云处理软件相关的专属格式，也有一些文件格式具备表示和存储点云的能力，应用于点云信息的存储。本书将这些文件格式一并视为“点云数据格式”。

人们可以根据需求定义自己的点云数据格式，也因此产生了不计其数的点云数据格式。一些格式致力于标准化与通用性，而今被多个相关软件或软件库所支持，也被大多数业内人士所认同和使用。常见点云存储方式有 LAS、PLY、PCD、OBJ、OFF 文件等，下面将依次介绍。

7.3.1 LAS 点云数据格式

LAS 格式本质上是一种二进制文件格式，旨在提供开放的标准，使得不同硬件和软件供应商能够输出可互操作的统一格式。如今，LAS 格式已成为 LIDAR 数据处理的行业标准。它的设计初衷是为了促进数据的交换和共享，以满足不同系统之间的互操作性要求，并方便用户在不同平台上处理和分析数据。这种标准化的格式使得 LIDAR 数据的存储、传输和处理更加便捷和高效，同时也推动了 LIDAR 技术的广泛应用和发展。

LAS 文件按照每条扫描线的排列方式来存储数据，其中包含了激光点的三维坐标、多次回波信息、强度信息、扫描角度、分类信息、飞行航带信息、飞行姿态信息、项目信息、GPS 信息以及数据点颜色信息等。LAS 格式所采用的数据类型符合 1999 年美国国家标准化协会（ANSI）C 语言标准。这种文件格式的设计使得 LIDAR 数据可以以结构化的方式存储，并且可以灵活地包含各种与扫描数据相关的信息。同时，LAS 格式也为数据的解析和处理提供了一致性和互操作性，使得不同的软件和系统能够方便地读取和使用这些数据。LAS 格式作为点云数据的一种，常见于自动驾驶、高精地图制作的使用中。

一个符合 LAS 标准的 LIDAR 文件分为公用文件头块（Public Header Block）、变量长度记录（Variable Length Record）和点数据记录（Point Data Record）三部分。

LAS 文件包含以下信息：

C——class（所属类）；

F——flight（航线号）；

T——time（GPS 时间）；

I——intensity（回波强度）；

R——return（第几次回波）；

N——number of return（回波次数）；

A——scan angle（扫描角）；

RGB——red green blue（RGB 颜色值）。

LAS 点云文件格式见表 7-1。

表 7-1　LAS 点云文件格式

C	F	T	X	Y	Z	I	R	N	A	R	G	B
1	5	405652. 3622	656970. 11	4770455. 13	127. 96	5. 5	First	1	30	188	72	96
3	5	405652. 3622	656968. 84	470455. 31	130. 44	2. 6	First	1	30	111	133	122
3	5	405652. 0426	656884. 93	4770424. 78	143. 26	0. 2	First	2	－11	119	137	95
1	5	405652. 0426	656884. 98	4770421. 33	132. 11	5. 2	Last	2	－11	177	99	111

7.3.2　PLY 点云数据格式

PLY 数据格式被称为多边形数据格式，一种由斯坦福大学的 Turk 等人设计开发的多边形数据格式，因而也被称为斯坦福三角格式。存储点云的文件格式有文本和二进制两种格式。

PLY 格式不是一般场景描述语言、着色语言或全部建模格式。这意味着它不包括变换矩阵，对象实例化，建模层次结构或对象子部分。它不包括参数补丁、二次曲面、建构实体几何操作、三角形条、带孔的多边形或纹理描述。

PLY 文件中的典型信息只包含两个元素，即顶点的（x，y，z）三元组和每个面的顶点索引。应用程序可以创建附加到对象元素的新属性。例如，红色、绿色和蓝色的属性通常与顶点元素相关联。在添加新属性时，旧程序不会中断。程序不能理解的属性可以用未解释的方式携带，也可以被丢弃。另外，可以创建一个新的元素类型并定义与该元素关联的属性。新元素的例子是边缘，单元格（指向表面的指针列表）和材料（环境，漫反射，镜面颜色和系数）。新元素也可以被不理解的程序携带或丢弃。

文件结构如下：

- Header（头部）
- Vertex List（顶点列表）
- Face List（面列表）
- lists of other elements（其他元素列表）

示例：

```
ply
format ascii 1.0 { ascii/binary, format version number }
comment made by Greg Turk { comments keyword specified, like all lines } comment this file is a cube
```

element vertex 8 { define "vertex" element, 8 of them in file }

property float x { vertex contains float "x" coordinate }

property float y { y coordinate is also a vertex property }

property float z { z coordinate, too }

element face 6 { there are 6 "face" elements in the file }

property list uchar int vertex_index { "vertex_indices" is a list of ints } end_header { delimits the end of the header }

0 0 0 { start of vertex list }

0 0 1

0 1 1

0 1 0

1 0 0

1 0 1

1 1 1

1 1 0

4 0 1 2 3 { start of face list }

4 7 6 5 4

4 0 4 5 1

4 1 5 6 2

4 2 6 7 3

4 3 7 4 0

7.3.3 PCD 点云数据格式

PCD 为 PCL 点云库官方指定格式，支持 n 维点类型扩展机制，能够更好地发挥 PCL 库的点云处理性能。其文件格式有文本和二进制两种格式。PCD 格式具有文件头，用于描绘点云的整体信息。数据本体部分由点的笛卡尔坐标构成，文本模式下以空格做分隔符。

在点云库（PCL）1.0 版本发布之前，PCD 文件格式有不同的修订号。这些修订号用 PCD_Vx 来编号（例如，PCD_V5、PCD_V6、PCD_V7 等），代表 PCD 文件的 0.x 版本号。然而，PCL 中 PCD 文件格式的正式发布是 0.7 版本（PCD_V7）。

每一个 PCD 文件包含一个文件头，它确定和声明文件中存储的点云数据的某种特性。PCD 文件头必须用 ASCII 码来编码。PCD 文件中指定的每一个文件头字段以及 ascii 点数据都用一个新行（\n）分开，从 0.7 版本开始，PCD 文件头包含下面的字段：

VERSION——指定 PCD 文件版本

FIELDS——指定一个点可以有的每一个维度和字段的名字。例如：

FIELDS x y z # XYZ data

FIELDS x y z rgb # XYZ + colors

FIELDS x y z normal_x normal_y normal_z # XYZ + surface normals

FIELDS j1 j2 j3 # moment invariants

…

SIZE——用字节数指定每一个维度的大小。例如：

unsigned char/char has 1 byte

unsigned short/short has 2 bytes

unsigned int/int/float has 4 bytes

Double has 8 bytes

TYPE——用一个字符指定每一个维度的类型。现在被接受的类型有：

I 表示有符号类型 int8(char)、int16(short) 和 int32(int)；

U 表示无符号类型 uint8(unsigned char)、uint16(unsigned short) 和 uint32(unsigned int)；

F 表示浮点类型。

COUNT——指定每一个维度包含的元素数目。例如，x 这个数据通常有一个元素，但是像 VFH 这样的特征描述字就有 308 个。实际上这是在给每一点引入 n 维直方图描述符的方法，把其作为单个的连续存储块。默认情况下，如果没有 COUNT，所有维度的数目被设置成 1。

WIDTH——用点的数量表示点云数据集的宽度。根据是有序点云还是无序点云，WIDTH 有两层解释：

(1) 它能确定无序数据集的点云中点的个数（和下面的 POINTS 一样)；

(2) 它能确定有序点云数据集的宽度（一行中点的数目)。

注意：有序点云数据集，意味着点云是类似于图像（或者矩阵）的结构，数据分为行和列。这种点云的实例包括立体摄像机和时间飞行摄像机生成的数据。有序数据集的优势在于，预先了解相邻点（和像素点类似）的关系，邻域操作更加高效，这样就加速了计算并降低了 PCL 中某些算法的成本。

例如：

WIDTH 640　　#每行有 640 个点

HEIGHT——用点的数目表示点云数据集的高度。类似于 WIDTH，HEIGHT 也有两层解释：

(1) 它表示有序点云数据集的高度（行的总数)；

(2) 对于无序数据集它被设置成 1（被用来检查一个数据集是有序还是无序)。

有序点云例子：

WIDTH 640　　#像图像一样的有序结构,有 640 行和 480 列

HEIGHT 480　　#这样该数据集中共有 640 * 480 = 307200 个点

无序点云例子：

WIDTH 307200

HEIGHT 1　　#有 307200 个点的无序点云数据集

VIEWPOINT——指定数据集中点云的获取视点。VIEWPOINT 有可能在不同坐标系之间转换的时候应用，在辅助获取其他特征时也比较有用，例如曲面法线，在判断方向一致性时，需要知道视点的方位，视点信息被指定为平移（tx，ty，tz）+ 四元数（qw，qx，qy，qz)。默认值是：

VIEWPOINT 0 0 0 1 0 0 0

POINTS——指定点云中点的总数。从 0.7 版本开始，该字段就有点多余了，因此有可能在将来的版本中将它移除。

示例：

POINTS 307200　　#点云中点的总数为 307200

DATA——指定存储点云数据的数据类型。从 0.7 版本开始，支持两种数据类型：ASCII 和二进制。查看下一节可以获得更多细节。

注意：文件头最后一行（DATA）的下一个字节就被看成是点云的数据部分了，它会被解释为点云数据。

警告：PCD 文件的文件头部分必须以上面的顺序精确指定，也就是如下顺序：

VERSION、FIELDS、SIZE、TYPE、COUNT、WIDTH、HEIGHT、VIEWPOINT、POINTS、DATA 之间用换行隔开。

在 0.7 版本中，.PCD 文件格式用两种模式存储数据：

如果以 ASCII 形式，每一点占据一个新行：

p_1

p_2

…

p_n

注意：从 PCL 1.0.1 版本开始，用字符串"nan"表示 NaN，此字符表示该点的值不存在或非法等。

如果以二进制形式，这里数据是数组（向量）pcl::PointCloud.points 的一份完整拷贝，在 Linux 系统上，我们用 mmap/munmap 操作来尽可能快地读写数据，存储点云数据可以用简单的 ascii 形式，每点占据一行，用空格键或 Tab 键分开，没有其他任何字符。也可以用二进制存储格式，它既简单又快速，当然这依赖于用户应用。ascii 格式允许用户打开点云文件，使用例如 gunplot 这样的标准软件工具更改点云文件数据，或者用 sed、awk 等工具来对它们进行操作。

示例：

```
# .PCD v.7 - Point Cloud Data file format
VERSION .7
FIELDS x y z rgb
SIZE 4444
TYPE FFFF
COUNT 1111
WIDTH 213
HEIGHT 1
VIEWPOINT 0 0 0 1 0 0 0
POINTS 213
DATA ascii
0.93773 0.337630 4.2108e+06
0.90805 0.356410 4.2108e+06
```

PCD 文件格式包括以下几个明显的优势：

（1）存储和处理有序点云数据集的能力，这一点对于实时应用，例如增强现实、机器人学等领域十分重要；

（2）二进制 mmap/munmap 数据类型是把数据下载和存储到硬盘上最快的方法；

（3）存储不同的数据类型（支持所有的基本类型：char，short，int，float，double）——使得点云数据在存储和处理过程中适应性强并且高效，其中无效点的通常存储为 NAN 类型；

（4）特征描述子的 n 维直方图——对于 3D 识别和计算机视觉应用十分重要；

（5）通过控制文件格式，我们能够使其最大程度上适应 PCL，这样能获得 PCL 应用程序的最好性能，而不用把一种不同的文件格式改变成 PCL 的内部格式，这样的话通过转换函数会引起额外的延时。

7.3.4 OBJ 点云数据格式

OBJ 文件格式是由 Alias Wavefront Technologies 公司从几何学上定义的 3D 模型文件格式，是一种文本文件。通常用以“#”开头的注释行作为文件头。数据部分每一行的开头关键字代表该行数据所表示的几何和模型元素，以空格做数据分隔符。

对于点云数据来说，其中最基本的两个关键字：

- V 几何体顶点（Geometric vertices）
- F 面（Face）

示例：

一个四边形的数据表示：

V -0.58 0.84 0

V 2.68 1.17 0

V 2.84 -2.03 0

V -1.92 -2.89 0

F1234

7.3.5 OFF 点云数据格式

相对于 OBJ 格式文件，OFF 文件有更简单的存储格式，是一种文本格式。OFF 格式文件头有两行：第一行以 OFF 关键字开头，第二行表示顶点数、面数、边数。主体分为顶点坐标（顶点列表）和面的顶点索引（面列表）两个部分，其中每个面的顶点数可以指定，用第一个数表示。

示例：（一个立方体）

OFF

8 6 0

-0.500000 -0.500000 0.500000

0.500000 -0.500000 0.500000

-0.500000 0.500000 0.500000

0.500000 0.500000 0.500000

-0.500000 0.500000 -0.500000

0.500000 0.500000 -0.500000

-0.500000 -0.500000 -0.500000

0.500000 -0.500000 -0.500000

4 0 1 3 2

4 2 3 5 4

4 4 5 7 6
4 6 7 1 1
4 1 7 5 3
4 6 0 2 4

7.3.6　STL 点云数据格式

STL 是一种模型文件格式，由 3D Systems 公司创建，主要应用于 CAD 和 CAM 领域，用于表示三角形网格。它可以表示封闭面或体，并且存在文本和二进制两种文件格式。在文本格式的 STL 文件中，首行包含文件路径和文件名信息。接下来的每一行都描述了一个三角面片的几何信息，每行以 1 个或 2 个关键字开头。STL 文件的数据组织方式是以三角面片（facet）为单位，每个三角面片由 7 行数据组成。

其中，“facet normal”表示三角面片的法矢量坐标，指向实体外部；“outer loop”表示后续的 3 行数据分别是三角面片的 3 个顶点坐标（vertex），这些顶点按逆时针方向排列，与法矢量方向指向实体外部一致。最后一行是结束标志。

文件格式：

```
Solidfilenamest//文件路径及文件名
facet normal x y z//三角面片法向量的 3 个分量值 outer loop
vertex x y z //三角面片第一个顶点的坐标
vertex x y z//三角面片第二个顶点的坐标
vertex x y z//三角面片第三个顶点的坐标 endloop
endfacet//第一个三角面片定义完毕
……
endsolid filenamestl//整个文件结束
```

二进制 STL 文件用固定的字节数来给出三角面片的几何信息。

80 字节：文件头，放任何文字信息

4 字节：三角面片个数

每 50 字节：一个三角面

Ø 3 ×4 字节：法向量浮点数

Ø 3 ×4 ×3 字节：三个顶点坐标

Ø 最后 2 个字节：预留位

7.4　点云数据处理方法及三维重构软件介绍

点云数据是三维重建的数据基础，利用深度相机或多目立体匹配获得的点云中不可避免地存在一定的噪声。原始的点云数据直接应用于三维重建不仅会导致模型的畸变失真，还会严重制约点云的处理效率。此外，在测量结构复杂的物体时，深度相机由于自身视场角的限制，必须在多个方向和角度扫描得到多视点云数据，配准多视点云数据，将其转换到同一坐标系下。通过多视图立体匹配恢复得到的稀疏点云，还要进行稠密化处理。因此点云数据的处理在三维建模过程中至关重要。点云处理主要包括点云滤波、点云分割、点云配准等，点云数据处理的基本流程如图 7-11 所示。

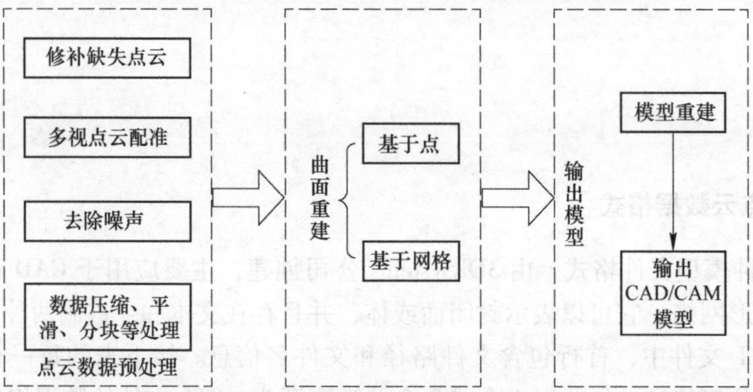

图 7-11　点云数据处理的基本流程

7.4.1　点云滤波

在利用深度相机获取目标点云数据时，会受到扫描设备、周围环境、人为扰动、目标特性等影响，使得点云数据无法避免地存在一些噪点，导致数据无法正确表达扫描对象的空间位置。当出现以下几种情况时，需要对点云进行滤波处理：

（1）点云数据密度不规则，需要进行平滑处理；

（2）因为遮挡等问题造成离群点需要去除；

（3）大量数据需要进行下采样；

（4）噪声数据需要去除。

对于不同的环境或物体所获得的点云去噪算法都会有所不同。对于有序或部分有序的点云数据，常见的去噪算法包括最小二乘滤波、中值滤波、均值滤波和高斯滤波等。而对于散乱、无序的点云数据，通常需要先建立点与点之间的逻辑关系，或按照某种规则进行排序，然后再应用有序点云的滤波算法进行处理。采用上述方法对无序点云进行处理时难度大、效率低，排序和建立逻辑关系复杂。实际上，可以直接采用相关算法对无序或散乱点云中的噪声点进行处理，其中较为经典的算法有双边滤波算法、平均曲率流滤波算法和均值漂移算法等。下面分别介绍有序和散乱点云数据中噪声处理的主要算法。

7.4.1.1　有序点云数据的滤波算法

中值滤波的核心思想是利用数据点的统计中值来消除数据中的毛刺。它在处理某些噪声时具有较好的效果，但对于彼此靠近的混杂点噪声的滤除效果可能不太理想。因此，中值滤波是一种常用的点云去噪方法，尤其对于一些离群点的消除效果较为显著。

均值滤波也称为 N 点平均滤波，是一种对信号进行局部平均的方法。它通过计算滤波窗口内各数据点的坐标值的平均值，将平均值作为滤波后的点的坐标值，以替代原始点的位置。均值滤波的核心思想是通过计算局部数据点的平均值来实现平滑效果。它对高斯噪声有较好的平滑能力，但在处理过程中可能会引入一定程度的边缘失真。

高斯滤波是一种利用高斯函数的特性进行滤波的方法。它使用高斯函数的傅里叶变换性质，使得在指定的滤波范围内，权重按照高斯分布进行分配，从而实现对高频噪声的滤除。具体而言，高斯滤波对每个数据点进行加权平均，使用一定数量的前后数据点，并根据高斯分布的权重进行加权计算。这样可以消除那些与操作距离相差较远的点，从而有助于识别间隙和端点。高斯滤波在平滑数据的同时能够较好地保持数据的原貌，因此在实际应用中经常被使用。在图像中，图 7-12(a) 是原始的点云数据，而图 7-12(b) 则是经过高斯滤波处理后的结果，可以看到滤波效果的改善。

(a) (b)

图 7-12 Geomagic 实现点云滤波前后的实例图
(a) 滤波前；(b) 滤波后

扫一扫
查看彩图

7.4.1.2 散乱点云数据的去噪

A 双边滤波算法

双边滤波算法主要基于数字图像处理中的双边滤波思想。在数字图像领域，双边滤波算法通过计算相邻灰度值的加权平均来代替当前点灰度值，以达到去噪的目标，加权因子由两点之间的几何距离和灰度值的差值决定。在点云模型中，设点云集合为 $C=\{p_i \in R^3, i=1,2,\cdots,n\}$，任一测点 p_i 的近邻域点集及单位法向量分别为 $N(p_i)$ 与 $\boldsymbol{n}_i$，则双边滤波可以定义为：

$$\hat{p}_i = p_i + \lambda \boldsymbol{n}_i \tag{7-9}$$

式中 $\hat{p}_i$——测点 p_i 经过双边滤波后的新点；

λ——双边滤波权因子。

此外，

$$\lambda = \frac{\sum\limits_{p_j \in N(p_i)} W_C(\|p_j - p_i\|) W_S(|<\boldsymbol{n}_j,\boldsymbol{n}_i> - 1|) <\boldsymbol{n}_i, p_j - p_i>}{\sum\limits_{p_j \in N(p_i)} W_C(\|p_j - p_i\|) W_S(|<\boldsymbol{n}_j,\boldsymbol{n}_i> - 1|)} \tag{7-10}$$

式中 $\boldsymbol{n}_j$——测点 p_i 的近邻域点 p_j 的单位法向矢量；

W_C，W_S——以 σ_C，σ_S 为标准差的高斯核函数。

其中，σ_C 是测点 p_i 到其近邻域点 p_j 的距离对该点的影响因子，而 σ_S 是测点 p_i 到其近邻域点 p_i 的距离向量在该点法向 $\boldsymbol{n}_i$ 上的投影对测点 p_i 的影响因子；W_C 是空间域权重，其控制着平滑程度；W_S 是特征域权重，可以捕获邻域点间法矢的变化，从而控制特征保持程度。

采用双边滤波法对点云数据噪声进行滤波，该方法简单有效，处理速度快。噪声可以在保持特性的同时消除，但噪声不能大规模处理，特别是当迭代更频繁时，它会导致过度的光线问题，损坏等。

点云数据的双边滤波算法编程，实现的主要过程如下：

（1）初始化点云数据，设置滤波的幅度为5，标准偏差为 sigma = [3 0.1]；

（2）计算 $H_s = \exp[-(X^2+Y^2)/(2*\text{sigma}^2)]$；

（3）计算 $\lambda = \exp[-(dL^2+da^2+db^2)/(2*\text{sigma}^2)]$；

（4）计算法向量 $\boldsymbol{n}$，利用式（7-9）得到滤波后的点云。

B 均值漂移算法

均值漂移（Mean Shift）是对空间中某一位置密度梯度的估计，根据梯度将空间中的点沿梯度方向不断移动，直到梯度为零。均值漂移的定义为给定的 d 维欧氏空间 R^d，对于点数据集 $P=\{x_i, i=1,2,\cdots,n\}$，带有核函数 $K(x)$ 和核窗口范围 h 的多元核密度估计函数为：

$$f(x) = \frac{1}{nh^d}\sum_{i=1}^{n} K\left(\frac{x-x_i}{h}\right) \tag{7-11}$$

式中 h——带宽，它表明在多大的 x 邻域内估计 x 点处的密度；

$K(x)$——密度核函数。

$$K(x) = c_{k,d}k(\|x\|^2) \tag{7-12}$$

式中 $c_{k,d}$——归一化常量，以确保 $K(x)$ 积分为1。

对式（7-12）微分可得 α 处的梯度，从而得到均值漂移迭代向量：

$$\boldsymbol{M}_s(x) = \frac{\sum_{i=1}^{n}\frac{x_i}{h^{d+2}}g\left(\left\|\frac{x-x_i}{h}\right\|^2\right)x_i}{\sum_{i=1}^{n}\frac{1}{h^{d+2}}g\left(\left\|\frac{x-x_i}{h}\right\|^2\right)} - x \tag{7-13}$$

$$g(x) = -K'(x)$$

式（7-13）表达了如果要将 x 向带宽 h 范围内密度最大的地方移动，则沿 $\boldsymbol{M}_s(\boldsymbol{x})$ 方向移动是最快的。通过不断迭代，$\boldsymbol{M}_s(\boldsymbol{x})$ 会最终收敛为0，这里的 $\boldsymbol{M}_s(\boldsymbol{x})$ 就称为均值漂移，而点到该采样平均值点的重复移动的过程称为均值漂移算法。

利用均值漂移法进行点云去噪的原理如下：假设点云数据中的某个点 $P \in R^3$，它包括两部分信息：空间位置信息 $v_i=(x_i,y_i,z_i)$ 和法向量 $\boldsymbol{n}$，即 $p_i=(v_i\boldsymbol{n}_i)$，$i=1, 2, \cdots, k$，$k$ 为点集 $\{P\}$ 的个数。令一般点 p_i 的 k 个最近相邻点为：$N(p_i)=\{q_{i,1},q_{i,2},\cdots,q_{i,k}\}$。于是，均值漂移向量为：

$$\boldsymbol{M}_s(\boldsymbol{p}_i) = \frac{\sum_{j=1}^{k} g(\|\boldsymbol{n}_i - q_{ij}^h\|)[q_{ij} - \boldsymbol{M}(\boldsymbol{p}_i)]}{\sum_{j=1}^{k} g(\|\boldsymbol{n}_i - q_{ij}^h\|)} \tag{7-14}$$

式中 $g(\cdot)$——高斯核函数；

$\boldsymbol{n}_i$——样本中心点的法向量；

q_{ij}^h——领域点特征信息；

$\boldsymbol{M}_s(\boldsymbol{p}_i)$——$p_i$ 的均值漂移向量。

$\boldsymbol{M}(\boldsymbol{p}_i)$的初始值为$p_i$，$\boldsymbol{M}_s(\boldsymbol{p}_i)$是$\boldsymbol{M}(\boldsymbol{p}_i)$的均值漂移向量。由此可知，均值漂移过程就是为顶点到采样均值点的渐进移动过程：

$$\boldsymbol{M}(\boldsymbol{p}_{i+1})=\boldsymbol{M}(\boldsymbol{p}_i)+\boldsymbol{M}_s(\boldsymbol{p}_i) \tag{7-15}$$

由式（7-15）的迭代过程可知，每个点都将收敛为一个稳定的点，称为模式点。即重复迭代均值漂移过程，最后每个点收敛到模式点为止。在实现时，设定迭代过程的收敛条件为$\boldsymbol{M}_s(\boldsymbol{p}_i)$小于某个特定的正值$\varepsilon$。通过均值漂移迭代过程，每个采样点都将移动到其在点云模型曲面上概率最大的位置，实际上也就是完成了对点云模型的降噪处理。

均值漂移算法实现的主要过程如下：

（1）输入初始化点云数据，设置值域窗口宽度$hr\leqslant 0$和空域窗口宽度$hs\leqslant 0$，令$\varepsilon=2\times hs$。

（2）计算高斯核函数$g(\cdot)_{i+1}=\exp\left(\dfrac{g(\cdot)_i}{h_s^2}\right)$。

（3）迭代计算式（7-13）。

（4）利用式（7-14）得到平滑后的点云数据。

7.4.2　点云配准

在获取点云数据时，通过三维扫描仪的扫描，只能搜集信息的浅表主体部分，并获得完整的数据点云物体的三维目标，我们必须从多个视角对物体扫描。而不同视点的点云数据是在各自独立坐标系下扫描得到的，如需完整地显示对象的三维信息，就要进行多视点云数据的配准。配准是求解在不同视角下三维坐标点之间的转换关系，即将不同视点的测得点云数据全部转化到统一的坐标系中。配准过程中可以两两配准，首先找出相邻两视点点云数据的公共点，并得到公共点在各自视点中的两套坐标，进而通过同名点对的两套坐标列出目标函数并求解转换参数，实现坐标系的统一。

7.4.2.1　基于特征的配准

从不同视点的点云数据中选择适当的功能，分析变换参数，通过对两个点云数据集的关系转换获得变换参数。这里的特征可能是扫描对象本身的突出特征（如角度、棱角、曲面等），也可能是平面目标或目标等人工配置的控制点，也可以是人工布设的控制点，如平面靶标、球靶标等，如图7-13所示。

7.4.2.2　无特征的点云配准

基于特征配准增加了点云采集和特征提取阶段的工作量，操作中需要较多的人工交互。因此，很多学者致力于研究点云的自动配准算法。点云自动配准算法有多种，目前使用较广泛的一种算法是ICP（Iterative Closest Point）算法，即最近点迭代法。

现有很多软件在点云配准过程中采用改进的ICP算法，同时为解决算法迭代效率较慢的问题，通过人机交互的方式，由用户在相邻点云数据中指定特征明显的公共点作为迭代初值，这样大大缩短了算法迭代时间，提高了配准的效率和精度。

7.4.3　点云特征提取

三维模型点云数据的特征主要是指对三维模型表面建模有重要影响的一定规律的点、线、面。在逆向工程中，提取点云特征是所有应用程序的基础。特征提取是指通过生成特定线条和特征面的过程，从目标地点的云端数据中提取有意义的特征。在点云数据处理中，响

图 7-13 基于点特征的点云配准

扫一扫
查看彩图

应线对后模型重组等工作非常重要。所以提取点云特征主要是以提取线为中心进行的研究。根据模型信息的不同，点云特征提取主要针对两个方面，一方面是在三角网格上进行特征的提取，另一方面是在散乱的点云数据里完成特征的提取。目前，围绕这两个方面从不同形式点云数据中获取模型特征的方法作以下分述。

（1）基于三角网格的特征提取方法。传统的特征提取方法是在点云的网格化之后进行，通过分析组成网格的三角面片推测被扫描模型可能存在特征的地方。

（2）基于散乱点云的特征提取。与传统的方法不一样，这类方法是直接从散乱的点云数据中获取模型的特征。这样除了可以避免构造三角网格时的麻烦，还能够弥补传统方法经常会造成特征线断裂的不足，如图 7-14 所示。

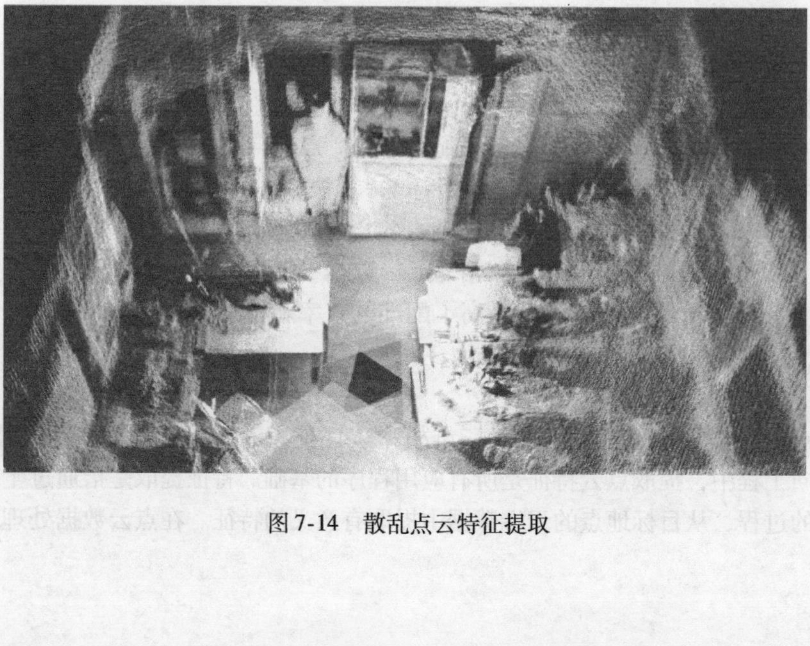

图 7-14 散乱点云特征提取

扫一扫
查看彩图

7.4.4 点云分割

三维模型的曲面表面通常包括很多不同的曲面，每个曲面之间有着共同的边界。分割指的是在三维重建中，把获取的点云数据区分为连续并且再小一些的子集。通过分割之后，把具有相似属性的点集合成一类，为之后的数据处理提供基础。因此，这一处理操作对于三维重建而言，是一个前提与基础的作用。目前，可以将分割方式从边、面、聚类这三个角度进行归类分析。

（1）基于边的区域分割。通过局部几何特征如曲率、法向量的计算，在点云中找出曲面的边界点，之后把这些点连接为边界线，这样该类线就会将模型数据分解为若干个单独存在的子区域。这种方法完全从数学的方面考虑，把曲率值或者法向量骤然变化的地方看作是区域的边界，再把封闭的区域当成最终分割的结果。此类方法能够很好地识别尖锐边界，速度较快，但是只使用边界的局部数据对边界进行确定，对噪声比较敏感，缓变的曲面边界找得不准确。

（2）基于面的区域分割。根据三维模型的几何特性，判断哪些点属于某个曲面，并在判断过程中同时对曲面进行拟合。这个过程是迭代的过程，可以分为两种：自底向上和自顶向下。自底向上的区域分割开始选取一个点作为起始点，以该点为中心向外生长，分析该点的邻近点是不是可以归于相同的曲面部分，直到在该点的邻域找不到符合的点集为止，最后把这些邻域整合到一起。这种方法的难点包括起始点怎么选取，根据何种规则实现扩充，所以较为容易受到误差点的影响，对规范曲面区域划分的效果会更好一些。自顶向下的划分是先将全部的点都归到一个相同的曲面，在之后拟合的过程中计算误差，如果误差大于阈值就把原点集合分成两个不同的子集合。此类方法的关键在于分割的位置和方法如何选择，而且点集划分后，需要重新开始计算，时间效率较低，所以在实际情况下不常使用。与基于边的区域分割相比较，受噪声影响更小，但是判断方法不好控制，图 7-15 是点云平面模型分割后的结果。

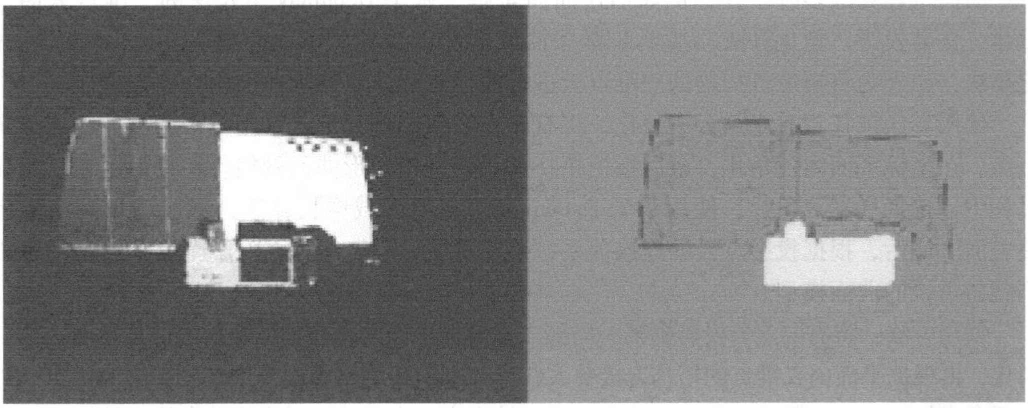

图 7-15 点云平面分割

扫一扫
查看彩图

（3）基于聚类的区域分割。根据点云中点的空间坐标可以计算出曲率以及法向量等几何数值，通过这些把拥有相似的局部几何特征的点归成一类，以完成对点云数据的分割。目前经常使用的是 K-means 法，但是由于该方法在选取起始中心时可能陷入局部最优，造成的聚类效果会不太稳定。投影聚类的方法只是针对形状规则且方向性强的点云，在处理实际数据时的效果不是很理想。层次聚类的方法因为计算邻近度矩阵，方法运行的时间略长，而对数据规模小一些的模型分割的效果会更好一些。此类分割方式针对被测物体中有着明显的区域分块时会有更好的效果，图 7-15 是针对室内场景的点云聚类分割后的结果。

7.4.5　点云数据曲面重建

曲面重组技术在逆向工程、数据视觉化、机械视觉化、虚拟现实、医疗技术等领域广泛应用。例如，目前对汽车、航空等产业领域中具有复杂形状的产品进行建模时，仍以手工作业为主。而逆向工程以测量的点云数据为基础，可以快速重构人体骨骼模型和各类产品模型，在医学、定制生产等方面都有重要的应用价值，图 7-16 和图 7-17 为三角化重建前后的对比。

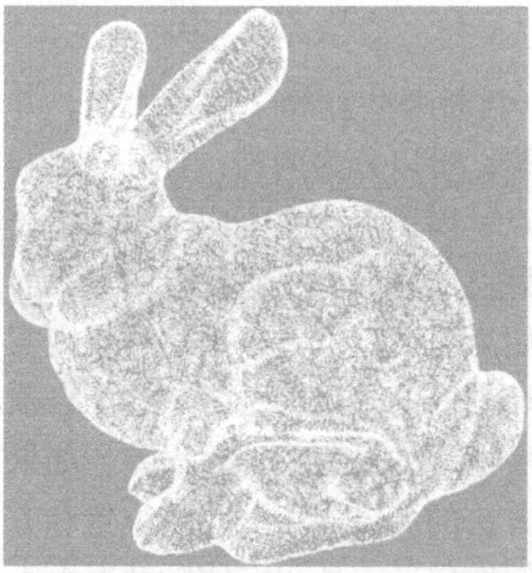

扫一扫 查看彩图

图 7-16　曲面重建前的点云

扫一扫 查看彩图

图 7-17　重建后模型

曲面重建算法多种多样，例如泊松曲面重建，基于 Delaunay 生长法的三维点云曲面重建，贪婪投影三角化算法，基于 B 样条曲线的曲面重建。下面介绍一下无序点云三角化算法，原理为将摄像机扫描的三维点云进行曲面重建，重建后曲面由三角形构成。

使用算法依托于有序点云三角化，将有序点云投影到局部二维坐标平面系内，连接每个点，在坐标平面内三角化，最后根据拓扑关系建立三角形曲面网格。在平面区域三角化过程中，选择样本三角片，使用基于 Delaunay 的空间区域增长算法，形成三角网格的完整表面。最后，根据投影点云的连接关系，确定原始 3d 点之间的拓扑连接。三角网格模型就是重设的曲面模型。

使用方法：将有向点云投影到某一局部二维坐标平面内，在坐标平面内进行平面内的三角化，再根据平面内三维点的拓扑连接关系获得一个三角网格曲面模型。该算法的优点可以处理多个扫描出来的散乱点云；其缺点是只能处理表面光滑且点云密度分布均匀的情况。

实现步骤：

步骤一：如果数据过大，可使用体素滤波算法对数据采样；

步骤二：将无序点云转化为有序点云，数据形式可建立为 kdtree 或者八叉树，使得点云数据有一定的结构。

步骤三：使用贪婪投影三角化方法生成曲面三角形集合，其中每一个三角形包括三个点和法向量，至此曲面重建完成。

7.4.6 常用的点云处理软件介绍

7.4.6.1 点云库 PCL

PCL（Point Cloud Library）是一种跨平台的开源 C + + 编程库，它整合了前人在点云领域的研究成果，并提供了丰富的通用算法和高效的数据结构。该库涵盖了点云获取、滤波、分割、配准、检索、特征提取、识别、追踪、曲面重建和可视化等方面的功能。PCL 支持多种操作系统平台，包括 Windows、Linux、Android、Mac OS X 以及部分嵌入式实时系统。与 OpenCV 在 2D 信息处理方面的作用相对应，PCL 在 3D 信息获取与处理领域具有同等重要的地位。该库采用 BSD 授权方式，可以在商业和学术应用中免费使用。

PCL 起初是 ROS（Robot Operating System）来自于慕尼黑工业大学（TUM-Technische Universität München）和斯坦福大学（Stanford University）Radu 博士等人维护和开发的开源项目，主要应用于机器人研究应用领域，随着各个算法模块的积累，于 2011 年独立出来，正式与全球 3D 信息获取、处理的同行一起，组建了强大的开发维护团队，以多所知名大学、研究所和相关硬件、软件公司为主。其发展非常迅速，不断有新的研究机构等加入，在 Willow Garage，NVidia，Google（GSOC 2011），Toyota，Trimble，Urban Robotics，Honda Research Institute 等多个全球知名公司的资金支持下，不断提出新的开发计划，代码更新非常活跃，在不到一年的时间内从 1.0 版本已经发布到 1.7.0 版本。

PCL 利用先进的高性能计算技术，如 OpenMP、GPU 和 CUDA，通过并行化来提高程序的实时性能。其中，K 近邻搜索操作采用了基于 FLANN（Fast Library for Approximate Nearest Neighbors）的框架，具备最快的速度。PCL 中的所有模块和算法都通过 Boost 共享指针传递数据，避免了多次复制已存在数据的需求。从 0.6 版本开始，PCL 已成功移植到 Windows、MacOS 和 Linux 系统，并且也开始在 Android 系统中应用。这使得 PCL 的应用具有良好的可移植性和广泛的发布渠道。

从算法的角度来看，PCL 是一个涵盖多种操作点云数据的三维处理算法库。它包括滤波、特征估计、表面重建、模型拟合、分割和定位搜索等功能。每组算法都通过基类进行分类，旨在将整个处理流程中的常见功能集成到一起。这种设计使得算法的实现紧凑而结构清晰，提高了代码的可重用性和可读性。在 PCL 中一个处理过程的基本接口程序是：

（1）创建处理对象，例如过滤、特征估计、分割等；

（2）使用 setInputCloud 通过输入点云数据，处理模块；

（3）设置算法相关参数；

（4）调用计算（或过滤、分割等）得到输出。

为了进一步简化和开发，PCL 被分成一系列较小的代码库，使其模块化，以便能够单独编译使用提高可配置性，特别适用于嵌入式处理中：

（1）libpcl filters，如采样、去除离群点、特征提取、拟合估计等数据实现过滤器；

（2）libpcl features，实现多种三维特征，如曲面法线、曲率、边界点估计、矩不变量、主曲率，PFH 和 FPFH 特征，旋转图像、积分图像，NARF 描述，RIFT，相对标准偏差，数据强度的筛选等；

（3）libpcl I/O，实现数据的输入和输出操作，例如点云数据文件（PCD）的读写；

（4）libpcl segmentation，实现聚类提取，如通过采样一致性方法对一系列参数模型（如平面、柱面、球面、直线等）进行模型拟合点云分割提取，提取多边形棱镜内部点云等；

（5）libpcl surface，实现表面重建技术，如网格重建、凸包重建、移动最小二乘法平滑等；

（6）libpcl register，实现点云配准方法，如ICP等；

（7）libpclkeypoints，实现不同的关键点的提取方法，这可以用来作为预处理步骤，决定在什么地方提取特征描述符；

（8）libpcl range，实现支持不同点云数据集生成的范围图像。

为了确保PCL中的操作正确性，该库中的方法和类都经过了单位和回归测试的验证。这些单元测试由专门的构建团队按需编写和执行。如果某个测试失败，会立即指出错误所在。这样可以完全确保代码测试过程中不会出现任何问题，并且任何新功能或修改都不会破坏已有的PCL代码。

7.4.6.2　Geomagic Wrap 软件

Geomagic Wrap是Geomagic公司开发的一款点云数据处理和三维重建软件。它能够根据实际物体的扫描点云自动生成精确的数字模型。作为一种自动化逆向工程软件，Geomagic Wrap为各种应用提供了理想选择，例如定制设备的大规模生产、即定即造的生产模式以及原始零部件的自动重建。此外，Geomagic Wrap还可与CAD、CAE和CAM工具完美配合，支持输出行业标准的文件格式，如STL、IGES、STEP和CAD等。Geomagic Wrap具有以下特点：确保处理复杂形状或自由曲面时的多边形和NURBS模型的完美无缺，相比传统CAD软件提高了生产效率十倍；具有自动化特征，简化了工作流程，缩短了培训时间，并减少了单调乏味和高强度任务的执行；可与主要的三维扫描设备和CAD/CAM软件集成；可作为独立应用程序用于快速制造，也可作为CAD软件的补充使用。

世界各地有10000人以上的专业人士使用Geomagic技术定制产品，促使流程自动化以及提高生产能力。

Geomagic Wrap具有以下优点。

（1）简化了工作流程，Geomagic Wrap软件简化了初学者及有经验使用者的工作流程。自动化的特征和简化的工作流程减少了用户培训时间，避免了单调乏味、劳动强度大的任务。

（2）提高了生产率，Geomagic Wrap是一款可提高生产率的实用软件。与传统计算机辅助设计（CAD）软件相比，在处理复杂的或自由曲面的形状时生产效率可提高十倍。

（3）实现了即时订制生产，订制同样的生产模型，利用传统的方法（CAD）可能要花费几天的时间，但Geomagic软件可以在几分钟内完成，并且该软件还具有高精度和兼容性的特点。Geomagic Wrap是唯一可以实现简单操作、提高生产率及允许提供用户化定制生产的一套软件。

（4）兼容性强，可与所有的主流三维扫描仪、计算机辅助设计软件（CAD）、常规制图软件及快速设备制造系统配合使用。Geomagic是完全兼容其他技术的软件，可有效地减少投资。

（5）曲面封闭，Geomagic Wrap软件允许用户在物理目标及数字模型之间进行工作，封闭目标和软件模型之间的曲面。可以导入一个由CAD软件专家制作的表面层作为模板，并且将它应用到对艺术家创建的泥塑模型（油泥模型）扫描所捕获的点。结果在物理目标和数字模型之间没有任何偏差。整个改变设计过程只需花费极少的时间。

（6）支持多种数据格式，Geomagic Wrap提供多种建模格式，包括主流的3D格式数据：点、多边形及非均匀有理 B 样条曲面（NURBS）模型。数据的完整性与精确性确保可以生成高质量的模型。

7.4.7 Geomagic Wrap 软件的点云处理操作过程

7.4.7.1 Geomagic Wrap 软件的界面介绍

（1）位于界面中心的绘图窗口如图 7-18 所示。可以预览导入的点云数据和多边形模型。

图 7-18 绘图窗口

扫一扫
查看彩图

（2）位于界面左上角的菜单栏，如图 7-19 所示。在菜单栏中可以打开、保存以及导入点云数据或模型。

（3）位于菜单栏下方的选项卡，分别是视图、选择和工具等，如图 7-20 所示。可以在这些选项卡中使用各种命令来对模型或点云进行编辑和修改。位于最右边的选项卡会根据当前激活的数据类型相应做出改变，会显示和点云有关的命令。

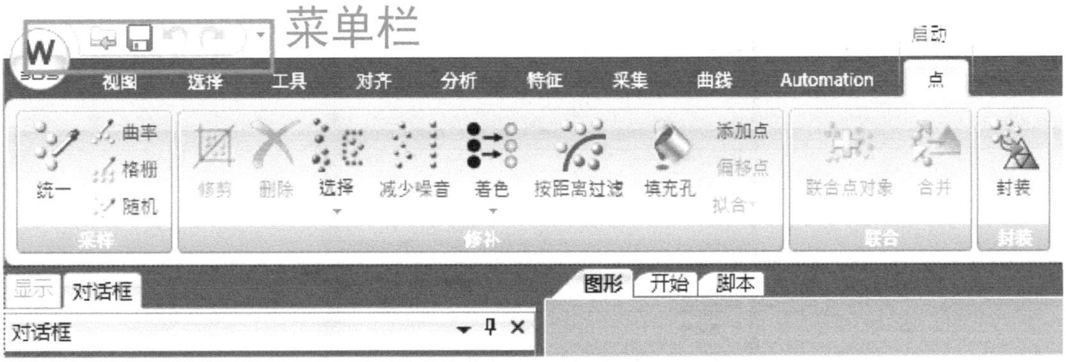

图 7-19 菜单栏

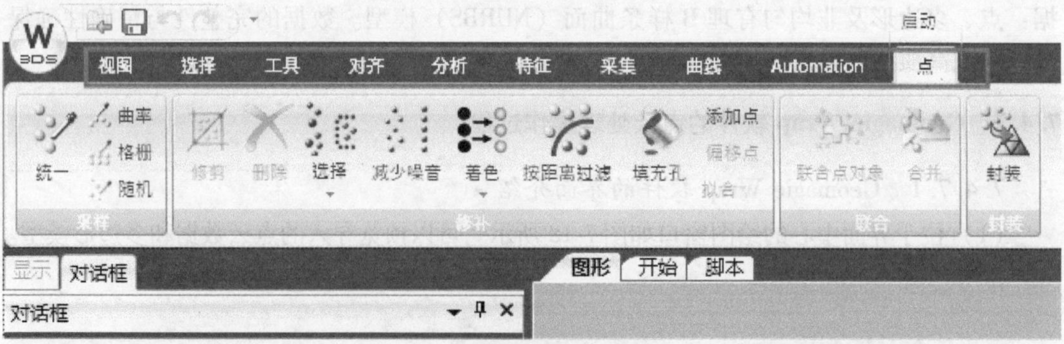

图 7-20　选项卡

（4）位于界面左边的是对象的管理面板，如图 7-21 所示。在管理面板中可以对各个对象进行显示、隐藏、重命名等操作。

图 7-21　管理面板

(5) 位于界面右边的是视图和选择工具，如图 7-22 所示。在视图工具中可以选择不同的视图方向，下方的选择工具可以选择不同的选择方式，被选择的区域变为红色显示(见二维码里的彩图)。

图 7-22　视图和选择工具

扫一扫
查看彩图

(6) 界面左下角是快捷键命令，如图 7-23 所示。

图 7-23　快捷键命令

扫一扫
查看彩图

(7) 右下角是进度栏，可以直观地看到命令处理进度，如图 7-24 所示。

7.4.7.2　Geomagic Wrap 软件鼠标操作方式介绍

拖拉鼠标的左键可以用来选择模型上的区域，按住 Ctrl 键再拖拉鼠标左

图 7-24　进度栏

扫一扫
查看彩图

键可以取消区域的选择；在绘图窗口单击鼠标右键可以打开快捷菜单；滚动鼠标中键可以缩放视图，按住并拖动鼠标中间可以旋转视角。

7.4.7.3　点云处理实际操作

A　点云数据的导入

单击界面左上角的菜单栏→打开，选择想要导入的点云数据文件，如图 7-25 所示；如果想对多个点云数据进行处理，可以单击菜单栏的导入按钮，依次导入多个点云数据文件，也可以把想要导入的点云数据文件放在一个文件夹中，一次选择多个点云数据文件进行一次性导入。

B　孤点及噪声的消除

被导入的点云数据会有大量的噪声和模型外的孤点，如图 7-26 所示（见二维码里的彩图，红色点为孤点），这时候需要对它们进行处理。孤点的消除可以选择软件提供的功能进行自动消除，也可以选择手动消除。自动消除孤点，单击“点”选项卡→选择→体外孤点，在管理面板的对话框中选择孤点消除的敏感度（敏感度越高，孤点消除得越多），最后再单击删除就完成了孤点的删除；手动消除时，在右边的视图工具栏中选择合适的套索工具，选取点云后按〈Delate〉键删除点云。

消除噪声时，根据需要选择合适的参数进行噪声的减少，如图 7-27 所示。

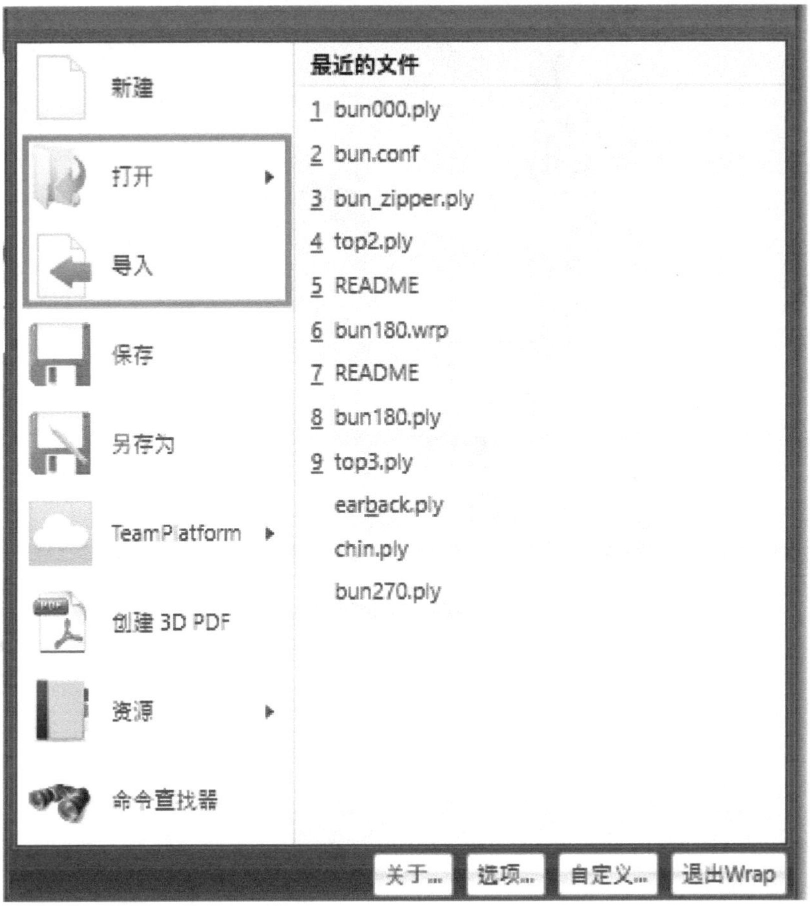

图 7-25　点云数据的导入

C　点云配准

导入多个点云数据文件后，需要对其进行预处理，处理之后需要对点云进行配准，Geomagic Wrap 软件中点云配准分为手动配准和自动配准。手动配准时选中想要配准的点云，单击对齐→手动注册，手动选择配准点进行配准，配准点最少要选择 3 个，如图 7-28 所示。自动配准时选择想要配准的点云，单击对齐→全局注册，如图 7-29 所示，在对话框中选择合适的参数进行配准。

D　点云数据曲面重建

对配准好的点云数据进一步处理之后，就可以进行曲面重建形成三维模型。三维重建时单击封装，选择合适的参数单击“确定”按钮后，就会完成三维重建，如图 7-30 所示。

重建之后，还可以在 Geomagic Wrap 软件里进一步对模型进行修改，相关内容读者可以根据自己的需要进一步自主学习。

图 7-26　孤点消除

扫一扫
查看彩图

图 7-27　点云滤波

扫一扫
查看彩图

图 7-28　点云手动配准

扫一扫
查看彩图

图 7-29　点云自动配准

扫一扫
查看彩图

图 7-30 基于多视角点云配准的曲面重建

扫一扫
查看彩图

本 章 小 结

本章主要对光学测量仪器的校准与点云数据处理方法进行了介绍。

7.1 节主要介绍了传感器误差来源及校准方法，其中传感器误差主要可分为系统误差与测量误差，然后分别介绍了相应的校准方法。

7.2 节主要介绍了传感器精度的评价方式与相应的指标，并对各个指标进行了详细的介绍。

7.3 节介绍了点云测量数据格式的分类，依次介绍 LAS、PLY、PCD、OBJ、OFF、STL 点云数据格式的优点及相关应用场景，详细介绍了这些点云数据存储文件的代码组成，并给出了示例。

7.4 节介绍了点云处理的基本流程，并且对每种处理方式进行了详细说明，指出不同条件下不同的处理方法。介绍了目前主流的点云处理软件，详细介绍了 Geomagic Wrap 软件的界面及基本的点云处理操作流程。

习 题

7-1 请分别介绍传感器系统误差与测量误差的校准方法。

7-2 传感器常用的精度评价参数有哪些？请作简要说明。

7-3 LAS点云数据格式适用于什么扫描设备，其数据存储文件中都包含什么信息？

7-4 PCD点云数据格式是什么，点云处理软件指定的标准格式具有什么优势？

7-5 请写出OFF点云数据存储文件开头两行的格式及代表意义。

7-6 请写出点云数据处理的基本流程。

参考文献

[1] 惠梅. 微观形貌测量技术 [M]. 北京：北京理工大学出版社，2018.
[2] 范大鹏. 制造过程的智能传感器技术 [M]. 武汉：华中科技大学出版社，2020.
[3] 陈华祯，张昂，马晓倩. 基于非接触式方法的三维重建技术综述 [J]. 电子世界，2020 (3)：72-73.
[4] Richard Leach. Optical Measurement of Surface Topography [M]. Heidelberg: Springer Berlin, 2011.
[5] 刘秀萍，景军锋，张凯兵. 工业机器视觉技术及应用 [M]. 西安：西安电子科技大学出版社，2019.
[6] 曾毅，吴伟，高建华. 扫描电镜和电子探针的基础应用 [M]. 上海：上海科学出版社，2009.
[7] 周言敏，李建芳，王君. 光学测量技术 [M]. 西安：西安科技大学出版社，2013.
[8] 王鹏，付鲁华. 激光测量技术 [M]. 北京：机械工业出版社，2020.
[9] Axel Donge, Reinhard Noll. Laser Measurement Technology Fundamentals and Applications [M]. Heidelberg: Springer Berlin, 2015.
[10] 冯其波. 光学测量技术与应用 [M]. 北京：清华大学出版社，2008.
[11] 宋萍. 现代传感器手册：原理、设计及应用 [M]. 北京：机械工业出版社，2019.
[12] 徐科军. 传感器与检测技术 [M]. 北京：电子工业出版社，2016.
[13] 程效军，贾东峰，程小龙. 海量点云数据处理理论与技术 [M]. 上海：同济大学出版社，2014.